「あかり」がとらえた M81 ［p.167］

かに星雲（ハッブル宇宙望遠鏡）
［p.49］

レンジャー 7 号が送ってきた
「雲の海」北部 ［p.319］

ハイビジョンによる「地球の入り」［p.304］

太陽系の新しい主役たち [p.202]

JPLで開発中の火星用六輪
ローバー [p.290]

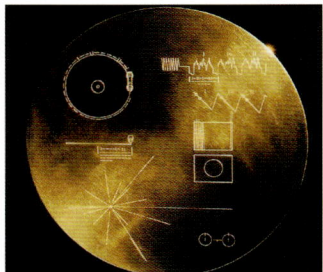

ボイジャーのレコード [p.286]

ホイヘンスのタイタンへの着陸 [p.4]

船外活動中の野口聡一飛行士 [p.71]

仲良しの土井ミッション [p.334]

犬のライカ [p.363]

月面のオルドリン飛行士 [p.165]

VSSECの火星体験室で [p.246]

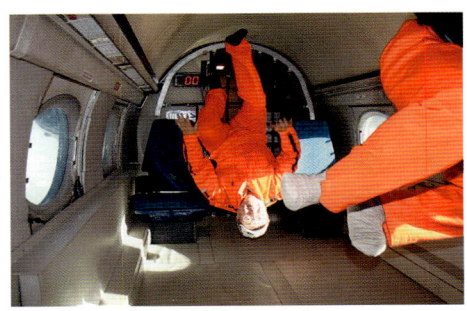
無重力を泳ぐ [p.225]

射点へ移動するH-2A-8のフェアリング [p.131]

M-Vロケット6号機による「すざく」打上げ [p.63]

「きぼう」を乗せてSTS-123の打上げ [p.330]

「ディスカバリー」の打上げ [p.66]

事故調査のために集められたコロンビアの機体 [p.375]

帰還後修理のため輸送されるスペースシャトル [p.70]

アリアン 5 [p.8]

ドニエプル・ロケットの打上げ [p.77]

航空機に抱かれたペガサス・ロケット [p.144]

船で搬送されるブラーン [p.380]

X-33 [p.376]

新しい打上げロケットの構想 [p.85]

秒読みをする糸川英夫 [p.20]

糸川先生の肖像に手を置く
[p.153]

初の人工衛星誕生で花束を受ける
野村先生 [p.269]

満開の寒緋桜をバックに「おおすみ」
の碑 [p.137]

「すざく」と「あかり」の珍しいツーショット
[p.62]

「ひので」からの初めての電波を待ち受ける
[p.207]

アストロEを見学する皇太子夫妻
[p. 236]

日本の金星探査機プラネットC [p. 162]

「はやぶさ」着陸の図 [p. 113]

88万人の名前を刻んだアルミ膜
[p. 103]

臼田の大型アンテナ [p. 285]

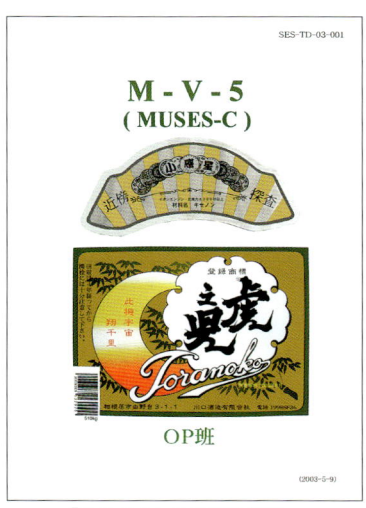
「はやぶさ」の性能計算書
「虎之児」（M–V-5）[p. 232]

左上：アジア水ロケット大会 [p.89]
中央：釧路で子どもたちと [p.190]
右下：結局終わってみれば一般公開には1万人を優に超える人々 [p.278]

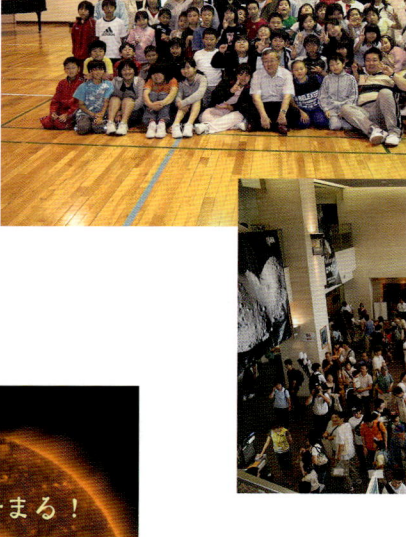

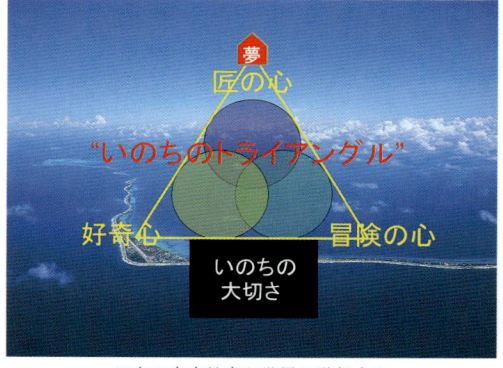

宇宙学校うえだのポスター
（黒谷明美作）[p.282]

日本の宇宙教育が世界に発信する
いのちのトライアングル [p.390]

喜・怒・哀・楽の宇宙日記

# 人類の星の時間を見つめて

②

的川 泰宣 著

共立出版

# もくじ

| | |
|---|---|
| まえがき | *iii* |
| 2005 年 | *1* |
| 2006 年 | *127* |
| 2007 年 | *235* |
| 2008 年 | *315* |
| 付録：人類の宇宙進出の歴史と<br>　　　有人宇宙活動 | *351* |
| あとがき | *387* |
| 索　引 | *391* |

# まえがき

　日本惑星協会のメールマガジン「YM コラム」に週1回のペースで書き始めたのは1999年の暮れだった。2004年末までの分を『轟きは夢をのせて——喜・怒・哀・楽の宇宙日記』と題して出版していただいて以来、宇宙の分野では、「はやぶさ」の手に汗握る奮闘、国際宇宙ステーションの建設の進展、地球観測衛星「だいち」の活躍、天文衛星「すざく」「あかり」「ひので」の連舞など、注目すべき出来事が起こってきた。2005年5月には、念願の「宇宙教育センター」も JAXA（宇宙航空研究開発機構）内に設立された。

　日本国内では、相も変わらず悲惨な事件が相次ぎ、大人たちがテレビで平身低頭する様が映し出されている。海外に目を向ければ、東西対立という構造が崩壊した後に、新たな戦争が各地で勃発しており、さまざまな不幸の種は絶えることなく再生産されている。グローバルに冷静に見つめれば、現在の人類が、伸びやかに美しい自然の中で文明を謳歌しているわけではなく、生き物の生きていく環境を破壊しながら、「いのちの尊厳」という共有概念を失いつつあることだけは確かなこととして感じられる。

　地球上の生き物たちに明るい未来を残すための取り組みを急がなければならない。その核心は、いま育ちつつあり、あるいはいま生まれつつある子どもたちを、これまでとは異なる枠組みを創り上げるに相応しい人類の新世代に育て上げることである。大人たちが、その仕事に本気で向かい合わなければ、間に合わないかもしれない。

　国内外を飛びまわりながら、「宇宙教育」と呼ばれる実践を通して、こうした思いを数々の人々と一緒に語り合ってきた。気持ちは通じることが多い、しかし実践のプログラム、実践のスタイ

ルに関しては、すでに発見されているとは言い難い。宇宙という素晴らしく子どもたちの心に火をつけてくれる素材を、最大限活用したい。宇宙を軸にして未来を立派に担える新しい世代を生み出し、世界をリードする冒険心・好奇心・匠の心を兼備した若者たちを輩出させるために、みんなで腕を組もう――そうした気持ちをメールマガジンに書き綴ってきた。

このたび『人類の星の時間を見つめて――喜・怒・哀・楽の宇宙日記2』が、共立出版のご好意によって出版されることになった。人類進歩という道筋と思ってたどってきたこれまでの営みが、実は人類破滅の道だったという認識を、私たちは共有したくない。そのためにも、この小さな星にぎっしり棲むことになった人類の現在の時間を、明るい未来を建設するベクトルを持ってこの星の生き物たちとともに生きていきたいものである。

　　　2008年7月　　北京オリンピックをすぐそこに控えて

　　　　　　　　　　　　　　　　　　　　　　的川　泰宣

## この年の主な出来事

## 2005年

- ライブドア vs フジテレビ、楽天 vs TBS。
  IT関連企業によるメディア大手買収の動きが相次ぐ
- 愛知万博（愛・地球博）開催、2200万人が来場
- JR福知山線脱線事故。
  死者107名、負傷者550名以上の大惨事になる
- 福岡県西方沖・宮城県沖などで大地震発生
- ハリケーン・カトリーナが米国南東部を襲い未曾有
  の被害をもたらす
- 小泉自民党が衆院選で圧勝、郵政民営化法案が
  可決・成立
- マンションなどの耐震強度偽造が発覚
- 子どもをねらった凶悪犯罪が連続発生

# 2005年

## 1月 5日

### 謹賀新年

新年明けましておめでとうございます。

今年は、数年にわたって日本の歴史を大きく転換してきた動きが、いよいよ本格化する年になりそうです。いずれにしても、どなたにとっても正念場となる1年でしょう。一人の人間は、ある特定の時代の中でしか生きることができません。その「自分の時代」は、100年後に振り返ってみると大変飛躍した年であることもあるし、非常な後退をした年であることもあります。しかし一度しか生きられない人生においては、そうした歴史的な評価を知らない時間帯で生活していくわけです。

現在はどういう時代なのか――そのことについてのそれぞれの考えが、一人ひとりの生き方に反映されることになります。今年は、明らかにさまざまな意味での転換点に立つ年であるという多くの萌芽的な事件が、昨年は起きました。日本の進むべき方向を決定する今年の年頭にあたって、私も自分に残されたこれからを生きていくために、迷うことも多々あります。でもこれまでの人生において自身の心の中に蓄積されたいろいろな信条や夢や憧れは、決して捨てないで貫徹しようと決心しています。

今年もこのメールマガジンは頑張ります。感想でも批判でも激励でも結構です。メールでどんどんお寄せください。暖かな冬として始まった昨年でしたが、暮れから正月にかけて冷え込みが目立つようになりました。どうか1年、ご自愛ください。

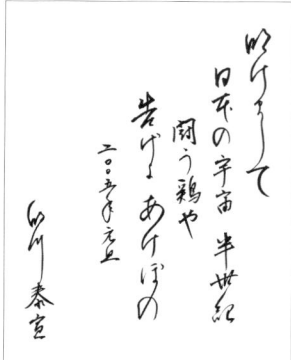

2005年年賀

## 1月 12日

### 秋田次平さんを悼む

大切な友人を亡くしました。日本惑星協会の創立者の一人である秋田次平さんの訃報を、ここモスクワで受け

取りました。一挙に悲しみが襲ってきました。故カール・セーガンの日本における最も親しい友人であった秋田さんは、カールが亡くなる前から、日本に惑星協会ができるといいなという彼の期待をたびたび耳にしていたそうです。カールの急逝によって急き立てられるような思いで私のもとを訪ねてきてくださったのが、忘れもしない6年前のことでした。昨年は病院に入ったり出たりの生活をしておられたので、心配はしていましたが、暮れには二度もお元気な姿を拝見して安堵していたところでした。そして先日も、年賀のメールをいただいて、「今年はぜひもっと会いましょう」と書いてあったのに。大きな柱を失って、これからの日本惑星協会をしっかりと引き継いでいく仕事が、残された私たちの肩に重くのしかかっています。

　モスクワは非常に暖かく、準備してきたコートや手袋が全く要らないほどですが、テレビで見る限り、日本は非常に寒いようですね。それが秋田さんのお体に触ったのでしょうか。慌しい出張中で、お通夜や告別式に参列できないことが口惜しくまた申し訳なく、はるかクレムリンのそばから、ご冥福をお祈りいたします。

　モスクワに向けて日本を発つ前の日、1月10日には、鎌倉の長谷の大仏に会いに行きました。言わずと知れた高徳院の本尊ですね。鎌倉幕府第三代執権・北条泰時の晩年になって作り始めたもので、淨光という僧が諸国を歩いて浄財を集め、1238年3月から大仏と大仏殿を造り始めたといいます。もちろん泰時もその建立に援助をし、大仏開眼は5年後（泰時没後1年）の1243年6月11日に行われました。このときの大仏は木造だったそうです。この大仏は4年後の1247年に暴風雨のために倒壊、1252年にあらためて金剛製大仏が造営され始めました。初めは大仏を囲んで守っていた大仏殿は1335年と1369年の台風で倒壊し、さらに1495年には大津波で押し流されてしまい、遂には現在のような露座の大仏となってしまったわけです。本尊の阿弥陀如来の身長は11m、体重は121トンです。たまたま大仏のそばで休

左下の小屋から中に入れる鎌倉大仏

# 2005年

FSAの入口

昼休みのコロリョフ管制センター

んでいたら、人懐っこいお婆さんが話しかけてきて、いろいろと教えてくれました。この大仏のある場所は、もともとは長谷の「おさらぎ」と呼ばれていたのだそうです。そのため、鎌倉大仏に限っては「大仏」と書いて「おさらぎ」と読む場合もあり、この地に由来のある家系には「大仏」と書いて「おさらぎ」と読む姓がある由。因みに、作家の大佛次郎さんは、鎌倉大仏の裏手に住んでいたため、このペンネームにしたそうですよ。

そして、鎌倉に行った翌日からモスクワへ。宇宙の日露協力の件でFSA（Federal Space Agency）を訪ねました。宇宙科学の分野ではもう20年以上も協力の実績はあるのですが、実用分野ではそうでもなく、まだまだという感じでしたね。まだまだ日本の政治家には、ロシアや中国と積極的に宇宙協力を展開しようという「したたかな」人は一人もいませんからね。今回の協議も、とりあえず「つきあい」程度にお茶を濁すという基本路線に乗ったものだったと推察します。久しぶりでコロリョフ管制センターにも行きました。何しろ暑がりなもんで、コートも羽織らないで街を歩いていたら、周りから笑われました。

## 1月 19日

### 土星の衛星タイタンの表面が見えた！

7年間の太陽系の旅を経て、探査機カッシニから放たれたESA（ヨーロッパ宇宙機関）のホイヘンスは、1月14日11時13分（CET：中央ヨーロッパ時間）、靄に満たされたタイタンの大気に突入していきました。そして13時45分、タイタンの凍った大地に着陸しました。その後3時間44分にわたって観測データを送り続けました。その初めの1時間12分は上空を飛ぶカッシニが中継し、その後はホイヘンス自身が直接地球に向けて発信しました。いやはや、「おめでとうございます」の一言に尽きます。

濃い大気の途中で通信が途絶えると思いきや、地上ま

ホイヘンスのタイタンへの着陸

で降りてしまうとは！　素晴らしい！　火星の着陸に失敗したESAが、起死回生の快挙をなしとげましたね。送られたデータは474メガビット。その中には降下中と着陸後に撮像した350枚の写真が含まれています。流れにえぐられたらしい水路、海岸線のように見える地形、表面の小石状の物体、……初めて見る異星の光景に、私はモスクワのホテルのテレビで息を呑みました。大気は、高度160 kmから地上までずっとモニターされました。成層圏は窒素とメタンが一様に混合されており、対流圏ではメタンがどんどん濃くなっている様子が明らかになりました。20 km上空にはメタンの雲が、地上近くにはメタンかエタンの霧が立ち込めています。降りる途上には、雷鳴をとらえるために搭載されていた機器が、大気中を急降下するときの音もとらえ、私たちの耳には、光で1時間もかかる距離から届いた初めての音が聞こえました。地球以外のところでの音というものを、人類は初めて聞いたことになります。ホイヘンスの着陸スピードは秒速4.5 mでした。

　ホイヘンスが届けたデータによれば、表面物質は湿った土壌ないし粘土のような感じで、汚れた水の氷や炭化水素の氷が混じっており、地表温度はマイナス180℃ということです。解析の進むのが待ち遠しいですね。

タイタン最初の画像

## 1月 26日

### ハッブル宇宙望遠鏡を捨て去るのかアメリカ

　「惜しい人を亡くした」という言葉がありますが、来る10月1日に始まるアメリカの会計年度に、修理の予算がつけられないらしいハッブル宇宙望遠鏡の運命は、まさに風前のともし火になっています。1990年に軌道に乗せられたとき、ハッブル宇宙望遠鏡はすぐにピンボケであることが判明し、1991年にはその修理のためのスペースシャトル・ミッションが飛びました。有人活動のすごさを見せつけられたのはそのときです。それまでの常識では、一度宇宙に行ったが最後、故障した衛星は

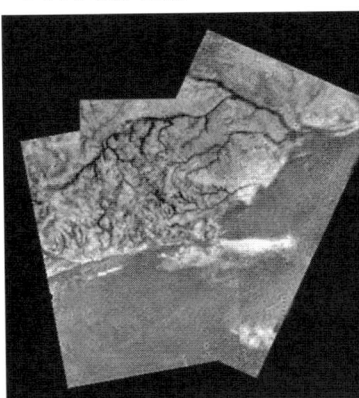

液体の流れた跡（タイタン）

# 2005年

ハッブル宇宙望遠鏡

もう手の施しようがなかったのです。以来ハッブル宇宙望遠鏡は、130億歳以上の年齢の銀河の観測に一時代を築き、ビッグバン理論の正しさを証明する数々の観測を行い、ブラックホールの存在についての明白な証左を光学望遠鏡としては初めて提供しました。そのハイライトは、岩波新書の野本陽代さんの3冊の著書が素敵にわかりやすく語ってくれています。

この間、1993年、1997年、2002年にもスペースシャトルによる修理ミッションを派遣して、不具合箇所の修理と新しい機器の取り付けをしてきました。実は2006年にも老朽化したバッテリーの交換と新たなセンサーやジャイロの取り付けのためのシャトル派遣が計画されており、次年度の予算として10億ドルの予算が組まれるはずでした。しかし、ブッシュ大統領の新宇宙政策によってそれも夢に終わりそうです。予算を大幅に増やせない状況での「月へ、火星へ」という掛け声は、天体物理学ミッションにはどうしても冷たくならざるを得ません。世界中の多くの人たちに、宇宙の姿をわかりやすい形で示してくれたこの宇宙の大型望遠鏡が消えていくのは、まことに寂しい限りですが、科学者たちの猛烈な反対運動にもかかわらず、おそらくブッシュ政権の考えを覆すことは難しいと思われます。多分、バッテリーとジャイロが働かなくなったときに、地上から無人のミッションが送られ、この望遠鏡を太平洋上に破棄するための工夫を施すことになるでしょう。あのロシアの宇宙ステーション「ミール」のときのような「落下狂想曲」が日本で再び沸き起こらないよう祈っています。

思い起こせば、あのときは大変でしたねえ。無事南太平洋上に落下した後の最後の記者会見で、私が「日本では大学受験の真っ最中だったのに、《落ちる、落ちる》と騒ぎ続けた日本の大人たちを、受験生諸君、許してください」とコメントしたのでした。今度は受験シーズンに重ならないといいですね。

1月20日には、資生堂の主催で"Successful Aging"（素敵に歳をとる）講演会があって、宇宙開発委員の野本陽代さんとご一緒しました。素敵に歳をとっていない人間

資生堂の"Successful Aging"講演会で（右から2人目が野本さん）

にこんな役をやらせる野本さんの仕打ちが恨めしかったのですが……。

## 2月 2日

### ヒューストンの「宇宙教育ワークショップ」へ

甲野善紀さんが『身体から革命を起こす』(新潮社)という著書を送ってくださいました。素晴らしい本です。新しいことに挑戦したい気持ちを持っている人にとっては、必読の書だと思います。なぜか、シュリーマンの『古代への情熱』を思い出しながら読みました。この一冊の本から、私はたくさんの知恵と勇気をもらった気がしています。明日はヒューストンに向けて発ちます。ジョンソン宇宙センターで全米の400～500人もの小・中・高の先生方を集めて、宇宙の素材を軸にした現場教師の工夫や経験談を、分科会に分かれて交流し合う「宇宙教育ワークショップ」に参加するためです。日本でも、いずれ日本の状況に適した形で開催したいと考えています。日本の子どもたちを宇宙で元気にするという決意は決して揺るぎはしません。

## 2月 9日

### 「日本の宇宙半世紀」を目の前にして

今年の4月12日は、ペンシル・ロケットが国分寺で産声をあげてから50年という区切りの日です。その「日本の宇宙活動半世紀」を記念して何か企画を考えましょうとあちこちで提案しているのですが、なかなかJAXA内部では乗ってくる人がいません。H-2Aが打ち上がるまでは、あまり他のことは考えたくないという雰囲気なのでしょう。逆に、国分寺、荻窪、道川、千葉など、初期の宇宙開発の主戦場になった地域の人々の中に、「ペンシルから50年」を思い出して、何かイベントをやりたいという動きが見えてきています。なのにJAXAでは

ペンシル・ロケット

# 2005年

ワークショップで飛行士の講演

ワークショップでは、外でバブロケットを打ち上げて大はしゃぎ

——これは私個人としては情けないですね。せめてこうした各地の動きを合流させて大きな流れを作るべきだと感じています。

2月2日から7日までは、テキサス州ヒューストンで毎年開かれている"Space Exploration Educators' Conference"に、日本から数人の現役の学校の先生と一緒に出席してきました。全米から700人ぐらいの学校の先生が集まって教材とか授業を披露し合うのですが、宇宙活動の本拠地での催しだけに、非常な盛り上がりでした。たくさんの小教室に分かれてやるのですが、授業そのものはかなり日本の先生のほうが質が高いと感じました。ただし、雰囲気の明るさは残念ながらアメリカに軍配があがります。明るさも質のうちでしょうから、結局どっちかな？ 主催者と交渉して、「来年から日本の教師にも授業をさせろ」と掛け合いました。おそらく実現するでしょう。

## 2月 16日

### 新型アリアン発進！

去る2月12日、ヨーロッパの大型ロケット「アリアン5 ECA」が、2年前の悪夢のような失敗の記憶を拭い去るように見事な飛翔を見せ、スペインの軍事通信衛星とオランダ製の「スロッシュサット」という超小型衛星を軌道に乗せました。これは合わせて10トンにも達する通信衛星を静止トランスファー軌道に乗せる能力を持つロケットで、ヨーロッパが、かつて世界の商業打上げ市場を制覇した時代の輝きを、もう一度取り戻すことを狙っているものです。

現役の標準型「アリアン5」は二つの衛星を一度に打つことができず、そのペイロード能力も6トン（静止軌道）です。おまけにコストが高いときています。2002年の12月に打上げに失敗して以来、アリアンのエンジニアの努力は大変そうでした。今回の快挙を心から祝福したいと思います。

アリアン5

閑話休題。私の若いころのくだらない生活の一端を一言。若いころの私は大食いで有名でした。大学のテニス部の合宿で、8杯（朝食）、6杯（昼食）、8杯（夕食）と食べて新記録を樹立。最近の若者は大食いなんて馬鹿な真似はしないから、おそらくこの記録はまだ破られていない、燦然と輝く（？）記録になっているはずです。

## 2月 23日

### 「ペンシル50年」の記念行事をやるぞ！

　今年はペンシルから50年の節目にあたるということで、かねてより計画していた記念行事を支持する人が周囲にも若干名出始めました。うれしい限りです。ペンシルが国分寺で水平発射されたのは、1955年4月12日なわけですが、今から準備するのではちょっときついかなと思い、ペンシルが道川でデビューした8月に記念の行事をやる方向で企画を練り始めました。

　いろいろな案が浮かびます。まずどうしてもやりたいのは、ペンシル水平発射の再現実験。一体どれくらい費用がかかるんでしょうねえ。今はじいてもらっています。記念講演、これは当時の「生き残り」の誰か（失礼）にお願いする。当時の写真などを集めた展示もやれるでしょう。これを契機に、ペンシルゆかりの地（荻窪、国分寺、千葉、道川、六本木）などにそれなりの碑を建てる。8月となると、一般公開と合わせてやるということも考えられますね。場所はどこでもいいけれど、みんなが集まりやすいところがいいなあ。いろいろアイディアは出てくるのですが、さて準備をするとなると、大変でしょうね。でも私はもう決心しました。50年を振り返って、みんなの想いを新たにし、未来へつなげる行事にしてみせます。ご期待ください。ところで本日は私の誕生日です。悪しからず。

# 2005年

### 3月 2日

## H-2Aロケット7号機の成功と今年の打上げ計画

2月26日、H-2Aロケットの7号機が運輸多目的衛星新1号「MTSAT-1R」を静止トランスファー軌道に運ぶことに成功しました。打上げ後の記者会見では、雰囲気は硬かったものの、日本の宇宙開発が新しい時代へ向けて脱皮するスタート台にやっとついたという雰囲気も感じられました。そうです、これからなのです。2005年度には、公式に決まってはいませんが、日本の人工衛星は7つ打ち上げられる可能性があります。

H-2Aロケット7号機の打上げ

1. ASTRO-E2（アストロE2）：ブラックホールや銀河の謎を追うX線天文衛星。内之浦からM-Vロケットによって。M-Vは2003年に野心的な小惑星サンプルリターン「はやぶさ」を軌道に送って以来のことになります。初夏でしょう。
2. OICETS（オイセッツ）：光通信を衛星間で実施する技術を確立するための実験衛星で、ロシアのバイコヌールからドニエプル・ロケットで打ち上げます。夏ですね。
3. INDEX（インデックス）：工学実験満載の小型衛星。プラズマ観測も行います。OICETSと一緒に、ロシアのドニエプル・ロケットのピギーバックとして運ばれます。
4. ALOS：地球観測衛星。陸域に焦点をしぼって観測。H-2Aによって種子島から打ち上げられます。H-2Aの次のステップとして注目が集まります。
5. MTSAT-2：今回の運輸多目的衛星の2号機です。H-2Aロケットの打上げです。種子島からですね。
6. IGS：情報収集衛星。日程は今はっきりせず。2005年度の2月ごろに打上げがないとは言えないという状況。H-2Aロケットによって種子島から。
7. ASTRO-F（アストロF）：星や銀河の誕生、他の惑星系の観測などに挑む赤外線天文衛星。M-V

ロケットで内之浦から。これもお金の都合がついたらという感じ。

どうですか？　こんなにたくさんの日本の衛星が宇宙へ飛び立つ年は、史上初めてと言っていいでしょう。これがすべて成功するかどうかは予断を許しませんが、現場のやるべきことは、一つひとつ丁寧に仕上げていくことです。これから何百年もかかって人類は宇宙への道を耕していきます。日本という小さな国が、人類社会全体がめざす大きな事業に卓越した貢献をすることを、私は望んでいます。さまざまな外国の人々と接してみて、日本人は非常にすぐれた感性と業と知能を持っている民族だと、私は確信しています。その日本の人々の志が、世界のどの国の人たちにも負けない宇宙への翼を獲得できるかどうかは、現在日本で生活している人たちの心意気次第だと考えています。よろしくお願いします。

## 3月 9日

### X線天文学と漁業

　漁業との交渉の季節になってきました。H-2Aが種子島から無事打ち上がって、次はアストロE2をM-Vロケットで内之浦から打ち上げる番になりました。すでに新聞等でご承知のとおり、この衛星は2月に打ち上げることになっていたのです。ところが困ったことにM-Vロケットを担当するメーカーが、H-2Aを打ち上げることに全精力を注ぐとすれば、M-Vのために働くエンジニアのパワーもH-2Aに注がざるを得ず、M-Vは仕方なくH-2Aの後に延期という次第になったわけです。日本の情勢から見て、ここまでは筋書きとしてはまあ仕方のないところでしょうが、問題は、じゃあすぐにでもM-Vを上げられるかと言えばさにあらず。当該メーカーのエンジニアの投入時期と内之浦での準備オペレーションのスケジュールを睨むと、H-2Aの2ヵ月後以降でないと打ち上げられないらしいということになりました。

　2月26日にH-2Aを打ちましたね。するとどう早く

# 2005年

見積もっても、4月末ということになります。ところが、漁業との約束で3月、4月、5月はすべて禁止期間です。6月もほとんど駄目で、6月26日にならないと打上げの窓が開きません。これはいくら何でも国際協力のミッションとしては面目が立ちません。こんなことばかりやっていたら、日本は早晩国際協力の枠組みから外されてしまうに決まっています。そこで漁業各県をまわっての感触調べを私が担当したわけです。私の場合はかつてすべての県を経巡っていましたので、その各県漁連の幹部の方々はよく知っています。お互い情が通じているといってもいい一種奇妙な友情が存在します。だから私が本来無理筋な要求を持って参上すると、向こうも断りにくくて困るというのが本音のようなのですが、そこは義理人情の漁師さんたちです——というわけで、先週と今週は四国と九州を行ったり来たりしています。

相次ぐ過密スケジュールの中にこうした日程を組み入れるのは至難の業でしたが、どうやらもう一県でひとまわり終了です。でももう毎日帰ると、身動きができない状況になるくらいくたびれ果てています。もう年だなあとつくづく思いますよ。今後誰がこんな割に合わない仕事を引き受けてくれるのか……。誠心誠意人のために尽くすという、私の親父の教えは、私の「三つ子の魂百まで」なのですが。ン？　百歳？　するとあと40年足らずもこんな生活をするのか？　それもこれも、アストロE2という、軌道に投入すれば間違いなく世界に冠たる業績をあげること間違いないX線天文衛星の活躍を早く見たいからです。それと私もつくづく情に弱いと思うのは、X線天文学のグループにいる全国の友人たちの嬉しそうな顔を見たいというのが、本当の気持ちなんですよね。極めて日本的ですが、こうした「業務を越えた友情」が、日本の宇宙科学を支える力の一つになっていることをお伝えしたくて、本日のメールを書きました。

アストロE2 想像図

## 3月 16日

最近時どき書いているように、今年はペンシル・ロケットが誕生してから50年の節目にあたる。ペンシル・ロケットが東京の国分寺で水平発射されたのは4月12日なので、その日までは、謹んでペンシルにYMコラムを捧げることにする。

### ペンシルの物語：第1回「ペンシル」の誕生

ペンシル・ロケットは、1955年4月12日、東京都下の国分寺で水平に発射された第二次世界大戦後初の日本のロケットである。直径1.8 cm、長さ23 cmの小さな機体には、その後の私たち日本人が抱く宇宙への憧れが凝縮してつまっていた。私はそのころ中学に入ったばかりだった。新聞に乗っているペンシル・ロケットの記事を読んで、「ああ、日本でもそんなことを始めたのか」と淡い印象を持った。

### 【輝かしい始まり】

1954年（昭和29年）にAVSA研究班は研究費60万円を受け、高速衝撃風洞の建設とロケット・テレメータ装置の研究をめざして、その活動の第一歩を踏み出した。それとは別に文部省から科学研究補助金40万円と通産省から富士精密工業（現日産自動車KK）に工業試験研究費230万円が下された。通産省の補助金は、それと同額を会社側も出すことが前提になっていたため、それを合わせると560万円の年間費用となった。多くの小型ロケットが試作され、工場で燃焼試験が行われた。その中から生まれたのが、戸田康明が村田勉のもとから持ち帰ったマカロニ状推薬の大きさに合わせて作られた、直径1.8 cm、長さ23 cm、重さ200 gのペンシル・ロケットである。

思えば貴重な虎の子であった。ペンシル・ロケット用の推薬としては、上記のようにいわゆるダブルベース（無煙火薬）が用いられた。ニトログリセリンとニトロセル

ペンシルを組み立てる技術者

# 2005年

ロースを主成分とし、それに安定剤や硬化剤を適当に混入し、かきまぜこねまわして餅のようにしたものを圧伸機にかけて押し出す方式のものである。富士精密工業の荻窪工場内にテストスタンドと計測装置を作って燃焼実験が続けられ、翌年3月、いよいよ試射が行われることになった。そのうち朗報が飛び込んできた。日本油脂の武豊工場の倉庫に、もっと大きな圧伸機が眠っていたというのである。コレヒドール攻撃\*に使っていたものらしい。富士精密工業の荻窪工場の一部に地下式テストスタンドを作り、1954年のうちに、この65 mmというチャンバー径をもとにしたエンジンの地上燃焼実験も行われた。後のベビーである。しかしこの間に、ペンシルに専念していたAVSA研究班を思いもかけない運命が待ち受けていた。

\*：太平洋戦争中の1942年4月、日本軍はフィリピン・バターン半島先端のコレヒドール島にある米軍の要塞に砲撃を開始した。この攻撃には当時「噴進弾」と呼ばれたロケット兵器が使われた。

## 【ある新聞記事】

その前年の1954年（昭和29年）春、ローマ。第二次世界大戦後初めてのIGY準備会議が開催された。このIGY（国際地球観測年）は、世界中の科学者の参加によって共同観測を行い、地球の全体像を明らかにしようというプロジェクトである。このたびの第3回IGYは、世界大戦後の飛躍的な技術革新を背景にして、戦勝国であるアメリカ・イギリス・ソ連の強力なリーダーシップのもとで開かれることになった。その最初の準備会議が、ローマで行われたわけである。日本からは東京大学の永田武や京都大学の前田健一が出席していた。

糸川英夫（左）と永田武

この準備会議での議論により、二つの特別プロジェクトが組まれることになった。一つは南極大陸の観測、もう一つは観測ロケットによる大気層上層の観測である。アメリカは「ロケットはアメリカが提供するから、日本はそれに乗せる観測機器を作ってはどうか」と親切に申し出てくれた。永田は、すぐさま学術会議の茅誠司に電報を打った。アメリカの申し出を述べた後に「一週間後に会議がある。それまでに返事がなければ、学術会議はIGYでの日本のロケット観測にOKだと答える」。後に「永田の脅迫電報」と呼ばれるものである。しかしこの

ときは茅が穏便な電報を打ち返して、問題は永田や前田の帰国後に持ち越された。

当時文部省大学学術局学術課長の職にあった岡野澄は、IGYの政府側窓口として、測地学審議会を活用しながら計画の実施にあたっていたが、たまたま1955年（昭和30年）1月の初め、毎日新聞紙上で「学者の夢」と題する記事を読み、そのユニークな発想に強い印象を持った。糸川英夫の語る「AVSA研究班の計画と夢」であった。岡野は、その研究班の開発研究を進展させ、観測ロケットとしてIGYの観測に利用できないかと考え、舞台まわしにかかった。

糸川と永田を中心として進められた協議はとんとん拍子で進み、9月にブラッセルで開かれたIGY特別委員会において、日本は地球上の観測地点9ヵ所のうちの一つを担当することになった。もちろんAVSA研究班のロケット開発に燃やす闘志は素晴らしいものであった。かくてペンシルを開発したAVSAグループは、IGYの日本参加を支えるという決定的な任務を負うことになった。

日本の宇宙開発は、その草創の時代から、宇宙科学と宇宙工学がガッチリと腕を組んだ形で、その険しい道を登り始めた。その最初の花火が、ペンシル・ロケットの水平発射であった。

## 【国分寺のペンシル】

1955年（昭和30年）2月末、糸川英夫は、富士精密工業の戸田康明と自分の研究室の若手である吉山巌を伴って、国分寺駅前の新中央工業KK廃工場跡地の銃器試射用ピットを訪れた。JRを国分寺駅北口で降りて、線路沿いに新宿方向へ歩いていくと、その場所がある。以前は新日鉄のグラウンドだったが、現在は早稲田学園の敷地である。ここが、ペンシル・ロケットの最初のテストを行った場所である。いくつかのコンクリートの建屋を見てまわり、そのうちの一つに糸川が目をつけた。吉山は高速度カメラの電源を探し、幸い三相200ボルトの電源が見つかったが、生きているか死んでいるかわか

ペンシルを持つ糸川英夫

新中央工業跡地のピット

# 2005年

ペンシルの水平発射（1955.4）

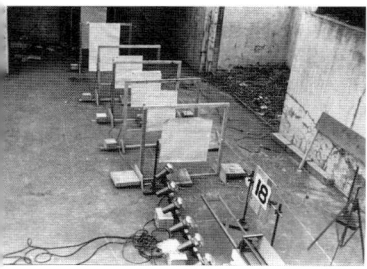
ペンシル水平発射用スクリーン

改造中の船舶水槽

らない。再度調査することにして、3人は工場を後にした。その試射場予定地の周囲に顔をのぞかせていた草の青い芽を、吉山はなぜかいつまでも覚えている。

　3月11日、このピットで、ペンシル初の水平試射が行われ、次いで4月12日には関係官庁・報道関係者立ち会いのもとに、公開試射が実施された。ペンシルは、長さ約1.5mのランチャーから水平に発射され、細い針金を貼った紙のスクリーンを次々と貫通して向こう側の砂場に突きささった。ペンシルが導線を切る時間差を電磁オッシログラフで計測しロケットの速度変化を計る。スクリーンを貫いた尾翼の方向からスピンを計る。高速度カメラの助けも借りて、速度・加速度、ロケットの重心や尾翼の形状による飛翔経路のずれなど、本格的な飛翔実験のための基本データを得た。

　この水平試射は4月12、13、14、18、19、23日に行われ、29機すべてが成功を収めた。これらのペンシルには推薬13g（その半分の6.5gのものもあった）が装填され、推力は30kg前後、燃焼時間は約0.1秒。尾翼のねじれ角は0度、2.5度、5度の三種で、機体の頭部と胴部の材質には、スティール、真鍮、ジュラルミンの三種類が使われた。材質を変えることにより、重心位置が前後の3ヵ所に変化するようになっていたのである。速度は、発射後5mくらいのところで最大に達し、秒速110〜140m程度であった。

　半地下の壕での水平発射とはいえ、コンクリート塀の向こう側は満員の中央線である。塀の上に腰掛けている班員が、電車が近づくとストップをかけ、秒読みが中断されるのであった。このペンシルの水平試射は、この年の文部省の十大ニュースの一つに選ばれた。

　国分寺の後は、千葉の東京大学生産技術研究所（生研）にあった長さ50mの船舶用実験水槽を改造したピットで、長さ300mmのもの（ペンシル300）、二段式のペンシル、無尾翼のペンシル等を水平発射して経験を積んだ。ペンシルが「打ち上げられ」たのではなく、「発射された」としたのは、方向が垂直ではなく水平だったからだ。糸川はロケット開発にあたって、航空関係者はも

とより、財界人にも協力を求めて足を運んだ。だが財界人のほとんどは興味を示さず、故松下幸之助にいたっては、「そいなもん、もうかりまへんで、糸川はん。50年先の話や」とにべもなかったという。

## 3月 24日

### パリの空の下で

たとえば聖徳太子が遣隋使を派遣したとき、彼は自分がどのような時代にどのような世界情勢の中で生きているかをどのように認識していたんでしょうね。彼が向こうの皇帝にあてた書簡にある「日出ずるところの天子、日没するところの天子に……」という言葉は、両様の解釈が成り立つようです。聖徳太子がどう認識していたかどうかとは関わりなく、その後世界（中国）と日本の関係は進展し、全体としてはあのころ隋との国交を始めたことは、おそらく日本にとってはプラスに働いたことは証明されているような気がしますね。

二段式ペンシルのランチャーセット

今回私がパリに来ているのは、10月に日本で25年ぶりに行われるIAC（International Astronautical Congress）という会議の準備会議のためなのですが、いろいろな議論の中で、「教育」の2字（いや正確には"education"の9字ですが）をこれほど頻繁に耳にしたことはなかったような気がしますね。議論の中身をつらつら考えるに、ひところの崖っぷちの危機感から、世界がどうやら未来に向かう意識へと大きく舵を切りつつあるような印象です。特に宇宙教育に力を注ぎ始めているのがインドと中国だということが、私にはとても嬉しいと同時に、日本の置かれた厳しい状況をも連想せざるを得ないと思っています。ということは、日本が今教育についての認識を誤れば、確実に世界から置いていかれるということを意味します。そうした実感を得たことは、私にとっては非常な力になりました。JAXAの宇宙教育センターももうじき立ち上がります。猛烈にファイトが湧いてきました。

パリのIAF（国際宇宙航空連盟）本部

昨夜はちょっと仕事がたまっていたので、日本に帰る

# 2005年

欧州宇宙機関（ESA）の本部

とまた時間に追われるからと思い、片付けているうちに徹夜になってしまいました。昼間に、こちらに駐在しているJAXAの人たちとベトナム料理を食べたとき、「夜はこちらに来ている日本のメンバーも入れて食事でもしようか」と約束をしたまではよかったのですが、徹夜がたたって、ホテルで30分だけ休もうと横になったのがいけません。起きたら約束の時間を3時間も過ぎていました。相手の携帯もわからないし、途方に暮れているところです。もう年ですね。いずれずっと目の覚めないときが来るのだから、こんな肝腎のときに眠らなくてもいいのにね。困ったもんです。

## 3月 31日

### 呉やまと分団結成

戦艦大和の10分の1模型

　去る3月26日、日本宇宙少年団の呉やまと分団が結成され、結団式が行われました。私の生まれた町で元気な子どもたちが育っていきます。リーダーの人もたくさんいて、頼もしい限りです。来月オープンする呉市海事歴史科学館（通称：大和ミュージアム）もついでに見せていただきました。あの戦艦大和の10分の1模型が、デーンと飾られていて感動的でした。10分の1であんなに堂々としているのですからねえ。幼いころから「大和、大和」で育った呉出身の私としては、感無量といったところでした。

### ペンシルの物語：第2回
**【舞台は秋田へ】**

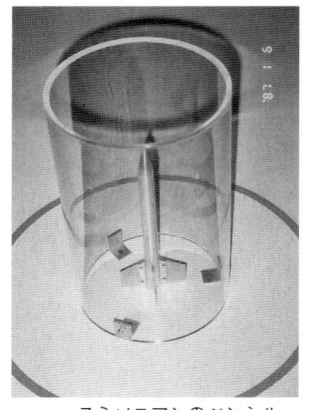
スミソニアンのペンシル

　国分寺におけるペンシル水平発射の日に初めて「ロケット」を感じた中学の1年坊主（私）が、37年後の1992年に、「ペンシル・ロケットの模型をワシントンのスミソニアン航空宇宙博物館に展示することになった」との報せを同博物館の友人から受けた。私は、すぐにペンシルのレプリカを送ったのだが、順番待ちでなかなか展示開始のニュースが届かなかった。しかし今ではペン

18

シルは、「ロケット開発の歴史」のコーナーに、豊富な展示物の中ですぐ目につくところに、瀟洒なケースに入れて置かれている。世界でも唯一の平和目的に徹した宇宙開発を進める日本の可愛い象徴として、大勢の子どもたちの記念写真の人気者になっている。

さて水平試射の次の難関は、飛翔実験を行う場所の選定だった。落ちてきたロケットが危害を及ぼしてはいけない。外国のように広い砂漠のない日本としては、海岸から打ち上げて海に落とす以外にはない。そのためにはまず船舶や航空機の主要航路を避けなければならない。それに漁船が少ない場所がよい。学問的な研究なので、政治的な紛争からは一線を画したい。そこで文部省が中心となって各省次官会議で協力の打合せまで行い、関係各省が一切の面倒を見ることになった。

## 【道川のロケット発射場】

1955年ごろには海岸はすべてGHQが占有しており、空いているところは佐渡島と男鹿半島の2ヵ所しかなかった。当時糸川は、生研の同僚であり、電気部門の国際的権威である高木昇とペアを組んでチームを動かしていた。まず高木と糸川は海上保安庁の船を出してもらい、佐渡島を見に行った。当日は海が荒れて糸川は船に酔ってしまった。これでは佐渡島にはとても機材を運搬することは考えられない。実験場としては落第であった。

次いで男鹿半島に行ってみたがとても狭くて実験場として不向きであった。高木によれば、「1955年ごろには佐渡島と男鹿半島の二つしか使えなかったということは、今では考えられないくらい米軍の力が大きかったのである。それから数年のうちに日本全周囲はすべて解放され、太平洋岸も日本海側も自由に使うことができるようになった。そこで後に北海道から鹿児島まで探して、とうとう漁業とか船舶の少ない鹿児島の内之浦にたどりつくことができたのである。」

さて、道川を選んだのは海岸で広く使えること、それから、町が近いので寝泊りに宿屋が使えることなどが理由だった。高木と糸川はいろいろなことを相談して決め

宇宙開発の草創期をリードした
高木昇（左）と糸川英夫

た。チームは、機械・電気・航空という分野の専門家の集まりである。これからの発射実験では、それぞれの分担した専門のところが故障して失敗を重ねていくことだろう。失敗箇所を分担した専門家は、当然故障原因は自分でよくわかる。だから反省はそれぞれの専門家がすべきであって、専門家以外の人が口出ししてはならない。我々はいろいろな専門家の集まりであり、決して専門以外のことで議論はしないこと、そういうことをお互いによく承知して戒めあったのである。

　それから、電気と電気以外の専門家が組になって実験主任を行うこと、たとえば、高木と糸川、玉木と斉藤、森と野村のように実験主任の組合せが決まっていった。ずっと後に筆者が糸川研究室に入ったときに、工学関係の人を「電気」と「非電気」という分類で呼んでいるのを何だかいぶかしく思ったのだったが、こんな昔にその原因はあったらしい。こうした経緯で、ロケット発射の舞台は、秋田県の道川海岸に移る。道川は1955年（昭和30年）8月から1962年（昭和37年）に至るまで、日本のロケット技術の温床であり続けた。

### 【ペンシル300の打上げ】

　道川での歴史的な第1回実験は、ペンシル300の斜め発射であった。8月6日、天候晴れ。風速5.7m。長さ2mのランチャー上に、全長30cm、尾翼ねじれ角2.5度のペンシル300がチョコンと乗っている。発射上下角70度、実験主任は糸川英夫、総勢23名の実験班。13時45分、赤旗あげ。14時15分、花火あげ。「総指揮」と書いた腕章を腕に巻いた糸川は主任として、実験場所上段に着席した。電球を10個ほどつけ、ロケット運搬終了、ランチャー装置終了など実験準備の進行に従って裸電球を一つずつ消していき、最後に発射準備完了となったとき、端にあるひときわ大きな電球が点灯する仕組みを考えたのも、糸川である。彼は「日本初のコントロールセンターです」と言ってすましていた。

　30秒前から糸川の秒読みが開始された。いつもより緊張した声。「5、4、3、2、1、ゼロ！」……14時18分、

ペンシル300のランチャーセット

秒読みをする糸川英夫

発射！「あっ！」誰もが息を呑んだ。ペンシルはランチャーから砂場へ転げ落ち、砂浜をねずみ花火よろしく這いまわったのである。ロケット燃料に点火するには、その直前に小型のイグナイター（点火器）にまず点火し、そこから出る炎で主燃料に火をつける。国分寺のように水平発射ではないのでロケットがすべり落ちないよう、お尻にビニールテープの支えを貼ってあったのだが、イグナイターが発火したとき、その小さな噴射でビニールテープが外れ、ロケットは打ち上がらず、「打ち下がった」のである。

　もちろん急いでランチャー下部に鉄線のストッパーを取り付け、15時32分に再度挑戦、尾翼ねじれ角0度のペンシルが、史上初めて、重力と空気抵抗の障害のただ中を、美しく細い四塩化チタンの白煙を残して夏の暑い空へ飛び立った。到達高度600 m、水平距離700 m。記念すべきペンシルの飛翔時間は16.8秒であった。重さわずか230グラムというミニ・ロケットの海面落下に備えて、400トンの巡視船が沖合に出動した。8月の熱い砂に実験班員のキャラバン靴はもぐり、「あたかも古代遺跡を掘りにきた探検隊の集まりのようだった。電話も引かず自転車が足だった。大学の野外実験とはこういうものと、その質素さが今はなつかしい」とは、当時糸川と苦労をともにした下村潤二朗事務官の述懐である。

ペンシル300の発射

　その下村が発射直前の静謐を詠んだ。

　　　夏海のまばゆきをまへに初火矢を
　　　　　　揚げむとすれば波は寄る音

　余談であるが、このとき糸川は初めて道川に行った。そのときに泊まった旅館が名横綱大鵬の奥方の実家であった。こうしてペンシルの歴史は静かに幕を降ろした。次週は同じ年に行ったベビーについて語る番である。

# 2005年

**4月 6日**

### ペンシルの物語：第3回
### 【ベビーへの大型化】

——その次に作ったベビー・ロケットはなかなかの物でして、何がいいかと言うと、まずは音速を超える手前まで行けたというのが一つ、当時は速度を測る手段がなかったものですから計算上のことですが音速は超えてなかったと思います。ベビーはS型が最初です。ベビーT型はテレメトリを初めて載せました。これは高木昇先生や野村民也先生の出番でした。私も計測器を一つ、加速度計のいい加減な物を一つ作った記憶がありますけど、これは働きませんでした。ともかくテレメータを載せたというのは大きな話でした。最後のベビーR型は、落下傘とブイを付けて回収もやりました。これも搭載機器は働いていませんでしたけど回収だけはしました。しかし基本的な観測ロケットとしての機能をひととおりやったという意味はありました。高度は非常に低かったのですがそれを同じ年のうちにやったというのもなかなか大したものです。その前からロケット旅客機みたいな物を目的にやっていた研究の範囲でここまで計画していたわけです。1955年はそんな調子でした。——（秋葉鐐二郎）

ペンシルに続くダブルベース推薬の二番手は、外径8cm、全長120cm、重さ約10kgのベビー・ロケットだった。富士精密工業ではすでに先行的な燃焼実験を行っていた。ベビーは二段式で、S型・T型・R型の3つのタイプがあり、1955年8月から12月にかけて打ち上げられ、いずれも高度6kmくらいに達した。S型では、発煙剤をつめ、その噴出煙の光学追跡によって飛翔性能を確かめた。T型は高木、野村や電気メーカーの努力の結晶であるわが国初のテレメータを搭載したロケットであり、R型は植村恒義の写真機を搭載し、これを上空で開傘回収をする実験に成功した。日本初の搭載機器の回収であった。ベビーR型の1号機のときには、いつも糸

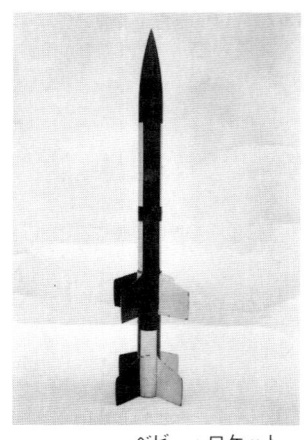

ベビー・ロケット

川の愛用車を守っている方位神社のお守り札がロケットに乗せられて打ち上げられ、搭載カメラと一緒に回収された。海水に濡れたお守りを手のひらに乗せて、世界初の海上回収の喜びを語る糸川の写真が、翌日の新聞を飾ったことは言うまでもない。

　糸川から、「ロケットを打ち上げるときの軌跡をトランシットで追跡し、地球観測年に所定の高度を確保するためのデータを収集してくれませんか」との依頼を受けた丸安隆和教授の記憶。

　――実験班に加わって、後方にある高地を選び、トランシットを据え付け、打ち上げられたベビー・ロケットを追跡することになりました。そのころ、アメリカで打ち上げられるロケット実験の写真を見ると、ロケットは真上に向かって悠々と大空に向かっています。しかし、道川のロケットは海の方向に向かって超速度で斜め上空に飛んでいく。アメリカと生研のロケットは燃料が異なるのだと教えられました。しかし、トランシットでロケットを追跡するとなると、望遠鏡の視野は約1°ですからロケットを一度見失うと再度望遠鏡の視野の中にロケットは戻ってきません。発射のカウントを聞きながら待機するときの緊張は容易ならざるものでした。――（丸安隆和）

## 【決死の匍匐前進】

　1955年9月19日、曇り、風強し。この日の午後3時ちょっと前、一人の男が道川海岸の小屋から出て、海のほうに向かって匍匐前進を続けていた。それを物陰から固唾を呑んで見つめる男たち。男が這っていく方向を見ると、砂地の上にロケットが1機、ゴロンと横着そうに転がっている。いやよく見ると、転がっているのはモーター部分だけで、ちょっと離れたところにはロケットの頭部カバーが砂浜に頭を突っ込んでいる。男は背後の通称「かまぼこ小屋」から約70mを駆けて来たのだが、ロケットを目前にして四つ足に変わり、ソロリソロリと近づいていき、やがてロケットに手をかけた。事情をよく知っている他の男たちは思わず目をつむった。合掌す

# 2005年

る姿もある。そう、このロケット・モーターには推薬がつまっているのである。それだけではない。その推薬に火をつけるための点火器の作動時刻がとっくに過ぎている。

つい先ほど、午後2時40分、ベビーT型ロケット2号機が打ち上げられた。1段目は順調に燃えたが、どういうわけか2段目に火がつかず、機体は35～40mだけ上昇して、ランチャーからわずか50mほどの砂地に落下してしまった。航跡を見るために尾翼筒に付けた四塩化チタンが空気中の酸素と反応し、酸化チタンの噴煙をあげている。さあ大変、いつ火がつくかわからない。しかも機体が変な向きに海岸に落ちていると、火がついたが最後、このロケットは実験班が避難しているほうへ飛んでくるかもしれない。不気味な静観が続いた。やがて噴煙はおさまった。そしてこの男、戸田康明の命を賭しての匍匐前進とあいなったのである。

実はこのロケットの打上げ前、戸田は恒例により秋田銘酒一本、榊をランチャーのそばに供えている。その願かけは、このベビーには通用しなかったらしい。実験班注視の中、戸田はロケットのそばでしばし点検をしていたが、点火器への導線を切断しアースさせた。そして、「オーイ、もう大丈夫だぞーっ」と叫んだ。ワッとあがる歓声。実験班の面々が戸田とベビー・ロケットのまわりに駆け寄り、2段目は回収された。と、そのとき、「かまぼこ小屋」のほうから驚きの声が……「テレメータが送信を始めた！」

## 【瓜本の八艘飛び】

——ベビーTのTはテレメータのTで、測定データの送信に使用するテレメータのテストをしました。ロケットはもともと搭載物を運ぶためのものですから、ペイロードをどこかへ運ぶわけです。そのペイロードを運んだときに、ペイロードが正常に作動しているかどうか等のデータを電気的に送信する必要があります。それがテレメータです。レーダーは、もう少しロケットが大きくなってからでしたが、明星電気の瓜本さんの有名な「義

戸田（右）とベビー

瓜本の八艘跳び

経の八艘飛び」という話があります。どういう話かというと、地上のレーダーアンテナは、飛んでいるロケットに搭載したレーダー発信器が発信する電波に追従しなければなりません。地上のレーダーアンテナが正常に作動するかどうかをチェックするため、発信器を移動してテストをしました。そのころは瓜本さんが発信機を抱えて走って、それをレーダーアンテナが追いかけたのです。地上の砂浜だけではなく、次は海の上はどうか、ということで海の上を船で移動し、それを追いかけるということもやりました。瓜本さんが、船から船へレーダーを抱えて飛び移って走るものだから、「八艘飛び」です。――（垣見恒男）

　意外性に溢れ、情熱に満ち、一つひとつの出来事への感激がとてつもなく大きかった日本のロケットの草分けのころである。そして来週4月12日は、ペンシルが国分寺で水平発射されてから50周年の記念日を迎える。

（連載終わり）

## 4月 13日

### ペンシル50年の節目の日に

　50年前、1955年（昭和30年）の4月12日、東京の国分寺で長さ23 cm、直径1.8 cm、重さ200グラムの小さなロケットが水平に発射されました。ペンシル・ロケットです。そのときのシュッという短い発射音が、日本の宇宙開発の産声でした。そのとき50年後の今日の宇宙開発の姿を心に思い描いた人がいたでしょうか。それは知る由もありませんが、私には、糸川英夫先生だけはもっともっと進んだ姿を想像していた可能性があると思っています。その証拠の文章が当時毎日新聞に載った「科学は作る」という記事です。そこには「太平洋を20分で横断するロケット旅客機」という彼の夢が紹介されています。

　そして当時の東京大学生産技術研究所の若い研究者たちが、この魅力的な構想に心を躍らせて、AVSA（Avion-

東大生研六本木庁舎

# 2005年

ics and Supersonic Aerodynamics）研究会に参加してきたのでした。この小さなAVSA研究会が、すぐにペンシルを生み出し、後に国際地球観測年をはじめとする日本の宇宙科学の世界への雄飛をサポートする宇宙工学陣の土台となったのでした。

私は当時中学生になったばかりでした。新聞に載ったペンシルの記事を読み、父や兄たちが「ああ、日本もロケットを始めるんだって……」と語り合っている様子を、淡い印象ながら覚えています。サンフランシスコ体制が敷かれて間もない日本、やっと第二次世界大戦後の占領状態から脱け出し、独立して自分の道を歩み始めたばかりの祖国の夜明けでした。国分寺の新中央工業の敷地にあったピストルの試射場跡で水平に打たれたペンシルが、その年の文部省の十大ニュースに選ばれました。

私の脳裏になぜかずっと後々まで印象を残したわが家の茶の間の雰囲気は、家族のみんなが「日本が明るい未来に向けて出発したような」予感を口にしたものだったこと、つまり裏を返せば、このロケット実験が、日本の未来を照らすささやかなともし火だったことを告げているのだと思っています。

その後日本のロケット開発は、太平洋横断のロケット旅客機ではなく、先述したように理学部の人たちの宇宙

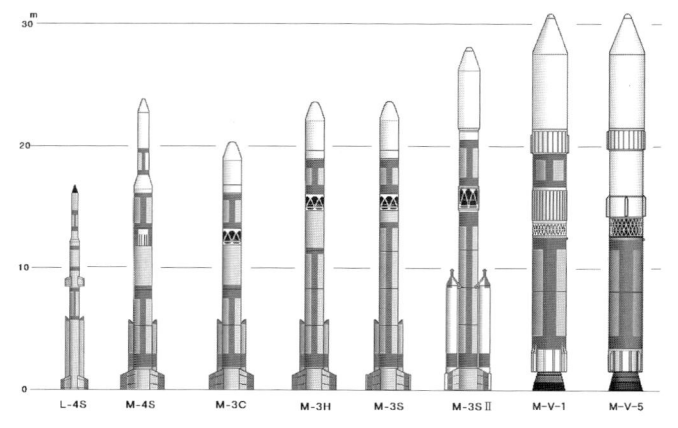

ミューロケットの進化

科学への挑戦と手を携えて発展し、その時どきの科学の要求に応えながらミュー（M）ロケットの大型化、高性能化を進めてきました。

観測ロケットの大型化、日本初の人工衛星「おおすみ」(1970)、日本初のX線天文衛星「はくちょう」(1979)、固体燃料による世界初の地球重力脱出であるハレー探査試験機「さきがけ」(1985)、日本初の月ミッション「ひてん」(1990)、人類の太陽像を塗り替えた「ようこう」(1991)、大規模な太陽地球系物理学の国際観測計画で活躍した「ジオテイル」(1992)、1990年代の世界のX線天文学をリードした「あすか」(1993)、世界初のスペースVLBIを張った電波天文衛星「はるか」(1997) など、ペンシルの後継者たちが屋台骨となって世界の宇宙科学にトップクラスの貢献をしたミッションは、枚挙に暇がないほどです。

2003年5月には、小惑星からのサンプルリターンを狙う「はやぶさ」(2003) が打ち上げられました。これは、他天体からの表面物質を地球に持ち帰るアポロ計画以来の初めての試みです。現在「はやぶさ」は、小惑星イトカワに向かってイオンエンジンを駆って驀進中であり、今年の秋にはターゲットに接近、観測、サンプル収集作業を行います。この小惑星に「イトカワ」という名前をつけたことを、糸川先生は何と思われるでしょうか。「大きさがわずか500mくらいの星に私の名前をつけるなんて」と言われそうですね。

でも、50年前にペンシルが受け持った日本の驚異的成長の幕開けを予告するものだったのと同じように、この「はやぶさ」ミッションが、閉塞感に覆われている現在の日本にとっての光の道しるべになってほしいと願うのは、ミッションの関係者だけではないでしょう。50年前のペンシルが果たした役割を担うべきその栄えあるミッションのターゲットに、奇しくもペンシルの演出者の名前が冠せられていることは、本当に面白いと思いますね。残念ながら、1998年に打ち上げられた日本初の火星探査機「のぞみ」は、軌道投入を諦めざるを得なかったわけですし、本来は工学実験探査機である「はやぶさ」

日本初の衛星「おおすみ」

小惑星探査機「はやぶさ」

## 2005年

　も、地球帰還までのシナリオを完璧に描き切れるかどうかは神のみぞ知ることです。

　でも、日本の太陽系進出の技術が、この2機の残した教訓によって飛躍的に強化されていることは明らかで、日本は世界に伍して、あるいは部分的には世界をリードする技術を身につけつつあることは確実です。あせらず暖かい眼で見守っていただきたいですね。

　ペンシルは、これからまさに伸びていこうとする日本にとって、小さな灯台となりました。宇宙が未来への投資であることを象徴的に物語っていると思います。ロケットを1機打ち上げるたびに、宇宙開発への賛否が渦巻く日本の環境では、未来を拓く宇宙活動を展開することを非常に語りにくい局面にあります。しかし一方で、最近発表された「JAXA長期ビジョン」へのみなさんの

糸川の太平洋横断構想
(毎日新聞、1955.1.3)

反応を見ていると、本当は「未来志向の強力な牽引車」の出現をみんなが求めているのだということを、逆説的にビンビンと感じ取ることができます。

　出された長期ビジョンは、現在のJAXAの力量と現状を凝縮した形で直接物語っているものであり、それ以上でも以下でもありません。ここから私たちは出発するほかはないのです。50年前のペンシルを作り上げた人たちが、当初は科学を支えようと思っていたのではなく、純粋にエンジニアリングの世界で未来を描こうとした人たちであったことを、最近私はよく考えることがあります。そのことに想いを馳せるとき、現在の、経済が開花し人心が荒廃する祖国の未来を照らすともし火が、新たに宇宙をめざす若者たちによって点されることが期待されます。

　あの毎日新聞の記事で50年前に糸川英夫先生が示唆した「太平洋横断ロケット旅客機」は、今やっと世界で本格的な取組みにかかっているところです。その意味では、今から50年後をめざす大きな計画を心に設計する創造力と想像力に溢れた自由な発想の若者たちが出現してほしい。私は今しみじみとそのことを感じています。

　そのような志を持って、ペンシル50周年の今年まもなく、JAXAに「宇宙教育センター」を設立します。宇宙の現場から若者たちの成長を心から支援する日本中、世界中の連携の大運動の核となることを夢見て。

## 4月20日

### 大盛会だったISAS講演

　去る4月16日、新宿の安田生命ホールで恒例の「宇宙科学講演と映画の会」を催しました。今年はペンシル50周年とあって、私は司会をやりながら講演の一つ「ペンシル・ロケットから50年——宇宙科学を支えた半世紀」を話しました。何だか新郎が披露宴の司会をやっているみたいで照れくさかったのですが、先週、富岡のIA（IHI　Aerospace）と宇宙開発委員会で似て非なる話をし

# 2005年

ただけに、私の講演の段取りはかなりうまくいったと思います。

もう一つの講演を井上一先生が「X線観測が切り開く宇宙——ブラックホールから暗黒物質まで」としてやってくれました。誠実に準備され、さすが世界のトップクラスの頭脳、厳密で視野が広くて素晴らしい講演でした。あんなX線天文学の講義は、もう聞けないと思いました。相対性理論の方程式なども飛び出していましたから、メモを取っている人も大変だったらしく、講演後に「話に追いつけなかったので、ISAS（宇宙科学研究本部）のWebにパワーポイントの内容を載せてくれませんか」という要求が殺到しました。これは講演に非常に興味があったからこその注文ですね。私の講演内容とともに、すでにアップされています。http://www.isas.jaxa.jp をご覧ください。

二人の講演の後は、出来上がる寸前の映画「3万キロの瞳——宇宙望遠鏡で銀河ブラックホールに迫る」を上映しました。これも平林久先生の渾身の演出がよく生き、感動的な物語に仕上がっていました。当日は、340席しかない安田生命ホールなのに、来場者はそれをはるかに越え、補助椅子を出すほどの盛況となりました。会場のあちこちで感動の涙をぬぐう様子が見られ、人間の宇宙との格闘が人々の心に呼び起こす力をまざまざと見せられた思いでした。ペンシルの創業者たちの情熱と大志も、世界のトップをいくX線天文学の歩みも、世界初のスペースVLBI観測を完成させた電波天文学の挑戦も、すべて多くの人々の一生が捧げられたからこその快挙です。当日は、私自身も会場と心が一体になった感じがして、快い一日を過ごさせていただきました。ご出席くださったみなさま、有難うございました。

それから、先日の読売新聞に、私の『轟きは夢をのせて——喜怒哀楽の宇宙日記』（共立出版）の書評が出ました。天文台の渡辺潤一さんが執筆してくださったもので、有難いことです。本の帯に、NHK「科学大好き土曜塾」の仲間である中山エミリちゃんの可愛い写真と感想が載っているので、本屋さんでは平積みになっている

のをよく見かけます。私の顔だと発売後すぐに撤去されたでしょうから、美人効果はすごいですね。なお、そのちょっと前に出した『宇宙への伝言——いのちの大切さ』（数研出版）は、私の大好きな吉野源三郎さんの『君たちはどう生きるか』を頭に描きながら書いたものです。あの名著には遠く及びませんが、それでも宇宙少年団のあちこちの分団で教科書のように使われていると聞き、とても嬉しく思っています。人々と一緒に歩んでいくことの幸せを思い切り感じながら、JAXA宇宙教育センターの設立も間近に控え、久しぶりにやる気の出てきているYMです。

4月17日には、相模原の宇宙研キャンパスで、宇宙教育リーダーズセミナーを行いました。青少年に対する宇宙教育の実施にあたって、最小限心得ておかなければならない事柄を、日本宇宙少年団のトップリーダーたちの知恵を集めたテキストをもとに、共有していこうという試みです。岐阜から「水ロケットの雄」片岡鉄雄さんが参加してくれ、水ロケットの真髄を伝授してくれました。それにしても忙しい時間を割いてセミナーに参加してくれたみなさんの熱意に脱帽です。

リーダーズセミナーにおける片岡鉄雄さん

ところで次の宇宙研のビッグイベントは、X線天文衛星アストロE2の打上げです。言うまでもなくX線天文学は日本の宇宙科学のエースです。X線天文学という学問分野は、1960年代に、ブルーノ・ロッシ、小田稔、リカルド・ジャコーニという3人の偉大な物理学者を中心として創られました。その草創期の、特に小田先生の「すだれコリメータ」という一世を風靡したX線観測機器の発明をめぐる物語を、これから毎週10回ぐらいに分けて連載していきましょう。まずは第1回です。

## X線天文学事始め（1）
## 宇宙からX線の歌が聞こえる

1962年6月18日の深夜23時59分、クレジット・カードほどの有効面積をもつ比例計数管2個を搭載したエアロビー・ロケットが、轟音とともに飛び立ち、ホワ

# 2005年

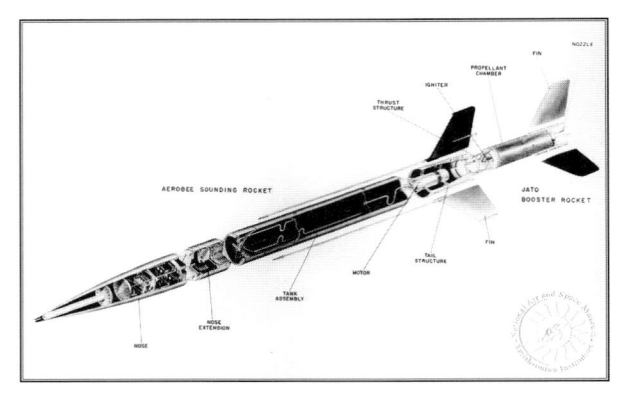

エアロビー・ロケットの構成

イトサンズ発射場上空の闇に消えました。月の表面で反射されてくるX線を見たいというのが、このロケットを打ち上げた動機でした。

テレメータデータによれば、ロケットは毎秒2回のスピンをしながら順調に上昇を続け、最高高度225kmに達しました。80kmより上には5分50秒滞在します。3つある計数管のうち、一つは放電を起こして故障したのですが、2台は正常に作動しました。上空でロケットの窓が開かれると、生きている二つの計数管のカウント数が、ロケットの上昇につれて急激に増えていきました。

しかもロケットのスピンに伴い、南の空のある方向に向いたときに毎回ピョコンとピークが現れます。ペンレコーダーの描くチャートを見つめるリカルド・ジャコーニたちの目には、そのピークの方向に強いX線源のあることが明白でした。しかしその強さは、いまだかつて誰も予想しなかったほどの強さです。そのジャコーニにそのロケット観測を示唆したのは、MIT（マサチューセッツ工科大学）のブルーノ・ロッシ博士でした。

器械がどこかおかしいのか？　ブロックハウスの中は重苦しい雰囲気に包まれていました。後にある科学者の残した手記がその場の人々の動揺を典型的に示しています。

「ピークのあるのが見えた。ペンレコの傍にいる技術者がそれを見て、あ、きたきた、と言った。しかし私はそのようには喜べなかった。どれくらいのX線カウン

リカルド・ジャコーニ

ト数になるかを知っていたし、これはデータを全部突き合わせてから判断を下さなければならないなあ、と考えていた。どこかおかしいと感じた。でもなぜかはわからなかった」。

　ちょうどそのころ、南米のボリビアに宇宙線の観測所を建設すべく、ボリビアとアメリカの間を忙しく往復している日本の科学者がいました。小田稔先生です。小田先生は、アメリカに行くたびに、ロッシのところ、特にボストン郊外ケープ・コッドの避暑地にある彼の別荘を訪ね、そこに泊まっていました。

　この歴史的なエアロビーの打上げ直後、二人は全く人気のない浜辺を歩きながらいろんな話をしました。そのときに初めて「変なことがあるんだ。空から X 線が来るんだよ」という最新のニュースがロッシの口から小田に伝えられました。その X 線がかなり明るいというのです。

　小田先生は「それは不思議ですねえ。ならばそれは宇宙から来るのではなく、地球上層の地球物理学的な現象かもしれませんねえ。では、違う時期、違う季節にロケットを上げてみれば、つまり天体ならば季節によって動いているのだから、やって来る X 線は違うのではありませんか」というような議論をしていたそうです。

　太陽系外にある X 線源なのかどうか、ジャコーニたちは、見たことの意味がわからないまま解析を始めました。彼らがデータを目にしてまず心配だったのは、X 線以外で月を見たのではないか、ということでした。計数管を紫外線から保護するために使ってあるカーボンの覆いがぬけ落ちて、月から紫外線放射が入り込んだのではないか。しかしどう見ても、X 線のピークのある場所は月とは 30 度も離れているのです。

　月ではありません。解析の結果、紫外線という疑いは除去されました。次いで、磁力線に巻きつきながら地磁気の南極付近の上層大気に進入した荷電粒子ではないか、という疑問が提出されました。そのころには、上層大気の荷電粒子の数や性質について、あまりわかっていなかったのです。しかし 3 つの事実が、このデータを太陽

ブルーノ・ロッシ

## 2005年

小田 稔

系の外から来たX線であるという確信を抱かせました。

第一に、データが鋭いピークを持っていること。ヴァンアレン帯の中の粒子は大変広いビームとして運動しているから、このように鋭くしぼられたビームにはならないはずです。

第二に、ピークの約60度東、「はくちょう座」の方角に、小さなピークが観察されること。荷電粒子ならば、磁場に関して対称になっているはずで、この小さなピークを説明できません。

そして第三の理由には、わが小田稔先生が登場します。このエアロビーから得たデータを解析していたころ、ボリビアでのガンマ線観測を終えた小田先生たちのチームがアメリカに帰って来ました。データを突き合わせてジャコーニたちと一緒に検討しているとき、小田先生が、ボリビアで得たデータにあるガンマ線の小さなピークと、エアロビーでのX線の大きなピークが一致していることを指摘しました。

「それならば太陽系の外の現象に違いない。」ジャコーニたちのグループはこれでやっと安堵しました。とにかくX線に関係した天文現象が存在することは確実になりました。人類はついに遥かな宇宙からのX線の歌を聞いたのでした。

### 5月 4日

### 宇宙教育センターのこと

去る5月1日、JAXAに宇宙教育推進室が創設されました。宇宙教育センターの業務を進めていく核になる組織です。最後の準備を進めて、5月19日にいよいよ「宇宙教育センター」の事務所開きとなります。広報部とは独立の組織として本社に作りますが、丸の内では水ロケットの一つも打ち上げられず、デスクワークばかりやるのではないので、実際の作業が可能で、かつ周りが教育者だらけという相模原キャンパスに部屋をいただきました。「宇宙教育センター」の拠点は、当面相模原に置

かれることになります。

　「宇宙教育センター」は、宇宙および宇宙活動の成果が持つ魅力的な素材を活用して、子どもたちの心に、自然と宇宙と生命への限りない愛着を呼び起こし、同時に人々と地球の生き物の未来のために献身する決意を作り出すことにあります。そのために、「宇宙教育センター」は、同じ目的を持つあらゆる人々との連携を何よりも大切にします。とりわけ重視したいのは、学校教育の現場で苦労されている先生方です。「宇宙教育センター」は、教師の方々の子どもたちへの愛情、教育者の心、教育の技術などを思い切り学びたいと考えています。同時に、私たちが持っている多岐にわたる豊かな素材を、どのようにすれば全国津々浦々の教室で最も有効に活用できるか、教師の方々と旺盛な議論を展開していきます。もちろん私たち自身が子どもたちを相手に講義をしたり実験をやったりすることも、引き続きやりますが、それには限界があります。なにしろ小中高の3つを合わせると、日本には1400万人もの学齢児童がいるのですから。それよりは、毎日毎日子どもたちと向き合って真剣勝負をされている教師のみなさんと、宇宙・宇宙活動の成果の活かし方を工夫し授業展開の工夫を議論し実践していくほうが、はるかに巨大な流れを作れると考えたのです。発足当初は10人ぐらいの「宇宙教育推進室」ですから、JAXA内で「教育」という匂いのする活動をすべて取り仕切るほどのパワーはありませんし、各本部や各事業所で従来から行ってきた教育活動はそのまま続行されることになりますが、いずれはそれらをJAXAの宇宙教育活動がめざすベクトルに有機的体系的に組織していけるといいですね。

　「宇宙教育センター」は、JAXAの広報部とは独立の組織です。その業務を担う「宇宙教育推進室」も、従来広報部内にあった教育グループを発展的に独立させたものです。組織宣伝を主要な任務とする広報と一線を画することによって、より大きくより直接に日本と世界の未来を担う子どもたちに活動のターゲットを定めることにしました。

# 2005年

空海立像（大窪寺）

詳しくは5月19日に発表しますが、アインシュタインの奇跡の年から100年目、ペンシル・ロケットから50年目の節目の年に発足できることには、いささかの感慨を感じています。どんな苦労があっても後ろに引かない強靭なグループを作り上げる所存です。「宇宙教育センター」の周囲に、日本の子どもたちを元気に明るく育てるための同志が、無数に群がってくださることを期待しています。空海に『三教指帰』（サンゴウシイキ）という著書があります。「教」という字は「ゴウ」と読めるんですね。19は「イク」と読めますから、「宇宙教育センター」の旗揚げである5月19日は「キョウイク」とも読めますね。苦しい駄洒落でした(笑)。『三教指帰』は、修行をひとまず終えたばかりで、まだ仏門には入っていなかった空海が、己の人生をどの方向へ向かわせようか格闘した結果を文章にしたものと言えます。彼の処女作であり、実に熱のこもった書です。詳しくは述べませんが、これは、一人の不良少年を立ち直らせるために三人の人物が熱弁を振るう筋書きになっている小説です。「三教指帰」にあるごとく、「出家」という言葉とは裏腹に、徹底して積極的に生きることを願った若き日の空海に、「宇宙教育センター」もあやかりたいものだと考えています。

それではX線天文学の連載第2回です。

## X線天文学事始め（2）X線天文学の誕生

宇宙からX線がやって来る！ しかしこのニュースへの科学者の反応はきわめて用心深いものでした。やがてX線天文学に飛び込んでくるレスター大学のケネス・パウンズも、当時を回想して次のように述べています。「ある程度の不信感があった。少なくとも確認が必要だとわれわれは考えていた。みんなそのように考えていたと思う。」

しかしその「確認」は意外と早い時期になされました。1962年10月（と翌1963年6月）にロッシ、ジャコーニたちが飛ばしたロケットが、恒星座標で見て同じ方角

に強いX線源を確認したのです。やはりこれは天体現象でした。そのニュースを聞いた小田先生は、「これは革命的な分野が始まるな」と直感したそうです。

人類の科学に「X線天文学」という革命的な分野が誕生しました。このX線の「窓」は、このあと凄まじい勢いで人類の宇宙像を次々と塗り替えていくことになります。ジャコーニたちに偉大なインスピレーションに富んだ示唆を与えて、華々しいX線天文学の幕を開けたロッシの業績を顧みるにつけ、小田先生は、浜辺で一緒に散歩をしながらロッシが言った言葉を何度も胸の中で反芻したといいます。

Nature may be more imaginative than humanity.
（自然は人類よりも想像力に富んでいるかもしれない）

そのころ、ロッシはMITに宇宙物理学の講座を作ることを決心しました。ロッシは、デンマークの国宝とまで言われる大物理学者ストレームグレンにいろいろと相談しました。その結果、現在すでにMITにいるクラウシャー教授、オルバート教授、それに小田先生を日本から呼んで、3人に持ちまわりで授業をさせようと思い立ったのでした。

小田先生は「来ないか」という誘いを受け、よい勉強になると思って引き受けることにしました。ただし「ボリビアの話が一段落する1963年からやりましょう」という段取りになりました。とはいえ世界中に宇宙物理学の講義などというものは例がなく、したがって教科書もありません。それに、慣れないMITでの講義です。おまけに宇宙物理学の講義は初めてというので、教室の最前列には現職の物理の偉い先生方が鎮座ましましているという仰々しさ。講義の前の日は「泣きの涙」（小田）で、いつも夜中過ぎまで講義の準備をしなければならなかったそうです。

## 2005年

**5月 11日**

### サラリーマン川柳のグランプリ

　今年もサラリーマン川柳の優秀作が発表されました。グランプリに選ばれたのは、

　　オレオレに亭主と知りつつ電話切る

でした。数年前にグランプリをとった作

　　閑かさや壁にしみいるオヤジギャグ

と並ぶ傑作だと思います。この手のものは、世の男たちが不当に威張っている裏返しの報復にあっている感じがなんとも滑稽に映るから面白いのでしょう。他にも

　　何食べる？　何があるのか先に言え
　　ケンカしてわかった妻の記憶力
　　オレオレはマツケンサンバだけでいい

などが入賞したそうです。

　ところで、5月19日に発足する予定のJAXA宇宙教育センターの準備に忙しい同僚に、渡辺勝巳さんがいます。彼は駄洒落を連発します。ちょっと数を打ちすぎるきらいはあるものの、雰囲気を和らげる効果は大きいものです。しかし家族にとっては困ったものらしく、いつか彼が私に語るには、「私の家族は、駄洒落に慣れっこになっちゃって、夕飯のときに私が駄洒落を言うと、みんなの箸の動きがいったんピタッと止まり、1秒後に何事もなかったようにまた動き出すんです。」私は、「箸が止まるだけいいんじゃないの？」と言ってあげました。

　宇宙教育センターの開設の日を、5月19日にしようか20日にしようか議論になったとき、私は1日でも早いほうがいいと考えました。「20日のほうが数字がぴったりしていていい。19日にしたいというのはどうも割り切れない」と洒落る渡辺さんを説得する方法はないものかと考えた末に、私が考えついたのが、先週のこのコラムに紹介したストーリーです。はじめ、19という数

宇宙教育センター設立の決済
（左が渡辺さん、2005.4）

字の並びが「イク」（育）であることに思いあたりました。5が何とか「教」にならないかなと考えて、空海の『三教指帰』（サンゴウシイキ）にたどり着くのには、ものの1秒もかかりませんでした。駄洒落で説得された渡辺さんが早速納得したことは言うまでもありません。

やはりセンター立ち上げに一緒に努力している浅野眞さんは、渡辺さんの駄洒落を「単なるワープロの変換ミスくらいのもの」と冷やかします。私の「変換ミス」も大したことないかな？　今日はちょっとした息抜きで、「これを毎回即座に英語に訳していただいている芝井啓一さんは、今回は苦労されるだろうなあ？」と思いつつ……。いよいよあと一週間で、宇宙教育センターの船出です。

さて、X線天文学の連載第3回です。

## X線天文学事始め（3）
### 新しい事実を提供し続けるX線天文学

こうした小田先生の苦労をよそに、生まれたばかりのX線天文学は次々と新しい事実を集積していきました。ジャコーニたちのエアロビーが見つけたX線源が銀河中心に近いことから、これは銀河中心からやって来ていると考える者が多かったようです。

1963年4月、銀河中心が地平線の下に沈んだときを見計らって、ハーバート・フリードマンのロケット観測が行われました。そして再びX線はやって来たのです。フリードマンは、ジャコーニたちの見つけたX線源は銀河中心からではなく、さそり座からやって来ている、と結論しました。

2ヵ月後の6月、今度はジャコーニたちがエアロビーを飛ばしました。1年前の歴史的な実験と重ねて、強い非等方性が見られる方角を描いてみました。計数管の視野が広いので、X線の出ている位置を正確に決めることは到底不可能ですが、銀河系の中心にかなり近く、ただし中心からは少し外れているように見えました。フリードマンの言うようにやはりさそり座の方角なのだろう

か？　しかし分解能の悪い計数管のこと、とても決定的なことは言えません。こうした曖昧さを残したまま、時は容赦なく過ぎていきました。

　その 1963 年の夏、名古屋大学の早川幸男先生が MIT を訪れました。日本の宇宙物理学の元祖ですね。ロッシは自分の避暑先ケープ・コッドに数人の物理学者を集め、泳いで頭を冷やしたりしながら、この不思議な天体の正体について議論をしました。カリフォルニアから来ていたバービッジという理論物理学者は、銀河の中心で星がガンガンぶつかっているから X 線がくるのだと言い出しました。しかしフリードマンの実験だと、銀河の中心が地平線に沈んでも X 線源は「明るかった」じゃないか、などの意見が出て面白かったのですが、それにしてもだれもが知りたいと思ったのは、いったい X 線源はボーッと拡がったものなのか、それとも星なのかということでした。

　小田先生がとりあえず X 線を放射するメカニズムについて、さまざまな説明を試みてみようというので講演し、いくつかのアイディアを提出しました。まず、磁場の中を走る高エネルギー電子が、進路を曲げられるために発生する電磁波、つまりシンクロトロン輻射。次に星間空間に充満している光子に高速度の電子がぶつかって跳ね飛ばされた光子が、エネルギーをもらって X 線になる、逆コンプトン効果。3 つ目には、陽子のそばを通った高速の電子が、静電引力でブレーキを受け、そのために電磁波を発する制動輻射。次にガス中の原子が他の粒子とぶつかって電子殻から電子が叩き出され、そこに外から再び電子が落ち込むときに放出される特性 X 線などです。

　しかしこれらのどのプロセスも、現実の宇宙にあてはめると、とてもこのたび発見されたような強い X 線源にはなり得ません。エネルギーが 4 桁から 5 桁足りないのです。謎を残したまま、1963 年は暮れていきました。

**5月 19日**

## 宇宙が子どもたちの心に火をつける
―― 宇宙教育センターの設立にあたって

　2005年5月1日、JAXAに宇宙教育センターが設立され、本日5月19日、事務所開き（JAXA相模原キャンパス）を行いました。数々の困難を乗り越えて設立に漕ぎ着けた関係者のみなさんの執念と情熱に、心から敬意と感謝を捧げます。と同時に、これから待ち受ける大切だが大変な事業に、武者震いと不安を覚えています。武者震いをさせているのは、私たちの活動を（潜在的に）待ち受けている全国の子どもたちと多くの現場の先生方へのはやる想いです。不安にさせているのは、私たちとその環境が、重い任務を遂行するのに十分なものかどうかという危惧です。その不安を消し去るのが、一歩一歩の実践の積み重ねであることを、私たちは知っています。

　子どもたちの心にアカアカと燃え続ける自然と生き物と未来への希望を拠りどころとし、子どもたちへの教育現場の人たちの愛情を導きとして、宇宙教育センターは、宇宙と宇宙活動の有する魅力的な素材を十二分に活用しながら活動を展開していきます。

　それでは、今日はおめでたい実質上の開所の日ですので、JAXA宇宙教育センターの概要をお知らせすることにしましょう。

宇宙教育センターの事務所開き
（右は立川敬二 JAXA 理事長）

### 1．設立の背景

　子どもたちの自然や生き物への愛情を拠点にしたい私は30年近く、日本各地を駆けまわりながら、宇宙の教育イベントを通して子どもたちと出会ってきました。常に実感するのは、子どもたちが生身の自然や生き物が大好きだということです。

　中でも、「宇宙についての話題が子どもたちの心を生き生きとさせること」にはいつも驚かされます。謎の宝庫である宇宙が彼らの好奇心や想像力をかきたて、人類の宇宙への挑戦の過程が冒険心を刺激します。一方、新

聞を開けば、青少年の悲惨な事件が頻繁に報じられています。「命の尊厳」が失われていくように感じます。また教育現場の先生方の悲痛な努力の中から、子どもたちの理科離れ、知識離れという声が聞こえてきます。

　そんな日本の子どもたちの状況に、一石を投じるカギは、彼らの心に潜む自然や生命や宇宙への素朴な好奇心です。20世紀、人類は、宇宙が百億年以上前に誕生したことを突き止め、銀河や星がどのように生まれ、地球上に生命がどのように進化したかについて、一応筋の通ったシナリオを作り上げました。子どもたちが愛情を持つ一つひとつの身のまわりの生命が生まれるまでに綿々と連なる命のリレーがあったという事実、そしてその生命がもともとは宇宙の銀河や星のかけらだったのだという事実を聞かされるとき、子どもたちの心には実にさまざまな感慨が去来します。宇宙という新しい視点で大好きな自然や生命を見ることから、自然の不思議さを感じ、さらに科学の謎解きの素晴らしさの一部に触れた子どもたちは、自ら周辺の事物や事柄に一層生き生きと接しようとします。そして自らの体験の中から、命の尊さと「生きる意味」を学ぶようになっていきます。この最初のきっかけ作りを大切にしたいと考えます。

　子どもたちの自然や生命への強い愛情に依拠しつつ、その秘密を理解し解き明かすための科学に深い関心を抱いてくれるよう、宇宙の探求や宇宙開発で得られた知識や技術、私たちの宇宙に対する内発的な想いを総動員し貢献したい。私たちはそう考えています。そこに、JAXAの宇宙教育センターが、これからの日本を担う子どもたちのために働く意味があると思うのです。

## 2．広報からの発展的独立

　いわゆる宇宙広報は、大きく二つの要素に分けられます。

　一つは組織宣伝です。自分たちがいかに税金を無駄に使っていないかを、国民のみなさんにしっかり理解していただく活動と言ってもいいでしょう。こんなにいい活動をしているのだから、今後も予算をよろしくという側

面です。これはいわば多種多様な分野が存在する国の予算の枠組みの中で、生き残りをかけた熾烈な闘いの側面です。華美に流れてはいけませんが、説明責任としても重要な広報の側面です。

　広報のもう一つの面は成果の普及です。せっかく血税の一部をいただいて活動しているのですから、そこから得た成果をみなさんに還元することは当然の義務です。気象衛星、放送衛星、通信衛星、地球観測衛星などがみなさんの生活に直接恩恵をもたらすことはもちろん不可欠ですが、それだけでなく、ブラックホールや火星の話など人類が宇宙活動の中で発見したり蓄積したりした成果をみなさんにわかりやすく伝えること、つまり普及活動も宇宙広報の大切な役割です。

　しかし、今回設立された宇宙教育センターが行う「宇宙教育」は、広報とは異なる活動です。それは第一義的に組織宣伝とも普及とも一線を画し、未来の国づくりへの貢献として人づくりに寄与したいというものです。これも、国から予算をいただいている組織が当然果たすべき社会貢献としての任務の一つと心得ています。

　NASA（米国航空宇宙局）も ESA（欧州宇宙機関）も、その設立当初から、Outreach と Space Education は別の部局でした。日本では固有の事情があって現在まで「教育」が「広報」の中の1グループとして含まれていたのですが、このたび本来そうあるべき姿に、つまり教育を広報から独立させ、独自の領域として伸び伸びと活動させようということになったものです。

## 3．こういうことをやります

　では、宇宙教育センターの活動を具体的に紹介しましょう。大きく3つに分けられます。

【直接教育活動】　まず一つは、JAXA が独自に行う教育実践活動です。JAXA では、コズミックカレッジを中心とした公募型の教育実践を、毎年独自のプログラムによって、全国十数ヵ所、約 1200 名の小・中学生を対象として実施しています。2005 年度は、高校生コースを新設し、宇宙教育センターが実施する教育実践活動全体

として1300名の参加を予定しています。これらは、JAXAが全国に呼びかけ、集まってもらって実施する活動です。もちろん、宇宙教育センターが直接関わっていないJAXAの他の部局が独自に展開している教育的な活動もあります。それらを合わせても、たとえば小・中学生と高校生を合わせると1400万人にも上ることを考えると、どんなに頑張ってもJAXAだけで直接影響を及ぼせる規模にはなりません。教育実践活動は、「力の及ぶ限りで努力する分野」ということになります。

**【教育支援活動】** そこで二つ目の、実際の教育現場・学校と一緒に行う活動が重要になります。先生方のニーズをうかがって個々の現場で最適となる授業のプログラムを共同で作ります。ただしこれもあくまでプログラム作りの主体は教育現場の先生方であって、JAXAは、宇宙や宇宙活動の成果が内包する魅力的で豊富な素材を、先生方のニーズに合わせてさまざまに加工し解釈し展開させる役目に徹します。科目でいえば、理科だけでなく社会や音楽など、宇宙はさまざまなアプローチが可能で、総合的な学習に最適なテーマであることが、これまでの実践からも証明されています。2004年度にも教育支援活動の実績があります。いずれも素晴らしい現場の先生方との共同作業で成り立ってきたもので、一つひとつの支援活動が今後の活動に向けて貴重な教訓を生み出しています。このような経験に基づいてもっと輪を広げ、先生方にとってもJAXAにとっても新しい発見があり、ともに育っていくような連携の形をめざしたいですね。教育実践も教育支援も、年齢や現場の状況に応じたカリキュラムが必要になります。たとえば小中学生には、人間の考え方の基礎になるものを提供していくのが狙いですが、高校生は進路を決める時期です。それぞれの生き方の方向性に合うような教育をする責任があるでしょう。子どもたちの発達段階をよくご存知の先生方とともに、段階的な成長をふまえた取り組み方を考えていきます。

**【情報の発信・交流活動】** そして3つ目の柱が情報の発信・交流活動です。日本と世界の文化と科学が蓄積した

知識を宇宙という視座から体系化し、それを宇宙教育センターのホームページに「知恵の樹」として公開します（その完成にはもう少し時間が必要です）。大それた目標ですが、日々充実させていく所存です。これは子どもたちの調べ学習にも、先生方の教材作りにも、縦横に活用していただけることでしょう。JAXAが教育現場と共同で行った授業の詳細な記録もホームページで発信します。またJAXAが持つ大量の画像などの生身の素材や、上記の教育活動で実際に使っている教材も公開し、日々の教育活動で活用していただきたいと考えています。

　以上の3つの柱となる活動は、学校教育の現場などと深いつながりをもって進められます。これらは、他の研究機関、教育機関、企業、青少年育成団体などと連携しながら進めていきますが、概観すれば、直接教育は、主として子どもたちに直接届く活動であり、教育支援は、現場等からの要請に基づいて行った先生方への支援が、間接的に子どもたちに届く活動です。また、ホームページを拠点にした情報の発信・交流活動を通じて、先生方や子どもたちとの直接の交流を図ることができるでしょう。直接教育では宇宙教育センターのマンパワーの限界もあって爆発的な伸びが期待できないでしょうが、教育支援と情報発信が加われば、先生方の姿の向こうに子どもたちの無数の姿が想像できて、勇気が湧きます。数年以内の目標として、教育支援の享受者の数を250学級、1万人という数字を頭において頑張りたいと考えています。

## 4．JAXAの他部局の教育活動と宇宙教育センター

　言うまでもなく、宇宙教育はJAXA全体が取り組む大切な活動です。宇宙教育センターだけの単独の仕事ではありません。これまでにもJAXAのいろいろな本部や事業所で実施してきた教育的な活動が豊富にあります。JAXAでは、これまでに実施してきたこうした教育的な活動は、引き続き各単位で継続実施していきます。

　同時に、JAXAが組織をあげてこれらの教育的な活動の成果を統合しつつ教育活動全般の調整を行うために、

# 2005年

本部・事業所に横断的な「宇宙教育推進会議」を創設することにしています。この宇宙教育推進会議によって、JAXAの構成員が宇宙教育の情報を共有し相互支援する体制を築く所存です。また後に述べる宇宙教育センターの他機関・他団体との連携プレーが、JAXAの各単位の教育的な活動が関係している他機関・他団体と結合して、重層的な構造になっていくでしょう。そうした連携のデータベースを人的ネットワークとして保存し更新し活用していくことは、宇宙教育センターの大切な仕事になります。

### 5．「連携」こそ教育支援の力

現在の日本では、「教育」の2字が普遍的なものに成長しつつあります。社会と子どもたちの未来に言い知れぬ不安を抱く人々が、続々と問題意識を共有するようになってきました。こうして各地で各組織で各分野で、それぞれの教育活動が旺盛に展開されています。宇宙教育センターは、これまでにも述べたとおり、教育現場と連携して教育プログラムを開発することを活動の柱に据えますが、そのためには、教育委員会や大学、青少年育成団体、科学館・博物館などの教育関連機関が有する多様で広範囲な教育機会を共有しながら、連携によって新たな教育機会を創り出していくことが不可欠です。

同時に、宇宙活動が持つ広範なターゲットは、生命、素粒子、地球、環境、技術などの分野のみならず、文明や芸術の分野にいたるまで、幅広い関連領域を保有しています。そして子どもたちの宇宙へのアプローチは、まさにこうした多彩な動機をもってなされるものなのです。このようなさまざまな分野の研究機関と、知識を共有し実践面での連携を打ち立てることが、宇宙教育センターの非常に大切な仕事になるだろうことは明らかです。

こうした多重性を持つ連携プレーの核となる活動を通じて、長期的には、子どもたちの心身の包括的な育成を可能とする総合的な教育支援組織を作りたいと考えています。それは周囲に巨大な規模のサポーターを配する行政等による教育の強力な教育支援機関の構築につながる

ことでしょう。

　とはいえ、まずはわずか10人の組織から出発する宇宙教育センターです。みなさまの暖かいご声援をお願いします。

## 5月 25日

### ダン・ブラウンを読みました

　前から読みたかった『ダ・ヴィンチ・コード』（ダン・ブラウン著）を読みました。全く一気に読んだと言っていいほど、素晴らしいスピードで進みました。読後は非常に元気になったような気がします。キリストの聖杯の話が縦糸になっているのですが、それはクリスチャンでもない私には、あまり興味のあることではありません。歴史の面白さとして引き込まれただけです。それよりも、主人公の描き方が非常にダイナミックで、久しぶりで知的スリルを感じさせる小説でした。

　続いて同じ著者が少し前に書いた『天使と悪魔』に手をつけたところ、これまた勝るとも劣らない展開で、これも睡眠を節約してまで読み終えました。結構残酷なシーンなどもある話なのですが、読んだ後でこれだけ気持ちを高揚させる秘密は何なんでしょうねえ。今しきりに考えているところです。みなさんも、週末を利用して読まれてはいかがですか。小説の好みはいろいろでしょうが、まず8割の人は読んでよかったと言われること請け合いです。

　それではX線天文学連載の第4回です。

『ダ・ヴィンチ・コード』

### X線天文学事始め（4）
### 小田先生、X線天文学に歩を踏み出す！

　1963年に小田先生が宇宙物理学の講座を受け持つべくMITに雇われていったとき、研究として何をやるかということは明確ではありませんでした。そこへ宇宙からのX線が確かなことになったので、ロッシは、かつ

# 2005年

てのシャワーの仕事で信用のあった小田先生に依頼し、「じゃ、私がX線をやりましょう」ということになったそうです。

そしてこの後、小田先生という強力な助っ人を得て、MITとジャコーニたちのグループは二人三脚で、X線天文学で世界の最先端を走ることになりました。はじめは、まだX線が宇宙から来るということがわかっただけでしたから、研究は、

- スペクトルをはかるにはどうしたらいいか
- うんとエネルギーの低いものを見るカウンターをどうしたら作れるか
- 偏光を見ることはできないか

というような基本的な問題への取り組みが主題でした。

そのころX線検出用に用いられていたのは、まず薄窓小型のガイガー計数管であり、次いでやはり薄窓の比例計数管でした。この草創期の1963年から翌年にかけて、小田先生は、非常に窓が薄くてしかも気圧差に耐えるカウンターを作ろうと苦心したり、偏光を何とか見えないかと工夫を試みています。カウンターの薄窓については、直接的で幼稚な発想でいくつかのプラスチックの強度を手当たり次第に試みたそうですが、全く見当もつかなかったようです。

## 6月 1日

### 高木昇先生が亡くなりました

糸川英夫先生とともに日本の宇宙開発の草創期を担われた高木昇先生が逝去されました。96歳でした。奥様が亡くなってからもずっとお元気で、驚異的な生命力を示され、確か2000年にISTSという国際学会が盛岡で開催されたときに、悠然と開会式にお越しになったときには、一同度肝を抜かれたものでした。神出鬼没、八面六臂の糸川先生とコンビを組み、窮地での国会答弁を受け持たれるなど、宇宙開発の屋台骨をがっちりと支えてくださった姿が、実に頼もしい先生でした。

ベビー・ロケット打上げの指揮をとる高木昇（1955.8）

48

昨日、品川の東禅寺でお通夜が営まれました。ご子息の高木幹雄先生（東大名誉教授）が喪主を務められました。幹雄先生によれば、昇先生はずっとお元気で特にどこもお悪いところはなかったのですが、急に肺炎になられ、6日ほど寝込まれた後にお亡くなりになったそうです。

約1世紀にわたって、世界と日本の電子工学と宇宙開発に偉大な貢献をされた高木昇先生。有難うございました。心からご冥福をお祈りいたします。

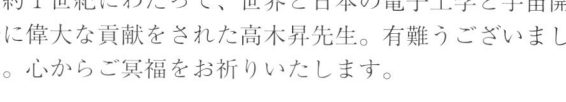

次に、X線天文学の連載第5回です。

ありし日の高木昇

## X線天文学事始め（5）
## かに星雲のX線天体問題

1963年の暮れ、ニューヨークにあるNASAのある研究所で、「謎のX線天体」についての討論会が開かれました。この会合で初めて、「かに星雲」もX線源であることがフリードマンによって発表されました。ロケット観測により、ちょうど地平線から少し上にある「かに星雲」を、観測誤差すれすれのところでX線により拾い出したというのです。この報告に対する参会者の反応は微妙でした。もともとX線天体が超新星の残骸ではないかということは誰もが考えていましたし、だから「かに星雲」もX線を放射しているかもしれない、ということもみんなの予想していたことでした。

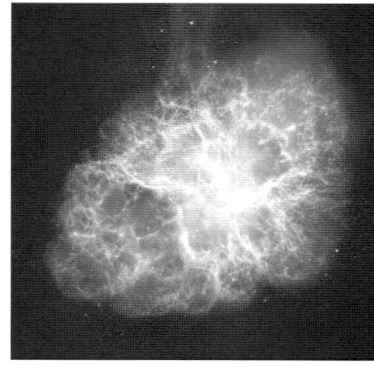

ところが、フリードマンは、あまりにもおあつらえ向きにそのとおりの答えを出してきました。フリードマンはアメリカ天文学会の大ボスであり、ことにロケットによって太陽のX線を観測し、その方面での第一人者として自他ともに許した存在でした。それだけにかえって、この「かに星雲」にX線源発見といううますぎる話を飲み込むのに、やや躊躇したのでした。しかし間もなくこの疑問もその後の観測によって氷解し、「かに星雲」は強いX線源としてみんなの前に出てきたのです。フリードマンのグループは、引き続き相次いで多くの重要な観測をして、MITグループと熱っぽい競りあいを演じな

かに星雲（ハッブル宇宙望遠鏡）

がら、初期のX線天文学を築いていくことになります。

## 6月 8日

### 夏の大三角からの連想

　今年も暑い夏になりましたね。太目の私としては、どうも苦手の季節なのですが、ふと夜空を見上げれば「夏の大三角」が、心を癒してくれます。小学校のころ、兄貴に夜釣りに連れていってもらって、釣りの合間に眺めた瀬戸内海上空の雄大な空間を思い出します。星座も、それにまつわる神話も、すべてボートの上で出会いました。思えばあのころは謡曲や仕舞も稽古していて（父が能の師匠だったので）、正座も平気でしたが、今は星座だけ（すみません、いつものノリで）。

　さて、夏の大三角では、何と言っても一番好きなのは「はくちょう座」です。この星座は、小田先生の「はくちょう座 X-1（ブラックホール）」を知る前からのお気に入りですから、小田先生との出会いは不思議なご縁だったようです。今日はその「はくちょう座」にまつわる（珍しくも）美女のお話。

　昔々、スパルタにテュンダレオースという王様がいました。ギリシャ神話では、（異説はありますが）テュンダレオースの妃レダに一目惚れした大神ゼウスが白鳥の姿となってレダに近づき、交わって生まれたのが、ふた組の双生児。一個の卵からヘレネー（女）とポリュデウケース（男）、もう一個の卵からはクリュータイメーストラー（女）とカストール（男）が生まれました。このあたり、神話をどのように解釈するかは意見の分かれるところですが、母権の時代にあっては、女性が自分の生まれた土地や家に定住し、夫が他からやって来ます。ということは、夫が実質上複数ということもよく起きたことでしょう。子どもの父親はわかる場合とわからない場合とあったに違いありません。特に王妃の子どもとなると、夫の留守中なんかにできた子どもの父親の名前は、はっきりさせることが憚られることが多かったでしょう

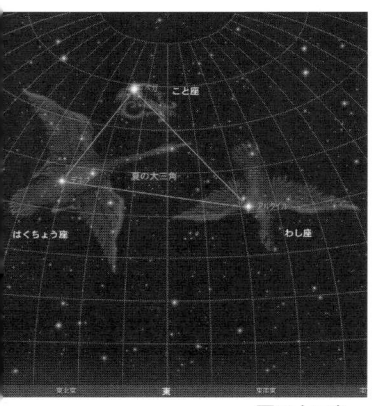

夏の大三角
（イラスト：KAGAYA）

白鳥とレダ（モロー）

ね。

　そういうときは神様のせいになったのでは？　それはともかく、クリュータイメーストラーは稀代の悪女に、カストールとポリュデウケースは有名な双子戦士に成長したのですが、ヘレネーは、類いまれな美しさを持つ女性になりました。適齢期になったヘレネーには、ギリシャ中から王たち、英雄たちが求婚にやって来ます。求婚者同士の争いを恐れた（戸籍上の）父テュンダレオースは、「一人を選べば必ず争いが起き、後々にもしこりを残すにちがいない」と思い、知恵者と言われているオデュッセウスに相談したわけです。

　オデュッセウスは、ヘレネー自身が夫を選ぶこと、そして誰が夫になっても、選ばれた者が他の求婚者から迫害されたときは、求婚者たちが全員、選ばれた夫を助けることを誓わせたのでした。ヘレネーはミュケーナイの王アガメムノーンの弟であるメネラーオスを選びました。幸せなメネラーオスは、ヘレネーと結婚し、テュンダレオースの所領であるスパルタの王となったまではよかったのですが、数年後、トロイアの王子にして「神とも見まがう」（ホメーロス）美男のパリスがやって来て、メネラーオスの館に滞在しました。折悪しくメネラーオスの母方の父が亡くなり、メネラーオスはその葬儀のためクレタ島に行きました。メネラーオスがいなくなるやいなや、二人は恋に溺れ、ヘレネーは九歳の娘を置き去りにして、多くの財宝とともにパリスの手をとって海へ脱出、順風に乗ってトロイアに着いたといいます（ここでも異説はありますが）。

　絶世の美女を悪く言えない男どもは、パリスとの恋も女神アフロディーテーのたくらみによる「パリスの審判」などという神話に結晶させたりしたのでしょうね。しかし、要するに「不倫の末の駈落ち」なわけです。世界一の美女を奪われたメネラーオスとしては、取り返さねば面目がつぶれます。そこであの婿選びのときの盟約を思い出しました。メネラーオスは、兄であるミュケーナイ王アガメムノーンに相談しました。アガメムノーンはギリシャ中の王と英雄たちに檄を飛ばしました。人の世の

結婚直後のシュリーマンと
妻ソフィア（1870）

常で、10年前の盟約を覚えていて、すぐ駆けつけた人もいましたが、言を左右にして加わらない者もいたようです。盟約の言い出しっぺであるオデュッセウスにしてからが、最初は狂気をよそおって逃げていたらしいですからね。結局はメネラーオスとともに遠征参加の呼びかけ人になりましたが……。そしてついにギリシャの王や英雄たちは、結集してトロイアをめざすこととなったのでした。ご存知「トロイア戦争」の発端のお話。

　この後の「トロイアの木馬」によってトロイアが敗れる展開は別の本をお読みいただくとして、小学生時代の私は、このトロイアの話と、それを神話ではなく史実が濃厚に反映されていると信じて実際に発掘をやりとげたハインリヒ・シュリーマンの『古代への情熱』がとっても好きで、繰り返し繰り返し読んでいました。考古学者になりたいと考えたのもそのころでした。エウリピデスの『トロイアの女』なども、敗れたトロイアの女性の悲惨を描いた飛び切りの名作ですね。ぜひご賞味あれ。

　ところで、このトロイアは、現在のトルコにあって、ヨーロッパとアジアを隔てるダーダネルス海峡に面したチャナッカレという地域と推定されています。交通の要衝の地を奪い取るために、王妃奪還が戦争の理由にされたことは想像に難くありませんが、美女とはまさに価値の高いもの、いやいや男というのは仕様のないものと言うべきか……。それにしても、チャナッカレ——一度訪れてみたいものですねえ。アガメムノーンのミュケーナイは、実は私、行ったことがあるんです。甘酸っぱい旅でした。

　さて連載第6回。

## X線天文学事始め（6）
## 中性子星が登場し退場する

　ところで、フリードマンが発見した「かに星雲」のX線は、理論の中の存在であった中性子星を一躍現実の舞台に引きずり出しました。理論家たちの推定によれば、誕生後900年くらい経った中性子星は大体1000万度く

らいまで冷えているだろう、ということです。

この温度だと、黒体輻射としてのスペクトルはX線にピークが来ます。ついにバーデとヅヴィッキーの予言した中性子星が現れたか！　早川幸男、チュー、サルピーター、当代一流の理論家たちは、大変な鼻息で一層進んだ解析を開始しました。ところがこのばら色の夢は、他ならぬその夢を運んできたフリードマンその人による「美しい実験」（小田）によって否定されてしまいました。

1964年7月7日22時45分（世界時）に月が「かに星雲」を隠すチャンスがあり、フリードマンはこのタイミングを狙って、X線カウンターを搭載したロケットを打ち上げました。「かに星雲」のX線源が小さな星ならばこの食によってX線強度が急激に減少するだろう。しかしやんぬるかな、強度はゆっくりとしたカーブを描いて減少していきました。「かに星雲」のX線源は小さな中性子星ではなかった！　こうして華々しくこの世にデビューしたかに見えた中性子星は、再び理論家の頭の中に舞い戻ってしまいました。

早川幸男（2列目中央、眼鏡をかけていない人）

## 6月 15日

### 「みずがめ座」にもう一つの地球？

本当なら大発見というニュースが飛び込んできました。アメリカ・ワシントンのカーネギー研究所発です。場所は「みずがめ座」の方向にある15光年先の星「グリース876」。ここにはすでに木星型の巨大ガス惑星が二つ見つかっているのですが、研究者たちは、このたび見つかったのは岩石を主成分とする地球型の惑星と推定しています。

1996年に、最初の太陽系外惑星として、ペガスス座の51番星が発見されて以来、すでに確認されている150個に近い他の星の惑星は、すべて木星型の巨大ガス惑星です。しかもすべて地球の15倍の質量を持つ天王星よりも重いものばかりです。しかしこのたび「みずがめ座」で見つけたという惑星は、地球の約2倍の半径を持つ、

グリース876（想像図）

質量は7.5倍で、中心の星のうんと近く（中心星から315万km）をまわっているので、わずか1.94日の周期で公転しており、表面温度は200度〜400度くらいと考えられています。そうであってほしいとは思っているものの、「発見」というたびに裏切られてきた「地球型惑星の発見」。今度こそと期待しながら、さらなる確認の報を待つことにしましょう。

連載第7回。

### X線天文学事始め（7）
### ハツカネズミからのひらめき

宇宙からX線がやって来ているということがわかったけれども、そのデータはかなり空間的な広がりを持っており、やって来る方向というのが精確には判定できない——そのころは、X線を出す天体なんて一体どんな素性のものかすら知られてはいなかったのです。

さそり座のX線源のような強いX線がどのようにして発生するのだろう？　他にX線源はどれくらいあるのだろう？　X線源の拡がりはどれくらいだろう？　初期のX線天文学の課題は山ほどありました。そして何よりもまずX線源の精密な位置標定が望まれました。

当時X線の探索に使われていたのは、金属板を平行に並べる方式の装置でした。これで位置精度を上げようとすると金属板の間隔を狭くする必要があるので視野が狭くなり、目標のX線源をつかまえることが難しくなります。何とかこの壁を突破できないか、視野も広く位置精度も高いような装置を工夫できないものか、実験屋としての小田先生の本能はその辺りをグルグルとめぐり、寝ても醒めても考え続けていました。

またその一方で、強いX線源のあるさそり座付近に、可視光の領域でそのX線源に対応する「何かぽうーっとした天体」が見つからないものだろうかと、しきりにハーバード天文台やパロマー天文台へ出かけて、スカイ・アトラスを凝視していたのもそのころでした。

1963年11月22日のこと。小田先生はインドの国際

会議に行くというので黄熱病の予防注射を打ちに病院へ行き、注射をしたら熱が出てきたので、ブルックラインの町を歩いて帰りました。その途中一軒のペットショップがありました。動物の好きな小田先生は、ついフラフラと立ち寄りました。店の隅でハツカネズミが籠をクルクルまわしているのを見ました。籠の中で、回転する車の中でハツカネズミの姿が見え隠れしていました。

　家に帰ると、小田先生はラジオのスウィッチを入れる習慣がありました。その日も帰宅してすぐスウィッチをひねりました。ラジオからアナウンサーが何かのニュースを興奮した調子で伝えていました。ケネディ大統領の名が何度も流れてきます。同時に「アサシン」「アサシン」と大声で叫びます。当時小田先生のボキャブラリーの中に、assassin という語がなかったのです。小田先生はそのうちあまりにラジオが興奮気味なので辞書を引きました。そしてやっと事態がわかってきました。ケネディが暗殺されたのです！「これは大変だ、えらいことだ」と思ったそうです。

　予防注射の影響もあって、ソファでウトウトし始めても、町で目にしたハツカネズミのことが妙に頭にこびりついて離れません。ハツカネズミがまわしている籠を透かして見ると、縞模様が見えます。この縞を通してX線源を眺めて隠れたり見えたりする様から、天空のX線源の大きさや形がわかるのではないか。高速道路を走っていると、ビルの屋上にある棚や手すりを透かして縞が走って見えることがあります。縞を透かして遠くに見えるものが小さければ、それはこの縞の動きに隠されたり見えたりします。大きければいつまでも見えているわけです。

　小田稔先生がこの「すだれコリメータ」の発想を得たのがケネディの暗殺と同じ日だったというのは面白い偶然であり、だからこそ、そのアイディアが浮かんだ日付がはっきりと特定できるのです。

ケネディ大統領

# 2005年

*：2005年3月25日〜9月25日まで、愛知県愛知郡長久手町・豊田市および瀬戸市で開催された国際博覧会の愛称。21世紀最初のEXPOで、テーマは「自然の叡智、Nature's Wisdom」。

審査会の前に

## 6月 22日

### 世界初──JAXA「宇宙の音楽キャンペーン」

6月21日（火）、愛・地球博*の会場（EXPOホール）で、JAXAの「宇宙音楽募集キャンペーン」の最終審査会が開かれ、最終選考に残っていた4曲の中からグランプリと審査員特別賞が決定されました。この種のキャンペーンは、NASAでもESAでもロシアでも聞いたことがありません。おそらく宇宙機関がこんなことをやったのは世界初ではないかと思います。募集を開始したとき、100曲くらいは来てくれるかなと思っていたのですが、そんな予想を大きく超え、637曲もの応募がありました。インターネット投票などを含む予備審査を経て、今回の最終審査会に勢ぞろいした4曲はいずれも力作で、審査会というよりは素敵な音楽会という雰囲気に終始しました。

グランプリは、熊本に住んでいらっしゃるE.Bakayさんの"Radio Emission"でした。星の綺麗なところで思い切り宇宙に想像の翼を伸ばして作られたのでしょう。迫るアストロE2のイメージにもぴったりくる曲と感じました。JAXAホームページを至急準備していますので、近いうちにじっくりとご鑑賞ください。会場のEXPOホールには440席のシートがあるのですが、開会時に満席になってしまいました。万博会場といえば、わざわざ5000円もの入場料を払って来られた方々ばかりですから、あんなに長い時間、一ヵ所にとどまっている人たちは、よほどこのイベントがお気に召したのでしょう。音楽を通じて宇宙に親しんでいくという大きなMotivationを再発見した感じです。

これから新しい企画をいろいろと思いつきそうです。審査員には、松本零士さん、山根一眞さん、M-floのお二人、それに若田光一飛行士にも加わっていただき、楽しいムードで審査が行われました。音楽好きの5人が相当困ったほど接近した評価でした。これからこれらの曲は、JAXAは宇宙のキャンペーンなどで、折に触れて大

いに活用させていただきたいと考えております。

連載第8回。

## X線天文学事始め（8）
## 「すだれコリメータ」の発明

　この「縞」を使おうという考えは、ことが単純なので仲間のみんなにもてました。X線源が点源なのか拡がった天体なのか、これを見分けるために、小田先生ははじめはネズミ車と同じような形状の金属の籠を作りました。これを通してX線源を観測し、卓を回転します。もちろん車をクルクルまわすのはネズミやリスではなくモーターです。源が小さければX線強度は車の回転で変調され、拡がっていれば変調を受けないということになります。

　こうして宇宙X線の天空での位置を定めるための機器「すだれコリメータ」の最初の形が製作されました。この小田先生の卓抜なアイディアの機器を最初に乗せようとしたのは、あのX-15でした。

　宇宙へ飛び出して自由に有人滑空飛行して地上に舞い戻るという夢の実現をめざす動きは、1954年にカリフォルニア・モハービ砂漠での飛行に始まる極超音速の有人ロケット飛行機X-15の開発研究に遡ることができます。B-52ジェット爆撃機の脇にちょうど小判鮫のように抱え込まれたX-15は、高度10 km付近でロケットエンジンを噴射し、やがて単独飛行が可能になった段階で、母機から分離されます。そして時速2160 kmで上昇し、高度150 km付近を飛行して、地上へ帰還します。高度100 kmを越えれば、X線観測には十分です。

着陸するX-15

　このX-15のコックピットに、慣性系空間に方向を固定できるプラットフォームがあることを聞き、小田先生は新しく発想した装置をこのプラットフォームに置いてもらうことを考えました。1964年のことです。

　X-15搭載のプラットフォームについては、パイロットのエド・ホワイトがMITに来てくれ、打合せも済ませまでまではよかったのですが、さあやろうというときに

# 2005年

なって、急にNASAの方針が変わりました。X-15に高速記録を出させる関係上、高度は80 kmに止めることになったのです。「高い所からハイスピードへ」という方針転換です。

当時は高度100 km以上に上がらないと空気に邪魔されてX線は受けられないとばかり思っていたので、やむなくX-15を使った実験は中止になりました。ただし今考えてみると、高度80 kmでも十分に実験はできたはずです。

## 6月 29日

### 子どもの心を入口でとらえる「導入教材」という宝物

鹿児島の内之浦に来ています。去る6月23日、今度打ち上げられるX線天文衛星アストロE2衛星が報道公開されました。ノーズフェアリングをかぶせてしまうので、これでお別れになってしまうのです。新聞社やテレビの記者さんたちに交じって、名残惜しそうに衛星を見つめる実験班の視線が、私には気になりました。

その報道公開から、いったん相模原に戻り、6月25日の宇宙教育リーダーズセミナーに参加してきました。相変わらず意気軒昂な仲間に出会って、力をもらいました。ところで、先日ある中学校の理科の先生から興味深い話を聞きました。その先生は、子どもたちから「月がどうしていつも同じ面を見せているのか」という質問を受けるそうです。大人なら「自転周期と公転周期が等しいから」と説明すればなんでもないことでも、子どもにとっては大いなる疑問です。そこで、ある日思い立って、その先生は1時間ぐらい時間をかけて、生徒によるRole Playなども交えながら、その問題について徹底的に教え込んだそうです。1時間の奮闘を経て、その先生は、「どうだ、これでも文句あるか」とばかりに、「質問はあるか？」と聞いたところ、ある生徒がおずおずと手を挙げて、「あのう、月が同じ面をこちらに向けているとい

一般公開されたアストロE2

相模原の宇宙教育リーダーズセミナーの講師たち

うことが、どうしてそんなに大事なことなんですか？」と言ったそうです。

　その先生は瞬間、頭の中が真っ白になりました。「オレはこの１時間何をしていたんだろう？」と自問したそうです。そしていつも「子どもの関心を引き出すことが一番大切」と自分に言い聞かせているのに、なかなか現場に立つと、ついそのことを忘れがちな自分を戒めました。まあ、そこがこの先生の素晴らしいところなのですが、実際には「子どもの心に火をつける」ことほど難しいことはないですよね。

　でも、"Well begun is half done" と言われるように、子どもは興味が芽生えれば、後は自分でどんどん伸びていくようなところをいっぱい持ってますから、そこに焦点を思い切り合わせていくことが肝腎なのでしょう。宇宙教育センターでは、そのような問題意識で、宇宙という魅力的な素材を、学校現場のあらゆる局面で「子どもの心に火をつける」ための「導入教材」として加工するための研究を始めました。即効性も持ち、豊かな教育につなげることのできる成果が出そうな予感がしています。もちろん、学校現場の先生方との共同作業です。派手なイベントも時には必要ですが、やはり最も大事なのは、長く知的財産として残るような成果です。ご期待ください。

　連載第９回。

## X線天文学事始め（９）「すだれ」の初舞台

　X-15に向けてせっかく装置を作ったし、しかも装置を軽くするためにベリリウムを使うという工夫も加わっていました。そこへ偶然ジャコーニがロケット実験を用意しているという話が飛び込んできました。今度もやはりエアロビー・ロケットでした。

　小田先生は、ジャコーニのところに、なんとかしてロケットにスペースを作ってくれないか、と頼みに行きました。ジャコーニは「よしきた」と快く承知してくれ、ロケット搭載の彼のカウンターの前のスペースを空けて

# 2005年

くれました。しかしそこにはどう配置を工夫しても小田先生の「ネズミ卓」を入れるスペースがありません。

　ここで再び小田先生の真骨頂が発揮されます。クルクルまわる車の代わりに平たい形にしようというアイディアが閃きました。そのときは初め2枚合わせたものを急きょ用意し、小田先生が自分で工場でフライス盤をまわしながら作りました。こうした作業を見ながら、ロッシは、「これは日本の"bamboo screen"（すだれ）だね」と言ってご機嫌でした。

　原理はこうです。金属線を等間隔に平行に並べ、すだれ状に金属の太さと同じ隙間を開けておきます。このすだれを2枚離して配置して、「すだれ」越しに天空を見るのです。清少納言はすだれをかかげて雪を見ましたが、小田先生はすだれ越しに宇宙を見ようというわけですね。そうすれば隙間のところだけ星が見えます。このすだれを通してX線源を観測すると、隙間のところだけX線が入射します。

　もしX線源が拡がっていて隙間の広さより広ければ、すだれが動いてもX線強度は変わりません。しかし点状に小さければ、隙間にあたる位置のときだけX線が

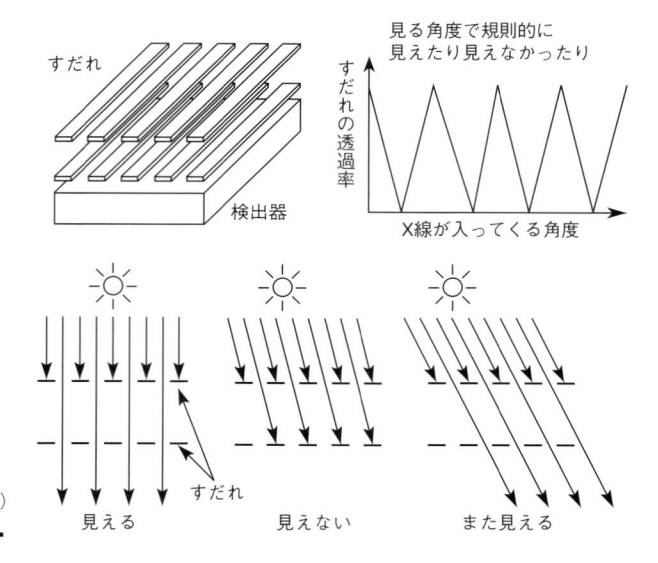

すだれコリメータの原理（1）

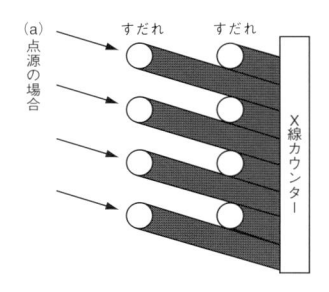

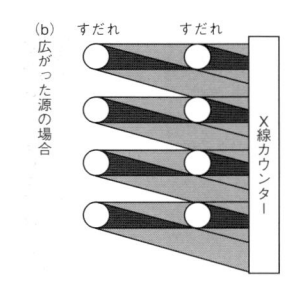

すだれコリメータの原理（2）

入ってくるので見え隠れし、三角波のようにX線強度が変化することになります。X線星の大きさが中間的だと、なまった形の三角波が観測されるに違いありません。こうしてその形から、X線源の拡がりを推定できるでしょう。

　それまで用いられていた金属板を2枚平行に並べる方式に比べて、この「すだれ」の大きな利点は、X線を観測できる隙間がいくつもあるので、隙間を縮めて精度を上げても、十分に広い視野が確保できることです。このエアロビーの実験のために、小田先生はピッチが0.5度の細かいすだれと2度の広いすだれを2種類用意しました。

　1964年8月、「すだれ」を乗せたエアロビーがホワイトサンズから飛び立ちました。実験の結果、さそり座のX線源は、細かいすだれで見ても見え隠れしていることがわかりました。10分角よりももっと小さな星のようなものだと判明したのです。以来天体は「さそり座X-1」と呼ばれています。

　ところで、この観測で意外なことが出てきました。さそり座のX線源が二つに分解されたのです。カウンターの示すデータには明らかに二つのピークが見られます。大きいピークはさそり座にあり、小さなピークはほぼ銀河中心の方向に一致していました。前回ジャコーニたちが見たときは分解能が悪かったので、このピークが、銀河から少し外れたところで一つに見えたのであり、それをさそり座のX線だけだとしたフリードマンは、やはり分解能の低い機器でさそり座だけを睨んでいたわけです。

# 2005年

こうして小田先生の「すだれ」は、さそり座 X-1 と銀河中心の X 線源を分離し、華々しいデビューを飾りました。NASA ではひところ「オダ・コリメータ」と呼んでいたそうですが、結局英語では "modulation collimeter"、日本では「すだれコリメータ」と呼ぶことになりました。「すだれコリメータ」はその後も改良され、アメリカやヨーロッパの人工衛星でも華々しく使われたことは、すでに X 線天文学の歴史の常識です。　（連載完）

すだれコリメータのデザイン

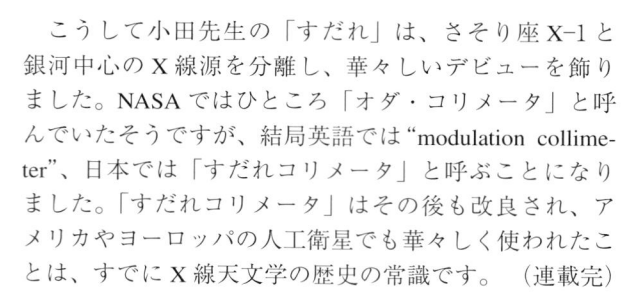

## 7月 6日

### アストロ E2 の打上げ、ひとまず延期

また鹿児島の内之浦に来ています。7 月 6 日 12 時 30 分に日本の 5 番目の X 線天文衛星「アストロ E2」の打上げが予定されていましたが、雨のため延期されました。梅雨の時期の衛星打上げは、1998 年 7 月 4 日に発射された火星探査機「のぞみ」に次いで二度目です。「のぞみ」のときはあまり梅雨前線で苦労した覚えがないので、から梅雨だったのか、梅雨が明けていたのかどちらかだったのでしょう。明日（7 月 7 日）の 14 時に、次にいつ挑戦するかを決定します。あまり打上げが延びると、7 月 14 日（日本時間）に予定されているスペースシャトルの打上げとの関係が出てきて、ややこしくなってきます。できればそれまでに決着をつけておきたいものです。

「アストロ E2」に搭載が予定されている「マイクロカロリメータ」*は絶対零度に近い温度に冷やしておかなければなりません。いったん冷却してしまうと 4 日間は打上げが可能になります。でもその 4 日間を過ぎると、再冷却が必要になります。その再冷却の作業には、まる 2 日かかるのです。もし明日（7 日）の判断が、「8 日には打たない」ということになると、衛星班は、7 日の夜にすぐに再冷却の作業を開始し、上記のようにまる 2 日かけて、9 日の夜に冷却を終え、10、11、12、13 の 4 日間の打上げに道を開きます。もし明日、「8 日に打つ」と

「すざく」と「あかり」の珍しいツーショット

＊：X 線の吸収により生じた熱を温度変化として検出する X 線検出器。

いうことになると、うまくいけばそれはいいとして、8日の発射作業の途中でまた打てなくなると、8日の夜に再冷却を始め、10日の夜まで冷却にかかります。すると11日から14日まで打上げが可能になります。スペースシャトルの打上げの前に何とか軌道に送りたいという気持ちに沿って、上記のような方針を打ち出しました。

　連日打上げを予定して、ずるずると順延していくと、実験班の疲れもピークに達していきます。打上げを延期するたびの人件費もかさばっていきます。実験主任は、今回は40代半ばの若い人が務めていますが、いろいろな事柄を考慮して発射日時の選定をしなければならないので大変ですね。とにかくもう少しお待ちください。私は、これから宿に帰って、少し休みます。

## 7月 13日

### 「すざく」命名の経緯

　7月10日の昼12時30分、内之浦宇宙空間観測所を飛び立ったX線天文衛星アストロE2は、発射後1307秒に第3段ロケットから切り離され、見事に一人旅に移りました。2003年にアストロEの打上げに失敗し、絶望的な気分に陥った日本のX線天文のグループが、5年間の苦労の末に手にした大活躍のチャンスの到来を、心から喜んでいます。それにしても思い出すのは、日本で最初のX線天文衛星になるはずだった「コルサ（CORSA）」の打上げに失敗した1976年、同じ常宿の「福之家」旅館で焼酎をがぶ飲みしていた小田先生の姿です。その3年後に奇跡の再挑戦機「はくちょう」が誕生した経緯は以前に触れたことがあります。今度も、プロジェクトマネジャーの井上一先生を中心とするアストロE2チームの再挑戦への意気込みは、あのときに勝るとも劣らないものでした。

　軌道に乗った衛星は「すざく（朱雀、Suzaku）」と命名されました。例年どおり実験班の投票を経て、井上先生を中心とする人たちで決められたものです。得票の多

M-Vロケット6号機による「すざく」打上げ

世界のX線天文台誕生（すざく）に沸く外国勢

# 2005年

かったのは、①うちのうら、②すざく、③みのり（あるいは、みのる）、④ふしちょう、⑤みらい、などでした。①は、去る7月1日に隣の高山（こうやま）町と合併して肝付町になった内之浦の町名を衛星の名として残したいという願望が実験班に強かったのでしょう。国際協力のミッションとしての性質から考えると、外国の人が少々呼びづらいことが難点となりました。③は、競いつつ協力するアメリカのチャンドラ衛星、ヨーロッパのXMM−ニュートン衛星に、いずれも人名がつけられていることから、X線天文学の創始者の一人である小田稔先生の名前が浮かんできたものと思われます。その際、OdaではODAを連想してしまうし、Minorという最初の文字から外国人がMinorityという語を連想するという感想が難点でした。④は、②と同根です。日本のこれまでのX線天文衛星を列挙すると、「はくちょう」「てんま」「ぎんが」「あすか」です。「ぎんが」を除き、翼のあるものばかり。ただし、「不死鳥」は、1980年代の初めに打ち上げた太陽観測衛星「ひのとり」と同じようなものになってしまうことが難点。⑤はいつも高得票のもので、いずれ何かの衛星につけられるでしょうが、これは誰かが「どちらかと言えば、アストロE2が研究するのは未来ではなくて過去なんだけど……」という発言があったので、消えました。結局、一度失敗した後の再挑戦機という「はくちょう」衛星との共通点（白い鳥から赤い鳥へ）、翼のあるものの名前（白鳥、天馬、飛鳥から朱雀へ）、先行の「あすか」衛星が切り拓いた日本のX線天文衛星の偉大な業績を受け継ぐ衛星としての意気込み（飛鳥時代に基礎を築いた日本文化の香りを、朱雀大路や朱雀門などに使われる「朱雀」によって象徴したいという気持ち）などから、衛星グループの強い要望によって、②が選ばれました。

英語名については、SUSAC（Superior Satellite for Astronomy and Cosmology）という提案もあったのですが、アメリカの人たちは、これを異口同音に「スーサック」と読むのでちょっと敬遠されました。SUZACならば「スーザック」と読めるから「すざく」に近いというの

朱雀を刻した瓦

平城京跡に復元された朱雀門

で知恵をしぼりましたが、唯一提案されたSUZACがSatellite for Ultra Zingy Astronomy and Cosmologyというもので、これはちょっと語感が軽いというので、やむなくローマ字つづりのSuzakuに落ち着きました。打上げ後の記者会見で「すざく」の名を発表した後に寄せられた多くのメールのうちに、際立って対照的なものが二つありました。一つは、「中国を起源とする言葉を日本の衛星の名前につけるなんてけしからん」という趣旨のもの。もう一つは、嬉しい内容でした。──私の孫の名前は「すざく」です。その母親（嫁）が「あすか」です。嬉しくてメールしました──いやはや偶然とはいえ凄いことです。そのお宅の喜びが伝わってくるようです。頑張れ「すざく」。命名の一席でした。

## 7月 20日

### 人も本も出会いのタイミングが大切

　生涯で最も影響を受けた本といえば、私は躊躇なくアミーチスの『愛の学校──クオレ』を挙げます。小学校4年生のときに父が買い与えてくれた講談社の少年少女文学全集の『クオレ物語』を、私は夢中になって読みました。感動と憤り、嬉しさと悲しさの狭間で、涙をボロボロと流しながら何度も何度も繰り返し読みました。友情とか正義とか、圧制への抵抗とか、私が自分の心の中で誇りに思っている概念への傾倒は、ほとんどこの一冊の本によって私の体内に刷り込まれたと言っても過言ではありません。

　数年前に、あるウェブサイトで、良書の薦めを執筆してくれと依頼を受けたとき、ふと思いついて『クオレ』を買ってきて読み返してみました。懐かしさはありましたが、ちっとも感動しないのです。これには驚きました。何たることか。内心忸怩たる想いでした。折に触れて考えていて、ほぼその真相に思いあたりました。つまりタイミングなのです。もちろん感動を与えてくれる本は、人によって異なります。どんな局面でも『クオレ』に感

エドモンド・デ・アミーチス

## 2005年

動しない御仁もいるでしょうし、私のように一生のうちで最高といえる心情を呼び起こされる人もいます。しかし、時が合わなければ、その感動もレベルが違ってくるのでしょう。

　人と人の出会いも全く同じであることについて、今では私は確信に近い想いを持っています。月日が人を変え、心を変えます。それは非常に微妙なものであって、本人が自分は不変であると信じていても、他人から見れば随分と変化しているに違いありません。長い人生を経て到達した現在の境地が、以前よりも「進化」しているのか「退化」しているのかを判断する基準も複雑です。願わくは、落ち込んでいる自分を勇気づけるような人、前向きの栄養をたっぷりと与えてくれる本に、絶好のタイミングで出合いたいものです。

　日本の宇宙開発、世界の宇宙開発は今、全体として思想の貧困時代を迎えています。真に尊敬できるリーダーを私たちが獲得できるか否かが、今後の数十年間の宇宙活動の帰趨を決めます。JAXA（宇宙航空研究開発機構）には、有能な若い人材が溢れています。人類と祖国の幸せをつかみとるために、大胆に長い射程で宇宙への挑戦を謳い上げる、私心のない偉大な指導者を探すべき時が到来しています。

### 7月 27日

### 野口聡一飛行士、ついに宇宙へ

　野口飛行士が宇宙へ飛び立ちました。日本時間の7月26日午後11時39分、フロリダ州のケネディ宇宙センターを後にしたスペースシャトル「ディスカバリー」は、順調な上昇を見せ、予定の軌道に乗りました。心配されていた燃料タンクの枯渇センサーにも異常はなかったようで、一応ヤレヤレです。しかし前途には3回の船外活動を含む12日間にわたるさまざまな仕事が控えており、野口飛行士にとってみれば、ミッションはまだ始まったばかりです。やはり、一昨年の「コロンビア」事故のこ

「ディスカバリー」の打上げ

とがあるから、帰還するまでは安心はできません。打上げを丸の内のJAXAのコントロールルームで見てからすぐに記者さんたちの集まっているプレスルームに直行し、雑談。そのうち理事長ご自身がフラリと姿を見せ、記者さんたちとしばらく会談してくれました。それからケネディ宇宙センターと結んでNASAの記者会見、次いでやはりケネディにおけるJAXAの記者会見。こちらの記者さんたちからも質問が出ました。早朝に帰宅して、一昨日から痛みがひどい腰をさすりながら少し寝ました。

　NASAテレビの画像に登場したローラ・ブッシュの向こうにJAXAの間宮副理事長が映っていました。その挙動から考えて、ご自分が映っていることはご存じないようでした。それにしても、自分の知っている人が飛ぶ飛行を見るのは、結構厳しいものがありますね。どうしても上昇中のシャトルの姿が、あの20年前のチャレンジャー事故の映像とダブってしまうのです。日本人飛行士が、老朽化が叫ばれるスペースシャトルのお世話にならなければ宇宙に行けないという現実をどう見るのか――丸の内のプレスルームで出会った記者の人たちの議論は、その一点に集中しています。

　JAXAのある若い人が、「JAXAの若者には有人飛行の技術を開発したいと考えている人が多いのだから、マスコミがけしかけてくれれば、政治家やお役人さんの意見もそれなりのものになっていくのではないか」と話しかけると、「いや、JAXA自体にやる気が感じられないから、マスコミも記事にできないのだと思う」という答えが返ってきました。ムード作りを大いに工夫する必要があると、あらためて考えました。

　外部燃料タンクがオービターから分離する際、何かのかけらが飛び散っていったという指摘が、ケネディ宇宙センターの記者会見でも出てきました。その場では、NASA側からは「現在映像を解析中」との答えでしたが、その後の会見では、断熱材と見られる破片が外部タンクから剥離したことが発表されました。ただし映像を詳細に解析した結果、機体への損傷は認められないということ。

# 2005年

　さらにもう一つ。オービター前輪の着陸脚のドアの付近から耐熱タイルの一部または詰め物のようなもの（2〜3 cm）が剥離したらしいことが明らかにされました。この二つの「剥離」について、NASAでは現在解析を続行中とのことです。

　野口飛行士が、搭乗前に「ペンシル50周年記念フェスティバル」のロゴマークの入った旗を広げて見せてくれたのには驚きました。サービス満点といったところですね。彼は実は、1955年4月12日に初めて国分寺で水平発射されたペンシル・ロケットの初号機の本物を持って行ってくれたのです。どこか絶妙のタイミングで、そのペンシルグループの記念すべき宇宙開発の記念碑的ロケットを、みなさんに披露してくれるでしょう。お楽しみに。

　さて次のシャトルの飛行は、「アトランティス」です。9月に予定されています。ISS（国際宇宙ステーション）の早期の建設、スペースシャトルの早期の引退を狙うNASA。宇宙開発の歴史が時間と競争していますね。

スペースシャトルの中の
ペンシル・ロケット

## 8月 3日

### 冥王星は惑星か？

　先週、「第10番目の惑星が発見された」と報じられましたね。太陽からの距離が冥王星の2倍。大きさも冥王星の1.5倍ということです。仮に2003UB313と名づけられています。太陽系の中では、冥王星だけが黄道面（地球の公転軌道面）から17度も傾いた軌道面を持っています。他の惑星はまあまあ同じような平面を動いているのに、冥王星は変則です。私たちは小さいときから「水金地火木土天海冥」と呼び習わしており、惑星が9つあることを、小学校のときから叩き込まれてきています。でもちょっと妙な感じがするのは、水星から火星までは固体惑星で、木星から海王星まではガス惑星になり、それより遠くの冥王星になって、またまた固体惑星が出現するということです。「冥王星だけちょっと違うんじゃ

ないか」と疑問に思われた方はいませんか。

実はこの疑いはずっとあって、冥王星はそれより遠方に広がっているカイパーベルト天体という天体グループの仲間ではないかという考えを提出している人がいたのです。その考え方に賛同者が多くなったのは、土星にだけあると思われていたリング（環）が、木星・天王星・海王星のどの惑星にも認められてからです。どのガス惑星にもリングがあるとすれば、これらは同じようなでき方をした証拠になります。冥王星はどうも出自が異なると考えてもおかしくはありませんね。

こうしてここ数年の間に、冥王星の向こうで冥王星の半分くらいの大きさの天体が数個見つかったときも、これを惑星の一つとは言わず、カイパーベルト天体の一つという位置づけがなされてきたわけです。さてしかし、今回は冥王星よりも大きいらしいので厄介です。この機会に冥王星の「惑星としての身分」が怪しくなってしまうかもしれませんね。決定を下さなくてはならないのは、国際天文連合（International Astronomical Union）でしょう。現在論議が巻き起こっているところです。

## 8月 10日

### ペンシル能代で蘇る、そして野口聡一飛行士地球に帰還

秋田の能代に行ってきました。宇宙研の若い技術者たちに50年前のペンシル・ロケットの水平発射の実験を再現させようとしているのですが、いよいよ彼らが準備を整え、8月4日に能代実験場で水平試射を実施したのです。いやあ見事な実験でしたよ。50年前の人たちもこんなに初々しくペンシルを扱ったに違いありません。半世紀の時を越えて、よみがえったペンシル――今回の実験に参加した彼らは、きっとエンジニアとして貴重な思い出のページを刻みつつあるのでしょう。来る8月19日には、千葉県の幕張でペンシル50周年の記念フェスティバルをやるので、彼らも必死なのです。この調子

フェスティバルに先立つペンシル水平発射実験（能代）

## 2005年

なら本番も大丈夫との印象を持ちました。

能代から帰ってすぐ、筑波宇宙センターで行われたコズミックカレッジのファンダメンタル・コースに行ってきました。楽しそうに取り組んでいる子どもたち。こんな機会をもっともっと多くの子どもたちに与えてあげたい。でもこちらの力には限りがあります。やはり、NPOのような組織を作って、全国津々浦々に同志的な人たちを募り、大規模に活動を広げる方式しかないのかもしれません。国がやるべきことですが、それは現在のところ望めないものとわかっていますから。

野口聡一さんが帰ってきました。昨8月9日午後9時11分（日本時間）、カリフォルニアのエドワーズ空軍基地に着陸したのです。

今回驚いたのは、前回以前と比べてNASAから出される情報量が桁違いに多くなっていることでした。私自身がサポート・チームに直接入ったからかとも思いましたが、旧NASDA（宇宙開発事業団）の時代からサポート・チームの仕事をやっていた人もそう言っていましたから、これは、NASAがシャトルの安全のための監視システムを格段に充実させた結果なのでしょう。だから、いくつか見つかったシャトル表面の小さな剥がれや損傷などは、以前にも起きていたことが初めて人前に晒されたものなのかもしれませんね。

指摘されたいくつかの問題のうち、やはり予想を超えた大きさの断熱材が外部燃料タンクから剥がれたことを、NASAは最も重く見たことは当然でしょう。この問題が解決されるまでは次のシャトルは飛ばさないことを言明しています。「我々は誤っていた」と述べたNASAの高官の発言には潔さを感じました。実際にあのでかい破片がシャトルを直撃しなくてよかったです。次のフライトまでにどのような処置がとられるのか注目したいと思います。

野口飛行士飛行士の船外活動は、てきぱきしていて見事なものでした。初めてシャトルの外へ出たときは、さすがにのろのろした動きに見えましたが、すぐにスムー

帰還後修理のため輸送されるスペースシャトル

野口飛行士のクルー

ズな動きに変わりました。プールなどで訓練を積んできたとはいえ、水中と真空中とではやはり状況が異なります。そのあたりの運動神経はさすがです。彼は、1955年4月12日に初めて国分寺で水平発射されたペンシル・ロケットの初号機の本物を持っていってくれました。絶妙のタイミングで野口飛行士が飛んでくれ、来る8月19日に、幕張メッセにおいて、ペンシル50周年の記念行事が開催されます。当時日本の宇宙開発の草創期を支えてくれた人々が来ます。その志と技術を継いだ後輩たちも来ます。そしてこれからの日本を支える人たちも来ます。半世紀の長い歴史を越えて、人々が心のリレーを立派に果たしてくれることを願っています。

船外活動中の野口聡一飛行士

当日は、あの50年前の若者たちと同じくらいの現在の若者たちが、2ヵ月にわたってチームを組んで作り上げたペンシル・ロケットを、50年前と同じような道具立てで、水平発射させます。若い人たちにはいい訓練になったようですよ。

さて、もう一度シャトルに何か起きれば、シャトルは退役に追い込まれそうなムードが漂っています。すると建設中のISS（国際宇宙ステーション）も宙ぶらりんになってしまいます。何しろまだ3分の1ぐらいしかできていないのです。それに、まだ飛んでいない3人の日本人宇宙飛行士たち（古川聡、山崎直子、星出彰彦）も困ったことになります。行き着く先は、何といっても「やはり人間を宇宙に運ぶ日本の技術がほしい」です。ケネディ宇宙センターに降り立って手を振る野口飛行士を見ながら、「日本の政府も、他の国の指導者のように、宇宙への意欲を大いに育んでほしい」と切に思いました。

若い3人

# 2005年

## 8月 17日

## 「はやぶさ」が小惑星イトカワの撮影に成功

### 1．現状と撮像

　ついに「はやぶさ」が小惑星イトカワの撮像に成功し、3億4000万kmを超える距離からターゲットであるイトカワの写真を送ってきました。今日は久しぶりで、その「はやぶさ」のニュースです。2003年5月9日、鹿児島・内之浦のロケット発射場からM-Vロケットによって打ち上げられ、小惑星探査をめざす日本の探査機「はやぶさ」は、昨年5月の地球スウィングバイを経て、順調に飛行を続けています。8月14日現在、「はやぶさ」探査機は、イトカワから約2万8000kmの距離にあり、毎秒38mでイトカワに接近しています。今月下旬には、イトカワまでの距離が3500km、接近速度が毎秒10mのところまでイオンエンジンを運転する計画で、イトカワ近傍に静止できるのは9月中旬の予定になっています。

　先月29日から30日、今月8日から9日、および12日に、「はやぶさ」搭載の星姿勢計（スタートラッカー）が到着目標である小惑星イトカワを捕捉し、延べ24枚の撮影に成功しています。これらの画像をもとに、地上からの電波による観測を組み合わせて、「はやぶさ」探査機の精密な軌道決定が行われました。星姿勢計とは、いくつかの恒星の画像を撮影し、その方向を画像から計算して、探査機が宇宙のどの方向を向いているのか（姿勢）を判断するための装置です。もちろん「はやぶさ」には、地上局から電波で信号を「はやぶさ」に送り、「はやぶさ」からさらに信号が同じアンテナに戻ってくるまでの時間や、地球の自転に伴うドップラー周波数変化の一日の中での変化様相から「はやぶさ」の軌道を決定するというシステムも持っています。しかし、地球からあまりにも距離が離れると精度が悪くなるので、星姿勢計により小惑星の画像を複数回撮像して、小惑星の方向とその変化のデータを取得し、それを補足情報として用い

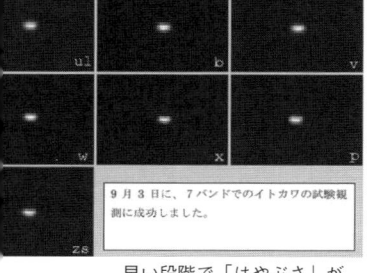

早い段階で「はやぶさ」がとらえたイトカワの画像

て「推定理論」という計算手法により、より精確に「はやぶさ」の軌道決定を行うこともできるようにしてあるわけです。

　本来星姿勢計とは、探査機の姿勢を決める装置であって、探査機の位置や軌道を決める装置ではありません。しかし、小惑星の画像を複数回撮像することで、光学航法カメラと同様の働きをさせ、はやぶさの軌道を算出する試みを行ったものです。このような地上からの電波観測と星姿勢計とを組み合わせて軌道を決定するのは、世界初の巧みな試みです。

　「はやぶさ」の場合、見つかったばかりの小惑星だったこともあって、当初は対象とする小惑星イトカワの軌道自体があまり正確に把握されていなかった一方で、ミッションの性格上、イトカワへの接近軌道を精確に算出する必要があります。そのため、イトカワの画像を複数回撮影し、画像内の小惑星の方向とその変化から、イトカワと「はやぶさ」との相対位置関係を知り、「はやぶさ」の軌道を精確に算出するための装置として、光学航法カメラが別途搭載されています。

　「はやぶさ」とイトカワの相対位置がより精確に決定される今月下旬からは、この光学航法カメラもお出ましになります。より鮮明な画像が送られてくることでしょう。楽しみですね。撮影された写真の代表例は、JAXAメインサイト（http://www.jaxa.jp）および宇宙科学研究本部ウェブサイト（http://www.isas.jaxa.jp）に公開されていきますので、随時ご覧ください。

## 2．今後の予定と達成度の評価

　まず、今後の「はやぶさ」の予定を概略列挙しておきましょう。

(1) 2005年9月中旬～10月下旬：小惑星イトカワに接近し、その後、ホバリングしながらイトカワのデータを収集する。

(2) 2005年11月初旬：ターゲットマーカーと小型探査ロボット「ミネルバ」を投下する。

(3) 2005年11月中旬～下旬：着陸と試料採取（可

# 2005年

　能なら2回)。
（4）2005年12月：小惑星イトカワを離脱。
（5）2007年夏：カプセルをオーストラリアで回収。

　「はやぶさ」のミッション達成度は、達成項目に応じて、ステップ上に設定された基準で表現しています。「世界初」のラッシュとなりますね。

　評価としては、すでに100点を達成し、現在150点に到達しています。まもなく、200点に達成する見込みです。世界初の極めてチャレンジングな目標ですが、小惑星サンプル入手（500点）をめざして、チームの健闘が続きます。人事を尽くして行けるところまで行くという構えです。

| | |
|---|---|
| 電気推進エンジン稼動開始（3台同時運転は世界初） | 50点 |
| 電気推進エンジンの1000時間稼動 | 100点 |
| 地球スウィングバイ成功（電気推進によるスウィングバイは世界初） | 150点 |
| 自律航法に成功してイトカワとのランデブー成功 | 200点 |
| イトカワの科学観測に成功 | 250点 |
| イトカワにタッチダウンしてサンプルを採取 | 300点 |
| カプセルが地球に帰還、大気圏に再突入して回収 | 400点 |
| イトカワのサンプル入手 | 500点 |

## 3．制御についての問題

　心配な材料がないわけではありません。つい先日の本年7月31日、「はやぶさ」探査機は、リアクションホイール（姿勢制御装置）3基のうち1基が故障し、2基による姿勢維持機能に切り替えて飛行中です。ただし、当初から2基の運用も想定しており、今のところ運用に支障はありません。小惑星近傍での一連の科学観測とサンプル採集は可能でしょう。「一連の科学観測」とは、X線スペクトロメーター、近赤外線分光器、多波長フィルターつき可視光カメラ、レーザー高度計、ドップラー計測などによる観測です。

　リアクションホイールとは、コマのような回転体の回転力により、衛星の姿勢を制御する装置です。ホイール

の内部には、探査機の姿勢を安定させるために、そのコマのような回転体をまわすためのモーターが装備されているのですが、今回の故障は、その回転の摩擦が大きくなって、最終的に回転できなくなったものです。探査機の姿勢を表すのに、座標軸が3つあります。その（X、Y、Z）軸まわりのそれぞれの姿勢をそれぞれのホイールで制御するため、ホイールは3基設けてあります。この3基がすべて正常であることが望ましいのは当然ですが、2基のホイールの回転力を組み合わせることにより、故障した軸のまわりの運動を別の軸のホイールで吸収させる方法で運用は可能です。だから1基故障しても大丈夫なように、当初から2基による運用も考慮しており、現時点でミッションの達成のための運用には支障がありません。

では、さらにもう一つホイールが故障し、1基となった場合はどうでしょうか。「はやぶさ」はガスを噴射して力を発生する装置も持っており、ホイールが1基となった場合は、これを代替手段として使用することが可能です。今後もいろいろと工夫を重ねながらの運用が要求されてくるのでしょう。衛星や探査機の運用とは、げにそんなものです。

なお、上記のスケジュールに入っている「ミネルバ」とは、小惑星の表面の接近映像を取得する小型のローバーで、表面温度の測定も行います。ミッション達成には直接の関わりはありませんが、今後の惑星探査に向けて期待される観測手段のテストですね。いずれにしても、ここまで「遥けくも来つるものかな」――「はやぶさ」チームの奮闘には頭の下がる思いがします。

「はやぶさ」を担う日本の若手研究者・若手技術者たちに暖かい視線をお送りください。

## 8月 19日

### ペンシル・フェスティバル

今年は、1955年にペンシル・ロケットが水平に発射

# 2005年

フェスティバルでの
フロア展示

50年前と同じ仕組みでペンシル・ロケット発射（幕張）

当日は4000人がつめかけた

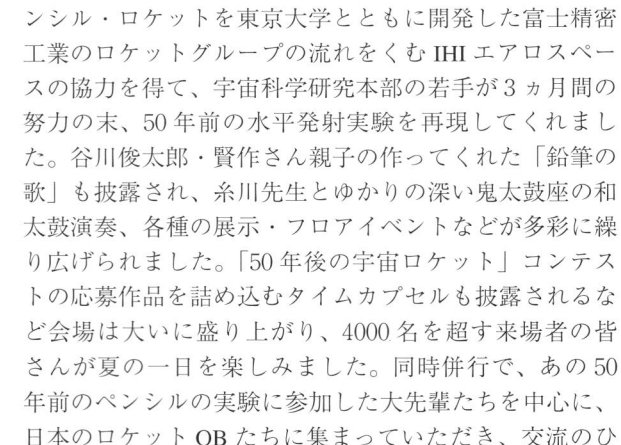

駆けつけてくれた鬼太鼓座の
人たちと一緒に

されてからちょうど50年目にあたります。その節目の年を記念して、JAXAは去る8月19日（金）、幕張メッセにおいて、「ペンシルロケットフェスティバル」を開催しました。今回のフェスティバルでは、50年前にペンシル・ロケットを東京大学とともに開発した富士精密工業のロケットグループの流れをくむIHIエアロスペースの協力を得て、宇宙科学研究本部の若手が3ヵ月間の努力の末、50年前の水平発射実験を再現してくれました。谷川俊太郎・賢作さん親子の作ってくれた「鉛筆の歌」も披露され、糸川先生とゆかりの深い鬼太鼓座の和太鼓演奏、各種の展示・フロアイベントなどが多彩に繰り広げられました。「50年後の宇宙ロケット」コンテストの応募作品を詰め込むタイムカプセルも披露されるなど会場は大いに盛り上がり、4000名を超す来場者の皆さんが夏の一日を楽しみました。同時併行で、あの50年前のペンシルの実験に参加した大先輩たちを中心に、日本のロケットOBたちに集まっていただき、交流のひとときを楽しみました。

## 8月 24日

### ロシアから日本の衛星を2機打上げ

8月24日（水）午前6時10分（日本時間）、ロシア・チュラタムのバイコヌール宇宙基地から、日本の衛星が

二つ打ち上げられました。打上げに使われたのは、かつてのロシアのミサイルSS-18、現在では「ドニエプル・ロケット」と呼ばれています。基本的にはウクライナのロケットですね。まず、打上げ後15分10秒に、光衛星間通信実験衛星「OICETS」（オイセッツ）を、次いでその4分後、小型の副衛星「INDEX」（インデックス）をロケットの3段目から分離し、それぞれほぼ予定どおりの軌道に投入しました。OICETSは「きらり」、INDEXは「れいめい（黎明）」と命名されました。「きらり」のOICETSは、Optical Inter-orbit Communications Engineering Test Satelliteの略で、数万kmを隔てた衛星と衛星の間で、レーザー光を使った光通信（光衛星間通信）の実験を行います。

なぜ、レーザー光を使うかというと、電波のように干渉を起こさないので、安定した通信ができることや、衛星に搭載される機器が小型軽量化できること、また伝送速度が向上するため、大容量のデータをスムーズにやり取りできるなどのメリットがあるからです。この実験によって、地球観測衛星からの全地球的なデータの取得や有人宇宙ステーションとの通信回線の確保など、宇宙開発と宇宙利用を支える基盤技術の開発をめざします。

具体的には、ESA（欧州宇宙機関）の先端型データ中継技術衛星「ARTEMIS（アルテミス）」との間で実証実験を行うのですが、静止衛星である「ARTEMIS」と低高度で地球を周回する「OICETS」との間の距離は最大4万5000km程度もあります。したがって、光衛星間通信を行うには、高出力レーザー素子や高利得光アンテナ、高感度信号検出器といった機器が必要となります。それらによって、入力レーザー光のビームをとらえる「捕捉」、入力レーザー光の角度を検出・制御する「追尾」、相手衛星の位置の誤差などを計算に入れながらレーザー光を正確な位置に放射するための「指向」といった実験を行うことになっています。

また、高精度なレベルで衛星姿勢を制御する技術や、光衛星間通信機器の性能評価のための地上試験設備も重要な課題として含まれています。

ドニエプル・ロケットの打上げ

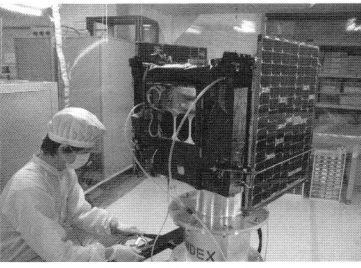

テスト中の「れいめい」（INDEX）衛星

「きらり」（OICETS）と通信実験をするアルテミス衛星

一方「れいめい」の INDEX は Innovative Technology Demonstration Experiment の略で、

- 次世代の先進的な衛星技術の軌道上での実証
- 小規模、高頻度の科学観測ミッションの実現
- インハウス技術の蓄積

など、若手技術者、科学者の育成を目的として衛星設計と試験に宇宙研職員の創意工夫を盛り込んで開発している衛星です。このような衛星を開発期間数年で順次打ち上げていくことを考えています。このたび打ち上げた「れいめい」では、衛星基盤技術の開発として、高速CPUによる衛星の統合化制御やリチウムイオン電池、反射板付高効率太陽パドルの搭載実験などを行います。科学観測ミッションとしては、オーロラカメラと粒子センサーによるオーロラの微細構造の観察ミッションを行います。

ところで、「れいめい」の命名に関するエピソードを御紹介しましょう。まず、いつもの宇宙研の衛星と同じように、宇宙研の人々と衛星関係者から名前を募集しました。それをもとに、INDEX 開発の中心となった若者たちに集まってもらい、いくつかの気に入った名前をピックアップしてもらいました。その結果、出てきたのは、わかば（若葉）、みらい（未来）、あかつき（暁）、れいめい（黎明）、いぶき（息吹）などです。プロマネの齋藤さん、サブマネの水野さんに、プロジェクトオフィス長の中谷さんと対外協力室長の私が加わって議論しました。

若葉は中谷さんが気に入っているようでしたが、水野さんの「初心者マークはイヤ」の一言でチョン。未来と暁は常連の衛星名候補で脱落。黎明と息吹の争いとなりました。ここで思いもよらぬ発言が飛び出しました。齋藤さんが、「黎という字のことをボクは小さいころから大好きなんだけど、この字を見るたびにドキッとするんです。」中谷さん、「ヘーェ、特定の漢字が大好きなんて面白いね。」齋藤さんの発言に微妙な心の揺れを見た私が言いました、「黎子って名前の好きな子がいたんじゃないの？」齋藤さんはあっさりと白状しました。「実は

そうなんです。」もう一度、INDEX の若手に集まってもらい、それに齋藤さんと水野さんが参加して議論の結果、最終的に「れいめい」になった次第。いい名前がついたと思います。齋藤さんは、昔のことを懐かしみながら、ミッションライフをエンジョイしてください。

## 8月 31日

### 帯広でタウンミーティング

　北海道の帯広で JAXA タウンミーティングを行い、樋口清司理事らと一緒に行ってきました。帯広駅のすぐ前にある『とかちプラザ』という施設の視聴覚室に、122名の方にお越しいただきました。

　第一部では、タウンミーティングの趣旨説明をした後、土井隆雄宇宙飛行士がヒューストンからのテレビ出演で人類の宇宙進出への思いと国際宇宙ステーションの建設とその未来について語った後、議論に入りました。参加者からは、人類が宇宙へ活動を広げていくのは必然であるという考えや、エネルギー問題その他から考えて、将来第二の地球を作るという立場からどうしても宇宙進出を果たさなければならないし、特に若い人たちに頑張ってほしいなどの意見が相次いで出されました。

　第二部では、樋口理事から「豊かな社会の実現と人類の宇宙への旅立ち」というタイトルでプレゼンテーションがあり、再び参加者との意見交換、質疑応答をやりました。会場からは、日本の科学教育水準はどんどん低下している状況もあり、そうした面でも宇宙活動が貢献してほしいという意見や、宇宙活動を含め自国のことを自国でできるような体制を整えておくべきであるとの考えなどが述べられました。前者の意見をめぐっては、設立したばかりの宇宙教育センターへの期待が熱っぽく語られ、奮い立ちました。宇宙活動の独り立ちということは全く異論ありません。国際協力は大切ですが、それは自分の足でしっかりと立ちながら実践して初めて意味を持つものなのでしょう。

# 2005年

帯広の屋台

ハリケーン「カトリーナ」による水害

帯広では夜の屋台が驚くほどのブームになっていて、この日はしかもその屋台の無料サービスの日だということで、私たちもみんなで繰り出して市民の方々と交流しながら楽しいひとときを過ごさせていただきました。

## 9月 7日

### 宇宙悲喜こもごも

最近宇宙のニュースが非常に多いですね。3つほどピックアップしました。

★8月末にアメリカ南部を襲ったハリケーン「カトリーナ」は第一義的には自然災害ですが、今や完全に社会問題と化しています。大国のアキレス腱ともいうべき事柄に見えますね。ヒューストンのアストロドームは避難民の生活の場となっているようです。NASAでは、大切な二つのセンターが被害に遭っています。まずニューオーリンズの東20 kmにあるMichoud Assembly Facility。ここはスペースシャトルの外部燃料タンクの組立を行っています。他の一つは、ニューオーリンズの東70 kmにある、エンジンの燃焼試験場Stennis Space Centerです。どちらも電力や通信は完全に麻痺状態。機能復帰には相当の時間が必要と見られています。これでは次のシャトル打上げ用の外部タンクの改修をいつになったら開始できるか、目処がつきません。ヒューストンにいる友人のメールによりますと、ケネディ宇宙センターでは、その改修をケネディ宇宙センターでやることを検討しているということです。

★ハッブル宇宙望遠鏡のジャイロに関わる問題。ハッブル宇宙望遠鏡には、姿勢制御用に6基のジャイロが搭載されていますが、そのうちの3基を用いて姿勢制御を行い、残りの3基をバックアップとしてきました。しかし現在は2基のジャイロが故障して機能を失っていますので、近いうちに姿勢制御ができなくなるかもしれないと懸念されています。そこでNASAは若干の延命策を講

じました。ジャイロ2基による姿勢制御モードに変更したのです。2基にすると、姿勢を判定できない範囲ができてくるのですが、それを誘導センサーに引き受けさせ、さらに一つのターゲットから次のターゲットに観測方向を転換するときの位置情報を、ジャイロではなく磁力計とスタートラッカーで獲得しようというのです。頭を使っていますねえ。これで少しは生きながらえるでしょう。

★いよいよ日本の「はやぶさ」が佳境に入ってきました。9月4日朝現在、「はやぶさ」は、ターゲットである小惑星イトカワから、約1000 kmのところにいます。時速10 km。この探査機としては、非常にゆっくりした速度に制御しながら順調に接近を続けています。去る日曜日に、「はやぶさ」は搭載したカメラを用いて、イトカワの撮像を行い、約3時間を隔てた2枚の画像を取得しました。画像上では、イトカワはすでに点像ではなく、ピクセル以上の画像としてとらえ始められています。正念場です。来週初めには、さらに鮮明な画像とともに、多くの情報がもたらされるでしょう。世界史上初めて、月以外の天体表面からサンプルを採集する日が、刻々と近づいています。その快挙を日本の若者たちがなしとげようとしていることに、私は大きな誇りを覚えます。

今後の予定を記しておきましょう。

 9月中旬：イトカワの近傍に停止
10月中旬：太陽の光が横から入ってくる位置から観測
11月一杯：ターゲットマーカーと小型探査ロボット「ミネルバ」を投下。イトカワ表面への降下と着陸、サンプル採取を2回予定
12月中旬：イトカワから離脱。再度イオンエンジンを噴かして2007年地球に帰還予定

なお各種情報は、http://www.isas.jaxa.jp/j/index.shtml へどうぞ。

軌道上のハッブル宇宙望遠鏡

## 2005年

### 9月 14日

### 「はやぶさ」ついにイトカワに到着！

　隼という鳥は、獲物に向かって舞い降りるとき、いったん空中で停止するのでしょうか。この宇宙の「はやぶさ」は、ターゲットである小惑星イトカワの手前20 kmで静止を試み、それに成功しました。思えば、旅立ちから2年余、長い旅程を経てきました。昨年5月には地球スウィングバイに成功し、「イオンエンジンとスウィングバイの組合せは世界初」という記録を打ち立て、今日まで順調に飛行を続けてきました。そして去る9月12日10時（日本時間）、「はやぶさ」は、搭載している化学推進器による秒速7 cmの減速噴射を行い、イトカワとの初のランデブーをなしとげたのです。目標天体を自家薬籠中のものにしたという点で、「はやぶさ」は前半の「技術上の最大の関門を突破した」ということができます。ここに3億kmの彼方で光学複合航法が完璧に達成され、日本は惑星探査における国際水準に到達しました。現時点で「はやぶさ」が9月11日9時24分（UTC）に距離約25 kmから見つめた視野2度角の獲物イトカワの素顔は左図のようなものです。

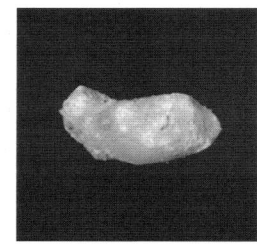

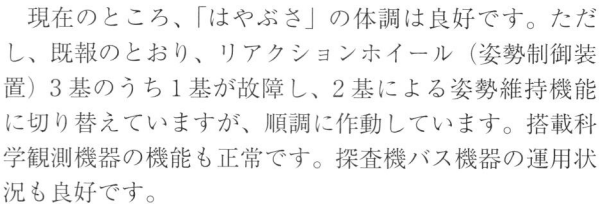

「はやぶさ」が9月12日にとらえたイトカワ

　現在のところ、「はやぶさ」の体調は良好です。ただし、既報のとおり、リアクションホイール（姿勢制御装置）3基のうち1基が故障し、2基による姿勢維持機能に切り替えていますが、順調に作動しています。搭載科学観測機器の機能も正常です。探査機バス機器の運用状況も良好です。

　これから始まるリモートセンシング観測では、イトカワの形状や表面物質分布等を観測するのですが、それには、

- レーザー高度計（LIDAR）によるイトカワ全体形状の観測。
- 望遠分光撮像カメラ（AMICA）でのイトカワ表面全域の分光撮像
- 近赤外分光器（NIRS）でのスキャンマッピングに

よる表面物質分布の観測
　● 蛍光 X 線分光器（XRS）によるイトカワ表面の蛍光 X 線観測

などが含まれています。

　小惑星表面を移動探査するローバー実験機「ミネルバ」は、質量 591 グラムの完全自律型ロボットで、ホッピング移動機構を搭載しており、イトカワ表面をジャンプ移動しながら詳細な画像を取得し、温度も計測します。

　そしてクライマックスはイトカワへの降下と試料採取です。その世界初の歴史的プロセスの始まりは、1 秒間の接地の間に、重さが数グラムの金属球を秒速 300 m くらいの速度で打ち出す作業です。金属球は小惑星の表面を破砕し、その結果かけらが飛び散りますが、飛び散った破片は、サンプラーホーンに導かれ、探査機内の収集箱へ到達します。玄武岩から砂までの表面状態に対応できるよう設計されています。

　工学実験探査機として、「はやぶさ」は世界の惑星探査に新しい地平を開きつつあります。今後どこまで行けるか、偉大なチャレンジが続きます。

サンプラーホーン
（イラスト：池下章裕）

## 9月 21日

### 長崎と愛知、そして NASA の「夢再び！」

　9 月 14 日と 15 日に、今年宇宙学校を開催する予定の長崎へ踏査に行ってきました。会場の長崎大学では全面的にご協力いただけそうで、非常に楽しみです。夕食を済ませてホテルへ帰る途中、「長崎くんち」の練習を懸命にやっている子どもたちを見ました。近くで見ると随分と激しい動きですね。油断をすれば大けがにつながりそうです。頑張ってほしいものです。またあの出島も、先回来たときは全面改装中だったのですが、すっかりきれいになっていました。10 分ぐらいで大急ぎでまわってきましたが、今度時間のあるときにじっくり見せてもらおうと思い、長崎を後にしました。

改装なった長崎出島

　そこから、愛・地球博をやっている愛知の地へ飛びま

# 2005年

会場を彩る「はやぶさ」の模型

マット・ゴロンベックと

向井千秋さんの魅力的な語り

した。そのメイン会場の「もりぞう・きっころメッセ」で、JAXAがフィナーレを飾るイベントをするのです。メッセには「はやぶさ」と地球観測衛星ALOSの実物大の模型がセットされ、ものすごい人出の中で、イベントは盛り上がりを見せました。アメリカのJPL（ジェット推進研究所）からは、火星探査のエース（スピリットとオポチュニティの主任科学者）マット・ゴロンベックが駆けつけてくれました。向井千秋さんも来てくれました。盛りだくさんの講演や展示にをみなさんは堪能していました。こんなに盛り上がって、主役のメインホールはひがんでいないかな？

さて、2004年1月にブッシュ大統領が新しい宇宙探査計画を発表したことはご存知でしょう。月へ、そしてさらに火星へと人間を送ろうというこの計画のためには、そのための輸送機の構想が必要です。そこでNASAでは、今年の5月初めからESAS（Exploration Systems Architecture Study）という枠組みのもとに、新たなロケットの仕様を検討し始めました。7月の初めには、現在のスペースシャトルのコンポーネントを最大限活用するアポロ計画と類似のコンセプトの輸送機の構想が固まったという報道も流れたのですが、それはあくまで非公式のものでした。そして去る9月19日、NASAのグリフィン長官が記者会見を行い、その新たな具体的な構想を公表しました。

ブッシュ構想では、2020年までに月へ再び人を送ることを目標としています。しかし今回のESASの検討結果では、2018年までに4人を月面に送り7日間滞在させるという計画になっています。そしてその費用を1040億ドルとしています。その後は月面に半年間滞在できるような月面基地を建設し、年に2回ずつ打上げを継続させて、火星飛行の準備をするというのです。月へ向かうシナリオとしては、月着陸船と推進モジュールを別々に無人で地球周回軌道へ打ち上げ、軌道上で一体になるよう組み立てます。

これらの打上げには、シャトルの外部タンクにシャト

ルのメインエンジンを5基装備し、その両脇に5セグメントからなるシャトルの固体ロケットモーターを備えた大型打上げロケットを用います。月着陸船と推進モジュールが軌道上で組み立てられた後に、4人が搭乗したカプセル型のCrew Exploration Vehicle（CEV）が、別の打上げロケットによって打ち上げられ、ドッキングして月へ向けて出発します。このCEVの打上げには、4セグメントからなるシャトルの固体ロケットモーターを1段目とし、2段目としてはシャトルのメインエンジンを1基用いた液体ロケットを使うつもりです。

　NASAは当面の5、6年はCEVの開発に努力を傾注すると言っています。CEVは、ISSへの人員輸送としては6人乗りに用いられ、またISSへの物資の輸送としては無人バージョンで用いられることが想定されています。グリフィン長官はこのCEVを、2010年に引退させる（予定の）シャトルの後継機として位置づけています。シャトル引退の時期からCEVの運用までのギャップをできるだけ短くできるよう、早い完成を見込みながら準備は急ピッチで進められています。

新しい打上げロケットの構想

CEVのISSとのドッキング

## 10月 5日

### 宇宙の仕事の辛さ

　宇宙の仕事には、喜びがいっぱい詰まっています。でもその陰には辛いこともたくさんあるのですね。それはどんな仕事にも共通していることです。NASAのグリフィン長官が、スペースシャトルも国際宇宙ステーション（ISS）も誤りだったという談話を発表したことはご存知でしょう。その評価の是非はともかくとして、これまでの人生の大きな部分を、シャトルやステーションに捧げてきた人たちのショックは図り知れないものがあるでしょう。しかし技術というものは、過去の失敗を未来の成功に活かすことによって進歩していきます。「失敗」という言葉を使うかどうかは、この流れの中においてはどうでもいいことです。人類の歴史は、この失敗と成功

# 2005年

の無限の連鎖によって構成されているに違いありません。この両方の計画に携わってきた大勢の人々が、怒りや落胆を乗り越えて今後の課題に情熱をもって取り組んでくれることを心から念じています。

　一方グリフィン長官は、月に飛行士を送る期限を2018年と設定する発表をしました。ちょうどハリケーンで一部の人々が悲嘆に暮れているときに述べたことなので、いかにもタイミングが悪いなあと感じたのは私だけだったのでしょうか。前のブッシュの新宇宙政策の公表も大統領選挙の前だったですからね。ブッシュが描いた構想は、第一に、2010年までにISSを完成させて、スペースシャトルを退役させること。過去にさまざまな批判を呼んでいたこの二つを早く片付けようとしたのです。第二に、ISSに代わる希望の持てる計画として月と火星を持ってきました。第三に、スペースシャトルの後継としてCEV（Crew Exploration Vehicle）を示唆しました。今回のグリフィンの意思表明はすべてこのブッシュの示した方向を、より鮮明に、より具体的に設定しなおしたものになっています。

　ケネディのときは対極にソ連という国がありました。現在のアメリカ一人勝ちという情勢で、ことさら月や火星を前面に押し出してくる背景に、どのような思惑が隠されているのか、これは私には理解ができにくい問題です。ローマクラブのレポート、地球の環境破壊という図式からスペースコロニーという仇花が生まれたごとく、テロと環境破壊という図式から生まれた月・火星でなければいいのですが……。また数十年後に「あの新宇宙政策は誤りだった」などと嘯かれても、その時代に生きている人間にはどうしようもないことです。

　日本の宇宙活動も、ムードに流されない内発的な動機にもっと徹底的に依拠しなければ、地に足のついたビジョンを打ち立てることはできないでしょう。若い世代が「自分たちの宇宙計画」を大胆に描く時期が到来しています。自分たちの人生は、ほかならぬ自分たちが生きるのですから。宇宙の仕事の「辛さ」を最小限におさめる極意は、できるだけ内発的であること——これに尽き

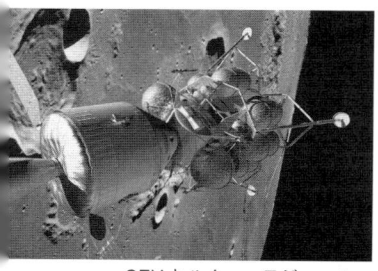

CEVとルナー・モジュール

ます。

　それはさておき、フランスのストラスブールにあるISU（国際宇宙大学）の理事会に出席した帰りに、ISUに長く滞在したJAXAの伊藤哲一さんと一緒にパリを歩きました。久しぶりに訪れたCNES（フランス国立宇宙研究センター）は、相変わらず意気盛んです。我こそはヨーロッパの宇宙研究の拠点という気概にあふれていて、胸がすくようです。

CNESの前で

## 10月 12日

### 故郷のコズミックカレッジ

　広島の呉市で行われたコズミックカレッジに行ってきました。併せて、大和ミュージアム（呉海事歴史科学館）での大和シンポジウムにも参加してきました。コズミックカレッジの「キッズコース」では、お父さんやお母さんと小学校低学年の子どもたちが一緒になって太陽系のクラフトやミニカーを製作していました。いつもながら子どもたちの生き生きとした表情を眺めているうち、救われた気分になっていきました。

　閉会の挨拶のときに訊ねてみました。電車が好きな人？　恐竜？　昆虫？　ロボット？　岩石？　それぞれについて子どもたちの手が勢いよく挙がりました。躊躇がない挙手だから、文句なく今「はまっている」のでしょう。

　小学校の低学年ぐらいまでの期間に、大抵の子どもは何かに夢中になります。まるで憑かれたように恐竜の名前を覚えたり、電車の型を暗記したり、岩石集めにうろついたりします。でも実はこの「憑かれたように読みまくる、覚えまくる、集めまくる」この時期が、科学への最も素敵な入り口なのだということは、お父さんやお母さんによって的確に認識されてはいないようです。この状態に陥ったら、お父さんやお母さんは、「何ですか、そんなに石ばっかり集めて。掃除するときに脇へよけるのが重くて仕様がないじゃないの」とか、「恐竜の名前

再び戦艦大和の模型を見る

コズミックカレッジ呉
（松本零士さんと）

# 2005年

ばかり覚えてないで、もっと算数の勉強をしなさい」とか、「昆虫なんて大嫌い。家に持って入らないでよ」とか言わないでほしいのです。その一言が「子どもの心に火をつける」絶好のチャンスを逸する言葉なのです。

この幼児期の子どもたちの関心や興味の持ち方は、非常にストレートで純粋です。まるで一冊のカタログに変身したかのように名前を棒暗記したり、目につく物（虫、石）は何でも集めようとしたり、何時間も電車の見えるところで立ち尽くしていたりと、方法も結果も幼稚で洗練されていません。だからこそ、大人の目には、子どもの行動が大した意味がないように感じられるのでしょう。ところがさにあらず。そこには自然や生命への子どもの「人生初めての執着や好奇心」が、生き生きと強烈に表現されているのです。感動的なシーンなのです。

一つひとつの家庭で、大人が子どもにしっかりと視線を落としていれば、子どもの側からは日常的に心の芽がサインを送ってくれているはずです。ただし、それをどのように育てればいいのかという段になると、親だけで面倒を見ることは能力的にも不可能でしょう。そこに学校生活の意味があります。そしてお父さんやお母さんについて言ったことがそのまま教師の方々にあてはまるということになるのでしょう。

宇宙教育がやるべき課題が、少し具体的になってきた気がしないでもないですね。もっと考えてみます。再びここでウイリアム・ウォードの言葉——平凡な教師はおしゃべりをする。少しマシな教師は説明をする。優秀な教師はやってみせる。しかし最高の教師は、子どもの心に火をつける。

## 10月 19日

### 国際会議で福岡にいます

福岡で国際会議（宇宙航行連盟総会）開催中です。1年ぶりでたくさんの人に会うのは楽しいもの。先週は北九州市で、APRSAF（Asia-Pacific Regional Space Agency

Forum：アジア太平洋地域宇宙機関会議）が開催され、その際に国際水ロケット大会を行いました。おそらく水ロケットとしては初の試み。マレーシア、インドネシア、タイなどは国内予選をきちんとしてから臨んでおり、特にマレーシアの予選は1500人もの子どもが参加したそうです。素晴らしいですね。一昨日（10月17日）は、国際宇宙教育会議（International Space Education Board）の協定の調印式を終えることができました。観客も100人以上来て、結構な盛り上がりでした。CSA（Canadian Space Agency：カナダ宇宙庁）、ESA（European Space Agency：ヨーロッパ宇宙機関）、NASA（National Aeronautics and Space Administration：アメリカ航空宇宙局）とJAXA（Japan Aerospace Exploration Agency：宇宙航空研究開発機構）が署名をしました。それぞれの機関の宇宙教育のトップが署名して発足したものですから、頑張らなくては。

アジア水ロケット大会

グランプリを獲得した
マレーシアチーム

## 10月26日

### 東奔西走の3週間

10月10日から始まって、見事な東奔西走になりました。東京→北九州→福岡→東京→大分→東京→長崎ですからね。丈夫な体に生んでくれた母が時どき恨めしく思うこともあります（本音は深く感謝していますが）。幸いなことに1日が24時間しかないので、忙しさの感覚は以前と変わりませんが、仕事の種類が増えているということは、一つひとつの仕事がいい加減になっているということに違いありません。それでは、周りにいる人たちはたまったものではありません。「選択と集中」が求められていることを感じています。

昨日、JAXAの理事長とも雑談で話していたのですが、高齢化社会にふさわしく「宇宙老年団」みたいなものをやったら、パワーになるんではないかと思うのです。以前から「宇宙幼稚園」とともに出ては消えていた構想なのですが、全くのボランティアに基礎を置くNPOを作っ

ISEB調印式

# 2005年

たら面白いと考えているのです。みなさん、いかがですか。参加資格は60歳以上かな？　てなことを考えながら長崎空港から出島までのバスに乗っていたら、タクシーが客待ちをしていました。その頭に「Age　Group」という「瘤」がありました。ハッと思いついて「スペースエイジ」って名前はどうかな？　ちょっとカッコよすぎるかな？　でもしゃれてていいと思うのですが、どうですか。「宇宙時代」に羽ばたく「宇宙老年」！　疲れた際の妄想で終わるかどうかは、みなさん次第です。反応をお待ちしています。

そしてもうじき再び岐阜の各務原への旅。アイデア水ロケットコンテストです。

## 11月 2日

### 「はやぶさ」いよいよ降下

10月29日、東京大学の柏キャンパスでの講演を依頼されていたので、学生相手に「宇宙進出と私たちの未来」というタイトルで話してきました。実はここの学科長の雨宮慶幸くんが、大学の軟式テニス部の後輩なので断りきれなかったのです。でも学生たちの宇宙科学に寄せる関心の高さに元気づけられました。

さて、「はやぶさ」観測画像を公開、いよいよ獲物に舞い降りる！　日本の小惑星「はやぶさ」が、ついにクライマックスのときを迎えています。はるか3億kmの彼方にあって、わずか500mの大きさの天体表面の目の覚めるような写真を送ってきてくれている「はやぶさ」が、今月「人生」の正念場の晴れ舞台に立ちます。すでに11月1日に、高い解像度の画像とその解析結果が発表されました。これまでの科学観測だけからも、小惑星と太陽系の科学に新しい知見を加えたことは明白ですが、「はやぶさ」はこれから、さらに貪欲なサンプル採取に挑みます。以前のこの欄では、姿勢制御用のリアクションホイール3基のうち1基が7月31日に故障したこと、

アイデア水ロケットコンテストを引っ張る片岡鉄雄さんの「夢小屋」

東京大学柏キャンパスで
（雨宮慶幸くんと）

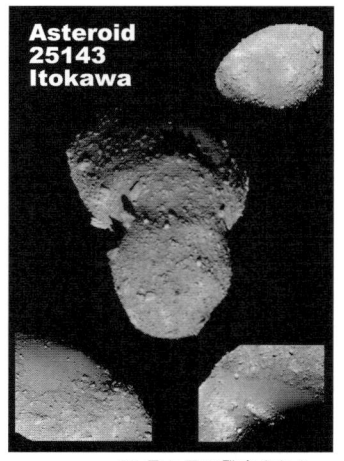

11月1日に発表された
イトカワ画像

目標とする小惑星イトカワの手前約20kmのところに9月12日に静止したことなどをお報せしました。その後、科学観測データは増えつつある一方で、残る二つのホイールのうちもう一つが10月1日に故障してしまい、現在は1基のホイールとヒドラジン・ガスジェットで姿勢を制御しているところです。障壁を乗り越えて、いよいよサンプルを収集するオペレーションを敢行する11月になりました。

**【燃料の節約方法に目処がついた】** サンプル収集と地球帰還のカギを握るのは、姿勢維持に必要な燃料が足りるかどうかです。すでに「はやぶさ」チームでは、制御策に検討を加え、微小なジェットを精度よく管理して噴射する方法に成功し、少なくとも量的には帰還までに必要な燃料を確保することを確認しました。現在までに使った燃料は15kgで、あと50kgほど残っています。今後新たな機器の故障が発生しない限り、帰還までの運用に見通しを開いたと言えます。まずはここまで到達したチームの奮闘に拍手。

**【まずリハーサル】** 11月のクライマックスシーンは3つの舞台を持ちます。まず11月4日。リハーサルのための降下。イトカワ表面まで30mくらいまで接近します。リハーサルの眼目は、近距離レーザー高度計の較正です。4つの方向にレーザービームを放出することによって、自分がイトカワに対しどの方向を向いているかを判定するのです。この高度計は100m以内でないと使えないのです。その際、ターゲットマーカーの1個目を放出して、イトカワを背景にして「はやぶさ」のフラッシュビームでどのようにストロボ撮影ができるか確認します。これは着陸のときに「はやぶさ」を着陸地点へ誘導していく灯台の役割を持っています。そしてもう一つ、小型ロボット探査機「ミネルバ」も表面に降下させます。このミニ・ローバーは、イトカワの上をピョンピョン跳びはねながら、表面の写真を撮ったり、温度を測ったりします。

「はやぶさ」を導くターゲットマーカー

# 2005年

イトカワ接地の瞬間の「はやぶさ」

**【着陸とサンプル採取】** そして人類史上初めての小惑星からのサンプル採取オペレーションが開始されます。まず11月12日。第1回の着陸とサンプル採取を行います。続いて11月25日。第2回の着陸とサンプル採取です。新たに放出されるターゲットマーカーにフラッシュビームを浴びせながら、ホームポジション（表面から7km）あたりから降下した「はやぶさ」は、イトカワ表面に接地します。接地している時間はわずか1秒です。その間にサンプル採取装置から弾丸が発射され、小惑星の表面に貫入します。その際、岩石のかけらやダストが舞い上がるでしょう。それらは重力のほとんどないイトカワ表面からサンプル採取装置の孔を通って、カプセルに自然に入っていきます。今のところ着陸は、2回とも日本時間の正午ごろを予定しています。どこに着陸するかについては、候補地が複数個あり、それによっては着陸時刻が数時間ずれ込む可能性があります。このイトカワは12時間の周期で自転しているからです。

**【みなさんの名前の行方と着陸地点の名前】** 「はやぶさ」の打ち上げ前に、世界中のみなさんから名前を寄せていただきました。その149ヵ国から来た88万人の名前は、11月4日の接近リハーサルのときに放出するターゲットマーカーに刻んであります。着陸後は永遠にその表面にとどまるのです。着陸が成功したら、その着陸地点の地名をみなさんにつけていただく予定です。世界初の小惑星のサンプル採取の地点の名前ですから、それにふさわしい栄誉ある名前を期待しています。また着陸とサンプル採取のときには詳しくご一報します。世紀の瞬間を楽しみにしていてください。

## 11月 9日

### 「はやぶさ」のリハーサル降下試験の中止

11月4日日本時間午前4時17分、「はやぶさ」は、地上からの指令でイトカワに向けリハーサルのための降下を開始しました。そのときの高度約3.5km。目的は

4つでした。①搭載した近距離高度計の較正、②ターゲットマーカーが表面降下の際に役に立つことの現場での確認、③画像処理機能の確認、④探査ロボット「ミネルバ」の投下。作業は中途まで非常に順調で、姿勢制御も降下中の高度・速度の制御も、順調に行われました。

　ところが、高度約700m付近まで降下したことを確認した時点で、自律航法機能の航法誤差が許容値を逸脱したことを検出したため、日本時間12時30分、地上からの指令で以降の試験を中止し、続いて上昇指令を送信しました。残念ながら、4つの目的は果たすことができませんでしたので、再挑戦ということになります。

　ただし、今回のテストで、自律航法・誘導機能をかなりの低高度まで試験できたことは一定の成果と考えていいでしょう。胃の痛くなるような、でも痛くなるヒマのない緊迫したオペレーション。世界で初めてのオペレーションです。——一筋縄ではいかないですね。臼田局からの運用が終了したとき、「はやぶさ」探査機との通信状況は正常で、姿勢制御も良好に維持されており、また、搭載機器の状態はすべて正常でした。再挑戦へのハードウェアの状況は、苦しいながらも整っていると言えます。

　その後「はやぶさ」チームは、4日の結果を徹底的に分析し、そのときに起きたことについては完璧に状況の把握ができました。そこからはじき出されてきた対策には、全神経を集中させて乗り切らなければならない実践的な課題があります。チームは一丸となって、リハーサルに再挑戦するための予備テスト、予備チェックの作業に余念がありません。依然として管制室周辺は息づまる雰囲気が続いています。これまでの世界の惑星探査の歴史の中でも、最もチャレンジングなオペレーションに挑んでいる日本の若者たちに祝福あれ。

　ここ一両日中が、本番前の最も大切な時間帯です。貴重な1秒1秒が過ぎていきます。周りは、できるだけチームの若者たちがオペレーションに集中できるよう、気を遣ってあげたいと思います。10日の午後あたりには、4日の詳しい状況や当面のスケジュールについて、ご報告ができるでしょう。YMも臨時ニュースの態勢で臨むこ

# 2005年

とにしましょう。

### 11月 12日

## 「はやぶさ」レポート（11月12日朝）

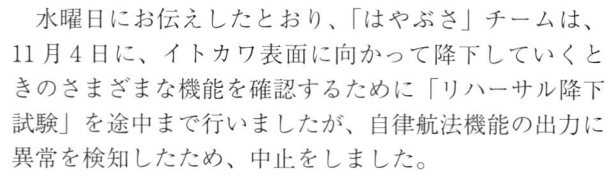

　水曜日にお伝えしたとおり、「はやぶさ」チームは、11月4日に、イトカワ表面に向かって降下していくときのさまざまな機能を確認するために「リハーサル降下試験」を途中まで行いましたが、自律航法機能の出力に異常を検知したため、中止をしました。

　その後の解析により、その要点は3つにまとめられました。

　第一に、画像の逐次処理において、複数のオブジェクトを認識してしまったことにより、搭載コンピュータの処理能力を超えたこと。これについては、適切な設定を行うことで乗り越えられることがわかりました。

　第二に、リアクションホイールを2個失ったため、ジェットによる姿勢制御を実施しているわけですが、ホイールによる制御と比較すると、どうしてもばらつきの大きい並進加速度の外乱を受けることになります。そのことに伴う軌道分散が非常に大きな量に達していたことも確認されました。これについては、事前に想定していた機上の自律機能だけでは回避することは難しく、地上からのサポートをしながら克服する方針が確認されました。結局は人間が一番頼りということです。

　第三に、今回の降下では、かなり表面に接近して高精細の画像を撮影しました。それによると、着陸・試料採取の第2候補点である「ウーメラ域」は、予想以上に大きな岩石が非常に密度濃く存在していることが判明し、着陸・試料採取には適当でないと判断するにいたりました。

　これらの結果を受けて、11月9日に、航法誘導機能の確認を目的とした降下試験を実施しました。この試験は、上述の事柄をあらためて確認することと、4日に実施できなかった、近距離レーザー距離計とターゲット

複数の物体として認識された画像

マーカーに関するチェックが目的でした。降下は、一度 70 m まで降りた後、もう一度ホームポジションからの降下を 500 m あたりまで行いました。本番に向けていろいろと問題は残されてはいるものの、成果としては以下のものが得られました。

- 画像の処理については、9 日の試験では問題は発生せず、対処法が有効に機能したものと判断されます。
- ジェットの噴射による並進加速度の外乱を補償する機能として、地上からのサポートを加味した航法機能が新たに導入され、有効に機能することが確認できました。
- 近距離レーザー距離計についても、表面に接近したあたりで実際の距離を計測し、正確な出力が確認されました。
- 第 2 回目の降下点において、ターゲットマーカーの分離を試み、正常に分離されました。またフラッシュランプをマーカーに間欠的にあてて撮影し、イトカワを背景とする撮影からターゲットマーカーのみを抽出する画像処理機能も確認できました。
- 降下中に、着陸・試料採取の第 1 候補点に近い領域の高精細の撮影を行うことができ、「ミューゼス海」の表面状況を確認することができました。表面には、岩石が少なからず散見され、一定のリスクが依然存在しますが、やはり予想どおり、ここが唯一の着陸・試料採取可能な箇所であるとの判断は正しかったようです。

二つの着陸候補地の詳細

これらの検討と試験結果を得て、再度のリハーサル降下試験を 11 月 12 日に実施する予定です。12 日の再リハーサルでは、9 日に経験したのに近い降下経路を予定し、「ウーメラ域」上空を通過したのち、「ミューゼス海」への緩降下を試み、そこへ「ミネルバ」探査ロボットを投下する予定です。同再リハーサルの結果によりますが、その後は、11 月 19 日に、署名入りターゲットマーカーを用いて第 1 回目の着陸と試料採取、11 月 25 日に、第 2 回目の着陸と試料採取を試みる予定です。なお、着陸・

# 2005年

試料採取候補点は、どちらも「ミューゼス海」を想定しており、第2回目を実施するか否かは第1回目までの結果を見て判断することになるでしょう。

着陸・試料採取点は、ほぼ「ミューゼス海」に限定されることになりましたが、イトカワの自転と地球の自転との関係で、「ミューゼス海」が地球方向を向く時間帯は、日本からは可視時間帯の外であり、米国航空宇宙局（NASA）の深宇宙追跡局網（DSN）をもちいた遠隔運用を想定しています。DSNを運用しているジェット推進研究所（JPL）との間で、確実な運用を確保すべく、継続して協議と調整を行っています。

私自身はといえば、広島から福井に昨夜入ったのですが、再リハーサルのために急遽相模原に帰ることになりました。今、福井から米原に向かう特急列車の中でラップトップを叩いているのです。小松空港から東京へ飛ぶ飛行機が、始発から3便まで満席だったものですから、米原経由、新幹線で新横浜まで行き、横浜線で淵野辺駅に急行します。

## 11月 14日

### 「はやぶさ」（11月14日朝のレポート）
### ――11月12日の再リハーサル

11月9日のチェック・オペレーションの検討と試験結果をうけて、再度のリハーサル降下試験を11月12日に実施しました。12日の再リハーサルでは、9日に経験したのに近い降下経路を予定し、「ウーメラ域」近くの上空を迂回しながら通過したのち、「ミューゼス海」への緩降下を試み、その上空で「ミネルバ」探査ロボットの放出をしました。

**【再リハーサルの眼目】**

12日の再リハーサルの目的は、
A. 着陸・試料採取に向けた誘導航法機能の確認
B. 近距離レーザー距離計（LRF）の較正

C. 探査ロボット「ミネルバ」の投下

でした。まずは、日本時間同日午前3時、地上からの指令でイトカワより高度約1.4 kmから降下を開始しました。慎重に降下させるため速度を十分に落として誘導したことから、予想よりも1時間ぐらい降下に時間がかかりましたが、速度と高度の制御を行いながら、表面から約55 mまで接近しました。

「はやぶさ」は、着陸に際して、表面までの距離とともに、斜め下4方向への距離を計測することにより、表面へ姿勢をならわせる操作を行います。「はやぶさ」は、このために近距離レーザー高度計（LRF）を搭載していますが、これについても、4ビームすべてについて、実際に小惑星表面について測定値が正しく得られ、レーザー高度計（LIDAR）と同時に計測ができました。これは、19日の本番に向けて大きな前進となりました。

さて言うまでもなく、「はやぶさ」ミッションの最大の眼目は、小天体の探査技術の確立にあり、柱としては、すでに事あるごとに述べているように、①イオンエンジンの本格実用化、②高度な自律型探査機の技術の確立、③小天体からのサンプル採取の技術習得、④地球帰還技術の確立という4つでした。今回、姿勢制御のための3つのホイール（アメリカ製）のうち2つが故障するという条件下で、ガスジェットを巧みに駆使して運用を続けている「はやぶさ」チームにとって、オペレーション上の余裕が非常に狭隘になっていることは明らかです。

12日のオペレーションでは、前述のリハーサルの目的のうち、19日のサンプル採取に直接のつながりのあるAとBが、Cよりも優先されたことは当然のことだったでしょう。このことが「ミネルバ」の運命を左右することになりました。

## 【探査ロボット「ミネルバ」の運命】

12日午後3時8分、地上局から「ミネルバ」放出の指令が発せられました。それが「はやぶさ」に届くまでには約16分かかります。その「固唾を呑んで見守るしかない」16分間、「ミネルバ」の関係者の一部は「はや

ミニ・ロボット「ミネルバ」

# 2005年

ぶさ」の動きに注目しました。「一部」といったのは、この「ミネルバ」にとっては死活の時間帯にも、人手不足のISASでは、「はやぶさ」本体の本流のミッションの運用に携わって忙しく立ち働いている強力なメンバーを抱えているからです。

「はやぶさ」は、イトカワの表面との接触を避けるため、あまり近づきすぎたら、降下から上昇に転じるようプログラムされていました。「はやぶさ」の動きを見ながら、タイミングを選んで「ミネルバ」放出の指令を送ったものの、それが「はやぶさ」に届くまでの「魔の16分間」は、ひたすら祈るしか手のない時間でした。「はやぶさ」は予想を少し超えたスピードで降下していきました。「ミネルバ」を放出するはずの時間は3時24分です。できれば降下中に放出したかったのですが、3時20分ごろに最も表面に近づいたときにそれは不可能とわかりました。あとはできるだけ表面に近い状態で上昇速度の小さいときに離したいと思っていました。「はやぶさ」が上昇に転じました。そして確かに放出したことを告げる電波が、3時40分に地上に届きました。その16分前、つまり3時24分に、「ミネルバ」は「はやぶさ」から旅立ったことが確認されたのです。一瞬管制室はどよめきました。

「はやぶさ」搭載の障害物検出センサーによっても、「ミネルバ」が探査機から分離されたことが確認されました。しかし、放出した時刻（3時24分）での「はやぶさ」の高度は、その後の調査で約200m、十数m/秒で上昇中だったと推定されました。「微妙だねえ」――その場にいたみんなの感想です。重力の小さいイトカワの脱出速度は15～20cm/秒です。放出時点での「はやぶさ」の上昇速度が十数cm/秒、水平方向への放出速度は5cm/秒です。合成すると、まさに「微妙」でした。スピードからすれば、「はやぶさ」周回の長楕円軌道に乗っている可能性が非常に大きいと思います。「ミネルバ」のような探査機の場合、太陽の輻射圧で押される影響が割合に大きく、もし軌道に乗っていれば段々と高度を下げて、最終的にはイトカワ表面に降りるでしょうが、そのとき

には「はやぶさ」は旅立ってしまっているという展開になるかもしれません。

「ミネルバ」の寿命は1日半です。放出後、「はやぶさ」と「ミネルバ」の通信は18時間にわたって確保され、「ミネルバ」は回転しながら離れていく過程で、「はやぶさ」本体の太陽電池をカラー撮影することに成功しました。逆に「はやぶさ」の広角航法カメラは、放出後212秒の時点の「ミネルバ」を撮影しています。内部の温度や電源電圧、ロボットの姿勢を示すフォトダイオードの出力などのデータを「はやぶさ」に報告してきており、搭載機器も正常であることが確認されています。

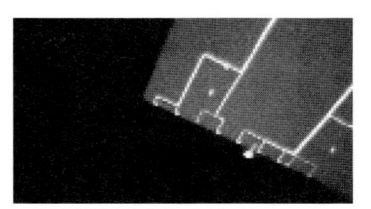

分離直後の「ミネルバ」が撮影した「はやぶさ」の太陽電池

「ミネルバ」のデータは、「ミネルバ」の中継器にいったん入って、そこから「はやぶさ」のデータレコーダーに入り、しかる後に地球へ送信されます。その回線が生きていることも、今後の惑星探査から見て大きな成果だと考えています。「ミネルバ」による表面探査は、全体から見れば、アメリカが提供するはずだったミニ・ローバーが、予算がないため撤退した後を受けて登場した「おまけのピンチヒッター」だったとはいえ、多くの人の苦労がしみこんだ芸術的な作品でした。今は工学的に一定の成果をあげたことを喜ぶべきなのでしょう。着地を第一に考えれば何とかなったでしょうが、今回のオペレーションとしては、「はやぶさ」本体の危機を守るために「ミネルバ」はその小さな体を張ったという点もあるのでしょうね。

ともかく、この再リハーサルを得て、サンプル採取への確実性は大いに増しているので、再リハーサルで認識された課題を必死で乗り切る構えでいる「はやぶさ」チームのみなさんの健闘に期待をすることにします。

今後のスケジュールとしては、11月19日に、署名入りターゲットマーカーを用いて第1回目の着陸と試料採取、11月25日に、第2回目の着陸と試料採取を試みる予定です。なお、着陸・試料採取候補点は、どちらも「ミューゼス海」を想定しており、第2回目を実施するか否かは第1回目までの結果を見て判断することになる

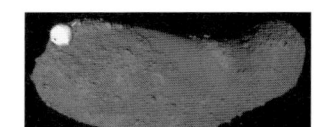

# 2005年

でしょう。実は19日は、米国航空宇宙局（NASA）の深宇宙追跡局網（DSN）のサポートが得られないことから当初はサンプリングのオペレーション日程から外されていたのですが、状況に鑑みてDSNを運用しているジェット推進研究所（JPL）の好意で、忙しいDSNのスケジュールを空けてくれることになったのです。有難いことです。でも今回の苦労で、日本の海外追跡局がどうしても必要との認識が確かなものになったと思います。

ところで面白い画像が手に入りました。9日にターゲットマーカーを放出した後で、フラッシュランプを使ってきちんと視認できるかどうかをテストしたのですが、放出直後のターゲットマーカーと、それがイトカワのそばを通り抜けていく様子が鮮明にとらえられました。もう一つ、イトカワの表面に「はやぶさ」が影を落としている写真が何枚も撮れています。ISASのWebをご覧ください。地球から3億km以上も離れた孤独な空間で、太陽を背にして小さな天体の「海」に影を託すなんて、切ないほど感激的なシーンですね。

さあ、再リハーサルの余韻を振り捨てて、20億kmの旅の総決算として、「はやぶさ」チームの息づまる大作戦が、すでに開始されています。

「はやぶさ」から放出されたターゲットマーカーがイトカワのそばを通過

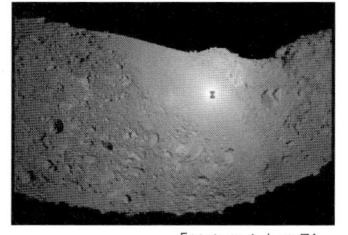

「はやぶさ」の影

## 11月 16日

### はやぶさ Now（11月15日夜）

19日のオペレーション。これまでのリハーサルと異なるところは、数十mのところまで行って戻るだけでなく、サンプリングに移行するところです。時刻としては、現在の段階で確定的なことは言えませんが、18日深夜から降下開始、午後2〜3時ごろのタイミングで、すべての条件が折り合えばサンプリングに移るでしょう。サンプリングを終了して上昇する時刻は、うまく行けばその直後ですが、場合によっては慎重を期してサンプリングそのものは中止して25日に備えるかもしれません。「動いているグランドキャニオン」にジャンボ機で着陸

するよりも難しいオペレーションであることが、ますますわかってきました。同じ着陸でも、表面地形が判明するにつれ、アメリカもこれまでやったことのない「ピンポイント着陸」であることは明白です。しかもサンプリング予定の時刻は臼田からは見えないので、アメリカDSN頼りということになっています。日本の深宇宙追跡局が、サンチアゴあたりにもう一局どうしてもほしいという実感が強烈です。「はやぶさ」チームは「必ずやるぞ」の固い決意で団結しており、頼もしい限りですが、それだけに、19日は、再び着地のための技術的教訓を存分に獲得するだけで上昇する可能性もなしとは言えないと思います。

　最終的な判断は、リアルタイムでの川口プロマネに委ねられます。なお、チームの主要メンバーは今でも細かいスケジュール作りに余念がありません。少しでも寝てほしいと要望していますが、決心すればいつでも睡眠に移るわけには行かないでしょうからね。私の目から見て確かなことは、いま日本の若者たちが確かに世界の惑星探査の最前線に躍り出たということです。彼らは必死のオペレーションで気がついていないでしょうが、少しだけ離れている私には実感としてよくわかります。どうか暖かく見守ってやってください。

　なお、19日当日の記者発表は、午後8〜9時ごろになるでしょうが、場合によってはもっと遅い時刻にずれ込むかもしれません。その間、ISASのWebには、LIVEが現れ、その内容も頻繁に更新されるでしょう。ご一緒にいずれにしろ歴史的オペレーションになる一日を過ごしましょう。

## 11月 18日

### 「はやぶさ」のタイムシーケンス、半日あまりずれる

　「はやぶさ」がいよいよ第1回目の正念場です。そばで見ていても熱気が伝わってくるほど、管制室は燃え

# 2005年

立っています。「はやぶさ」は、常に地球とイトカワの幾何学的中心を結ぶ線上にいるように制御しています。そこからまっすぐイトカワに降りていくわけですが、上から見て平らなところに降りるのが、一番危険が少ないでしょうね。「はやぶさ」が降りていく方向がイトカワ表面に垂直になっていることが望ましいわけです。ところが19日とから20日にかけてのそのような瞬間を調べてみると、どうもサンプリングの時刻には、臼田局可視の状態からアメリカの深宇宙局の一つ（キャンベラ局）で可視になるというスウィッチの時間帯でした。

いろいろとデータを解析し日程を調整した結果、19日から20日にかけての「はやぶさ」のイトカワ最接近・着地のオペレーションのタイムシーケンスが決まりました。半日ちょっと後ろにずれることになりました。

1. 19日午後9時ごろ（JST）降下開始。以後断続的にWeb配信。
2. 20日午前3時ごろ航法誘導状況のアナウンス
3. 午前5時ごろGo/NoGoの判断。アナウンス
4. 午前6時ごろ最接近オペレーションを行う。6時半ごろまでには、ターゲットマーカーが分離したかどうか、また上昇に転じたかどうかはアナウンスできる。
5. 午前10時ごろ着陸したか、着陸しないで上昇したかをアナウンスできる。
6. 正午ごろ記者会見。なお、18日の16時ごろから1時間ぐらい、川口プロマネが記者からの質問に答える時間を持つ予定です。

いずれにしても、来る土曜日は眠れないようですね。

## 11月 21日

### 「はやぶさ」88万人の「星の王子さま」たちへ

日本の探査機「はやぶさ」が、打上げ（2003年5月）前に展開した「星の王子さまに会いに行きませんか」キャ

ンペーンは、「149ヵ国から88万人」という、世界の宇宙開発史上空前の応募者数に達し、ソフトボール大のターゲットマーカーに刻まれました。そのターゲットマーカーは、2005年11月20日、「はやぶさ」が小惑星イトカワへの第1回目の着陸に挑んだ日、「はやぶさ」を表面の目標点へ誘導する水先案内の指標として、「はやぶさ」から放出され、見事にその地表に到達しました。このことをまず、喜びとともにご報告します。

88万人の名前を刻んだアルミ膜

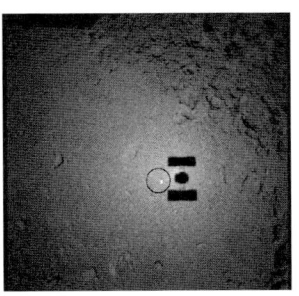

前夜11月19日の21時ごろ、約1kmの高度から降下を開始した「はやぶさ」は、今まで2回のリハーサルに比べると、驚くような順調さで、地球から3億km彼方のイトカワ上空を降りていきました。秒速約4cmに制御されています。そう、それは、二つのリアクションホイールが故障する中でこの数ヵ月、数々の困難を乗り越えて編み出した「はやぶさ」チームの航法制御の勝利でした。

最初は、残り一つのリアクションホイールとガスジェットを組み合わせたのですが、ガスジェットを噴かすたびに微妙な揺れが生じ、その影響が時間とともに積分されて軌道を変えていきます。そこでガスジェットによる揺れの降下を最小限に抑える噴射方式を、地上と軌道上で慎重に実施した後、リハーサルでテストし確認しました。今回はそれが見事に生きました。

イトカワに着地したターゲットマーカー

20日午前4時30分、高度450m。地球とイトカワの形状中心を結ぶ線上に制御されながら、「はやぶさ」は秒速を約10cmに上げてイトカワに接近し始めました。5時前、それまでの経過を見ながらの川口淳一郎プロマネによる"GO"判断を挟み、1時間強の間、「はやぶさ」は1秒間の速度の揺れを数mmの誤差に抑えるという驚異的な制御をしながら、イトカワの表面をめざしました。アリの歩く速さほどの制御です。

5時46分、高度54m。「星の王子さま」たちの乗ったターゲットマーカーを「はやぶさ」の底部につなぎとめているワイヤーが、カッターで切られました。そのまま秒速10cmで降下した「はやぶさ」は、140秒後に高度40mに達し、ここで秒速を4cmに減速しました。フリー

103

# 2005年

になっていたターゲットマーカーがイトカワ表面に自由降下していきました。「はやぶさ」からフラッシュランプの光が浴びせられます。

　このマーカーの分離テストはすでにリハーサルで行ってありますが、これを自律的に撮像しながら「はやぶさ」をその方向へ誘導していくオペレーションは初めてのものです。こうして「はやぶさ」を巧みにいざないながら、6分後、「星の王子さま」たちはイトカワに到達しました。

　5時47分。「はやぶさ」の高度は35 m。ここからは「はやぶさ」チームにとって未知の世界です。近距離のレーザー高度計（LRF：Laser Range Finder）を使って降りていくのです。ここまで活躍したLIDARはもう使えません。リハーサルでLRFによる計測はテストしてありましたが、これを使って制御しながらの降下は初めてです。高度25 m。LRFを使ってホバリング実施。これも初体験です。

　5時55分。「高度17メートル！」——大きな声が管制室に響きました。

　6時。「はやぶさ」はイトカワの表面地形に自らの軸を垂直にする制御を自律的に行うモードに入りました。すでにゴールドストーン局との交信は、変調をやめ、LGA（低利得アンテナ）を使うビーコンモード（搬送波のみのやり取り）に切り替えられています。ドップラーデータによって高度を確認します。「やった！　着陸だ！」その場にいたすべての人が成功を確信しました。

　「はやぶさ」のサンプラーホーンは、センサーから着陸の信号を受け取った瞬間に直径1 cm、重さ5グラムの弾丸をイトカワ表面に発射し、舞い上がるダストと岩石片をカプセルに受けつつ、1秒後には上昇に移るようプログラムされています。しかし、最後の最後に悪魔が潜んでいました。上昇するはずの時刻になっても、ドップラーデータが「上昇」を示さないのです。それどころか、秒速2 cmでいつまでも「降下」を続けていくのです。何が起きているかわからないまま、不気味な30分が経過しました。

いろいろな状況を勘案すると、「はやぶさ」は地表から10mぐらいの高度をドリフトし続けているように見えます。こんなに熱い地表にあぶられると、機器の調子がおかしくなります。川口プロマネが決断します。「デルタVを打とう！」。地上からの指令で強制的にガスジェットを噴かして上昇させるのです。

　具合の悪いことに、すでにゴールドストーン局からの追跡は終わる時刻が近づき、長野の臼田局からの追跡に移りました。切り換えの微妙な時間帯に行方不明になるのは敵いません。「とりあえずセーフ・ホールド」のモードにするためのコマンドが、再び川口プロマネの指示で送られました。セーフ・ホールドというのは、太陽電池パネルの面が常に太陽に向いている姿勢で「はやぶさ」をスピンさせる制御です。

　二つとも極めて適切な処理でした。やはりイトカワの100℃を越す温度であぶられ続けたせいでしょうか、通信系の増幅器が完全ではなく、しばらくは臼田局との間もビーコンモードが続きました。「はやぶさ」が今どのような状態なのかがわからない時間帯が過ぎていきました。しかし臼田局のエンジニアの奮闘で、ついにMGA（中利得アンテナ）による交信を回復しました。するとどうでしょう。「はやぶさ」は、セーフ・ホールドのモードに入っていました。しかもイトカワから数十kmの位置まで遠ざかっている模様です。

　着陸したのかどうかについては、意見が分かれており、これからのテレメータデータで判明するでしょう。その前に、現在のセーフ・ホールドのモードを21日の臼田局の運用の時間帯のうちに三軸制御に戻す作業があります。この厄介な仕事を終えて、データのやり取りをHGA（高利得アンテナ）を用いて開始すれば、「はやぶさ」が溜め込んでいる着地直前の時刻以来のさまざまな貴重なデータがどんどん降りてきます。今はそれまで静かに待つことにしましょう。

　確認すべき重要なポイントは、（1）あの地表に沿うドリフトに見えた事件は何だったのか、原因がわかったとしてその対策、（2）イトカワ表面の高温であぶられ

## 2005年

た機器のチェック、(3) 数十 km から無事にイトカワまで戻れるか、(4) それに伴って地球帰還も睨んだ燃料の残量チェック、(5) 忙しいオペレーションを実行している NASA の深宇宙局が日本のために都合よく時間をあけてくれるだろうか、あたりでしょうか。

最後の点に関連しては、やはり日本の追跡局がどうしても海外にほしいですね。さて、今回「はやぶさ」が着地したかどうかですが、サンプラーホーンが接地すると動き出すはずのソフトウェアが動いていないところを見ると、正しくは着地していないように見えます。宇宙開発史に金字塔を打ち立てる「はやぶさ」ミッションは、終わっておりません。

"Never give up." が身上の川口プロマネを中心として、チームは不眠不休の努力を継続して、25 日以降に着陸・サンプル採取の最後の関門に再度挑む決意と構えを新たにしています。日本の若者たちがその惑星探査において世界のトップに立ちつつあるこの感動的時期を彼らと共有できることは、幸せです。とりあえず、おめでとう、「星の王子さま」たち。そして頑張れ、「はやぶさ」。

## 11月 23日

### 閑話休題：ターゲットマーカーに込められた人々の気持ち

既報のとおり、去る 2005 年 11 月 21 日にイトカワ表面に着地したターゲットマーカーには、打上げ前に日本惑星協会が実施した「星の王子さまに会いに行きませんかミリオンキャンペーン」に応募した 88 万人の人々の名前が、アルミ箔に刻まれています。半導体の微細な構造を作っていく特殊な技術を駆使して、0.03 mm 角の大きさのアルファベットで綴られています。今後永遠に「イトカワ」先生と一緒に過ごしていただくことになります。それを聞いて「しまった！」と思う人がいなければいいのですが……。

あのころ、さる大阪の人から電話が来て、「ミリオン

キャンペーンというからには、100万円もらえるのか」と質問され、「いいえ、100万人の名前を集めたいのです」と、謝りながら答えたことを懐かしく思い出しています。キャンペーンにあたっては、松本零士さんにはもちろん、いろいろな人にお世話になりました。東京ドームに長嶋茂雄さんを日本宇宙少年団（YAC）の子どもたちが訪ねたときは、快くターゲットマーカーへの登録を承認サインし、「私も一緒に広い広い宇宙へ飛び立ってみたいよ」とはるか彼方の宇宙への想いを語ってくれました。

　あの年セ・リーグのトップを独走していた星野仙一監督も、「お、ホシノ王子さまか。こいつぁ縁起がいいや」と、気持ちよく登録に応じ、当時の阪神の一軍、二軍選手全員の登録もしてくれました。国民栄誉賞の鉄人・衣笠祥雄さんもやさしく登録してくれました。

　ただし、日本惑星協会の意向としては、有名な人を中心にするというのではなく、「国民的な応募」にしたいということでした。最近亡くなったお母さんの名前でもいいかとか、ペットの名前でもいいかとか、あるいは3ヵ月後に生まれる赤ちゃんの「仮の名前」でもいいかとか、色とりどりの問合せがありました。そして、夫婦とか恋人同士とか家族全員・クラス全員・学校全員などの「ぐるみ」応募の多かったことが、狙いどおりだったので嬉しかったのを憶えています。

　外国の人たちについては、カリフォルニアの惑星協会が責任を持ってとり仕切ってくれました。さすがに系統的で、以下の人たちもターゲットマーカーには登録してくれています：

　　ニール・タイソン（ニューヨークのヘイデン・プラネタリウムの館長）
　　ポール・ニューマン（俳優）
　　ウェズリー・ハントレス（以前のNASAの宇宙科学のトップ、現カーネギー研究所）
　　ビル・ナイ（アメリカの有名なサイエンス・エデュケーター）
　　ブルース・マレー（ボイジャーのころのJPL所長、

## 2005年

　　著名な惑星地質学者）
　ルイス・フリードマン（惑星協会事務局長）
　アン・ドルーヤン（作家・プロデューサー、カール・セーガン夫人）
　ジョン・ログズドン（世界を代表する宇宙政策学者）
　クリストファー・マッケイ（著名な惑星科学者）
　スティーヴン・スピルバーグ（映画監督）
　バズ・オルドリン（アポロ11号で月面に降り立った飛行士）
　ジャック・ブラモン（パリ大学の著名な惑星科学者）
　レイ・ブラッドリー（SF作家）
　アーサー・C・クラーク（SF作家）
　フランク・ドレーク（宇宙人探しで有名）
　ジョン・ロンバーグ（アメリカを代表するスペース・イラストレータ）

などなど。そして、今回の着地に際し、多くの方々から感謝の手紙やメールが届いています。

　松本零士さんは、「いつか子孫がイトカワに来て私の名前を見つけ、感慨にふける。その姿を想像するだけで楽しい。」（読売新聞）

　長嶋茂雄さんは、「壮大な航海がいよいよクライマックスにさしかかり、胸をワクワクさせています。アポロ計画にも匹敵する宇宙研究開発史上の壮挙です。」（読売新聞）

　また着地の夜には、中日ドラゴンズの川相昌弘選手からも、嬉しいメールが届きました。──知人に「星の王子さまに会いに行きませんか」に参加しませんか、と誘われたときには、こんなに凄い探査計画だとは想像もできませんでした。子どものとき、宇宙ってどこまで続くのだろうと想像して、無限ってなんだろう凄いな、と思った記憶があります。いま現実に私達家族全員の名前が遙か彼方の惑星に届けられ、永遠に宇宙に残ったことを知り、大変光栄に感じております。肉眼では見えないものでしょうが、夜空を探してみたい気持ちでいっぱいです。関係各位のみなさまの御努力に心からの敬意を表すとともに、一言感謝の言葉を申し上げたく、メールをお送り

させていただきました。おめでとうございます。そして、ありがとうございました。──

　川相選手は、ニッポン放送1242kHzでも「星の王子さまキャンペーン」の話をしてくれ、「世界88万人の名前が書かれたボールが小惑星に届けられた」と、正確にポイントをつかんで語ってくれました。

　北海道から沖縄まで、「はやぶさ」の話題が流れました。品川のある中学校では、全校生徒に対し「はやぶさ」をテーマにしたテストが行われたり、世田谷のある小学校の父兄参観日には、「はやぶさペーパークラフト」と小冊子「はやぶさ君の冒険日誌」が配られるなど、全国的な反響がある中で、実にたくさんの方々からメッセージをいただきました。

　お許しをいただいていないので、お名前を省略しますが、いくつかをここに掲載させていただきます。

　──不眠不休の大活躍、御苦労さまです。はやぶさの大活躍、本当に感動しております。スタッフのみなさんの情熱がそのまま伝わってきます。今まさに、人類の探査史に新しい頁が書き加えられましたね！　キャンペーンの責任も無事果たせましたし、残るサンプル確保の問題も、必ずや素晴らしい結果になると信じております。頑張れ、はやぶさ！（神奈川在住の教員）

　──本当に「はやぶさ」は頑張っていますね。88万人の署名入りターゲットマーカーはイトカワへ着地したようで、署名した人たちは心から喜んでいると思います。（実は我が家も署名しました。）先駆的な仕事とはこういうものだという見本のようですね。川口プロマネ以下みなさん本当にお疲れで大変と思いますが、25日も頑張ってほしいと思います。（ある青少年育成団体幹部）

　──不眠の連日でお疲れさまです。ともかくターゲットマーカーの着地大変おめでとうございます。孫たちには伏せて家内と二人申込みましたので、小学生の孫たちに説明してもなかなか理解してくれません。最終目標の達成をお祈り申上げます。（近畿在住の男性）

　なお、「はやぶさ」の状況をご報告しておきます。現在、チームは「はやぶさ」の三軸姿勢制御を確立し、ハ

はやぶさ君の冒険日誌

# 2005年

イゲイン（高利得）アンテナによるリンクを確保しました。その後テレメトリデータが続々と降りてきており、その解析に追われています。解析が一段落し、「はやぶさ」の現在についてご報告できるのは、11月23日夕方あたりになる見込みです。まずは、それから大団円への策を練ることになります。

## 11月 24日

### 「はやぶさ」がイトカワへの着陸&離陸に成功、月以外の天体では世界初──詳しいデータ解析の結果が判明

11月21日の管制室

いやあ、驚きましたね。「事実は小説より奇なり」と言いますが、全く私たちはまるで夢を見ているのでしょうかねえ。地上局と「はやぶさ」のハイゲインを通じたしっかりしたリンクが確立され、「はやぶさ」のデータレコーダーに溜め込まれた膨大なデータが地上局に降ってきました。一昨日来の緊迫したデータ解析の結果、「はやぶさ」は、世界初の小惑星への軟着陸に成功したことが判明しました。しかも、月以外の天体において、着陸したものが再び離陸をなしとげたのは、世界初です。というわけで、「あの11月21日に何が起きていたか？」についてのレポートです。

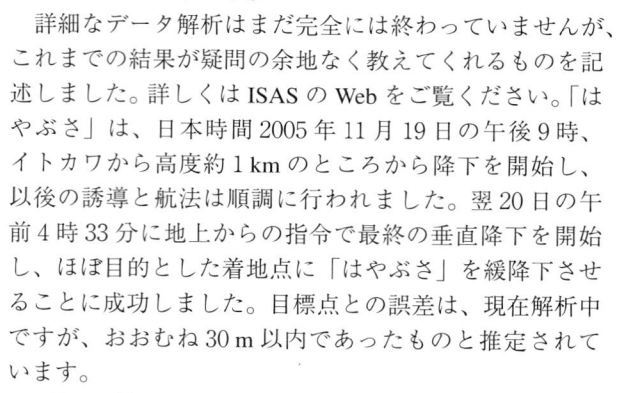

詳細なデータ解析はまだ完全には終わっていませんが、これまでの結果が疑問の余地なく教えてくれるものを記述しました。詳しくはISASのWebをご覧ください。「はやぶさ」は、日本時間2005年11月19日の午後9時、イトカワから高度約1kmのところから降下を開始し、以後の誘導と航法は順調に行われました。翌20日の午前4時33分に地上からの指令で最終の垂直降下を開始し、ほぼ目的とした着地点に「はやぶさ」を緩降下させることに成功しました。目標点との誤差は、現在解析中ですが、おおむね30m以内であったものと推定されています。

3億km彼方での誤差30mはすごいですよ。東京か

ら博多の0.1ミリの的を射当てるくらいの精確さですからね。垂直降下開始時の速度は毎秒12 cmでした。午前5時28分、高度54 mに到達した時点で、ターゲットマーカーの拘束解除の指令を出し、同30分、高度40 mで、探査機自身が毎秒9 cmの減速を行って、マーカーを切り離しました。つまり、マーカーは秒速12 cmで降り続け、「はやぶさ」本体は秒速3 cmで降下していったというわけですね。

　マーカーは、イトカワ表面上、「ミューゼスの海」の南西に着地しました。「はやぶさ」はその後、高度35 mでレーザー高度計（LIDAR）を近距離レーザー距離計（Laser Range Finder：LRF）に切り替え、高度25 mで、降下速度をほぼゼロにして浮遊状態（ホバリング）に入りました。その後、「はやぶさ」は自由降下を行い、日本時間午前5時40分ごろ、高度17 m付近で、地表面の傾斜に自分の体の向きを合わせる姿勢制御のモードに移行しました。この時点で、「はやぶさ」は自律シーケンスにより、予定どおり地上へのテレメトリの送信を停止し、ドップラー速度の計測に有利なビーコンのみの送信に切り替え、同時に、送信アンテナを広い範囲をカバーできる低利得アンテナに切り替えました。

　以降、実時間での搭載各機器の状態の把握は（予定どおり）できなくなりましたが、「はやぶさ」上で記録されたデータを再生した結果によれば、「はやぶさ」はまもなく、

1．障害物検出センサが何らかの反射光を検出した
2．そのため、降下の中断が適当と自らが判断して緊急離陸を試みた
3．しかし、「はやぶさ」自身で離陸加速を遂行するためには姿勢に関する許容範囲が設定されており、この時点では姿勢がその範囲の外にあったので、安全な降下の継続が選択された
4．その結果、「はやぶさ」は、着陸検出機能を起動しなかった当初、「はやぶさ」は表面への着陸を行っていなかったと判断されていましたが、再生

# 2005年

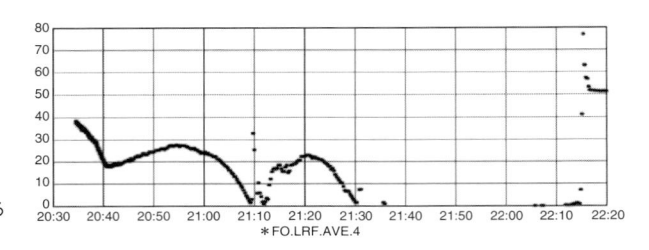

2回のバウンドを記録しているデータ

したデータによれば、「はやぶさ」はその後ゆるやかな2回のバウンドを経て、およそ30分間にわたりイトカワ表面に接触を保って着陸状態を継続していたことが確認されています。これは、LRFの計測履歴や、姿勢履歴データから確認することができます。この事象が生じたのは、米国航空宇宙局（NASA）の深宇宙局（DSN）から臼田局への切り替えの間であったため、地上からのドップラー速度計測では、これを検知できませんでした。2回のバウンド時の表面への降下速度は、毎秒約10 mでした。

現時点では探査機への大きな損傷は確認されていませんが、ヒータセンサの一部に点検を要すると思われる項目がある模様です。「はやぶさ」は、安定して着陸を継続し、日本時間午前6時58分に地上からの指令で緊急離陸を行いました。この離陸をした時点で、「はやぶさ」は、月以外の天体から離陸した最初の宇宙船となりました。

ただし、降下中に障害物を検出したので、着陸直後の「サンプル採取のシーケンス」は計画通り中止されました。にもかかわらずサンプルが採れている可能性は充分ありますが、残念ながら現在はその可否について結論を下せません。

その後の解析で明らかになったことは、このとき「はやぶさ」は、先述した通りサンプラーホーンを小天体に突き立てる形で数回バウンドした後、「予想外」に30分着陸。その間も天体表面で弱いRCSスラスト噴射を継続しました。その後、地上指令によってフルパワーで緊

急離陸。この際の噴射でさらに放出物が吹き飛ばされた可能性があります。その間、ホーン先端で上向き速度数cm/sの放出物であれば、長さ1mのホーンを昇ってサンプルコンテナに到達する可能性があるのでしょう。着陸した姿勢は、サンプラーホーンと探査機の＋X軸側下面端または太陽電池パネルの先端を表面に接した形態であったと推定されています。

　「はやぶさ」は指令を受け離陸した後、セーフ・ホールド・モードに移行し、これを立て直すために、11月21、22日の両日を要しました。このため、今日現在でも、20日に記録したデータの再生はなお中途の段階にあり、なお今後の解析でさらに新たな事実が出てくる可能性もあります。現時点では、着地点の詳細画像や、正確な着地点を推定するための画像の再生にはいたっていません。

　「はやぶさ」は、現在、再度の着陸・試料採取シーケンスを開始できる地点に向かって飛行しているところです。日本時間の11月25日夜から降下を開始できるかどうかは微妙であり、明日（11月24日）の夕方にあらためてお知らせすることになります。

「はやぶさ」着陸の図

## 11月 27日

### 「はやぶさ」のいちばん長い日

　「はやぶさ」は、月以外の天体表面からのサンプル採取という輝かしい快挙をなしとげた可能性があります。日本にこのような若者たちを持っていることを、私は心から誇りに思います。以下は、その「いちばん長い日」の実況放送です。あの11月20日、私は、セーフ・ホールド・モードで100kmの彼方まで飛び去った「はやぶさ」のデータを悪夢のような思いで見つめていました。しかし「はやぶさ」チームには悪夢を見る暇さえなかったのです。一週間かけて突貫オペレーションでスタートラインに戻しました。

　11月25日、日本時間の午後10時ごろ、1kmの高度

# 2005年

あたりから降下を開始しました。5回目のクライマックスの予感。しかし一つひとつの作業の成功が喜びにはつながりません。もうそんな気分ではないのです。めざすはひたすら表面のサンプルをゲットすること。「はやぶさ」運用室の雰囲気はそんな決意に満ち溢れており、つい先日までは一喜一憂したオペレーションの細目が、ごく当たり前のように処理されていきます。確かに日本の惑星探査は、数日で新しい段階を迎えたのだ——そんな実感がヒシヒシと私の胸にしみこんできました。

　光学航法で誘導された「はやぶさ」は、午前6時ごろ、垂直降下に移行しました。イトカワ表面の「ミューゼス海」と名づけられた地へ移動していくのです。このフェーズに入ると基本的に地上からはリモートコントロールしません。「はやぶさ」自身が自分の甲斐性で動いていきます。まあ、その甲斐性は人間が与えたものですが。「チーム」は、降りていく先が先日の88万人のターゲットマーカーを着地させたところと非常に近いことに気づいていました。

　ここでもう一つターゲットマーカーを落とすと、フラッシュランプを浴びせたときに複数の「ターゲット」を認識して混乱するのではないか。しかも先日のオペレーションで得た自信は、「ターゲットマーカーなしでもある程度の横方向の誘導はできるのではないか」と囁いていました。実はイトカワの地面から、88万人の声が「私がここにいれば大丈夫。安心して降りていらっしゃい」と語りかけていたのかもしれませんね。今日は新しいターゲットマーカーを落とさないことになりました。

　かくて、午前6時52分、オペレーション上はやらなければならないターゲットマーカー発射シーケンスが「仮に」発行されました。そのときまではすでに88万人ターゲットマーカーは「はやぶさ」のカメラによって発見されていました。午前6時53分、高度35m。4.5cm/秒で降下中の「はやぶさ」は、レーザー高度計（LIDAR）の使用を停止しました。2分後に近距離レーザー高度計（LRF）使用を開始しました。

　川口プロマネを中心とする「はやぶさ」チームは、担

当者がLRFによる測定値を読み上げる声に耳を澄まします。LRFからは4本のビームが発射されて、それぞれイトカワ表面からの距離を測ります。2本のビームだと線しかわかりませんが、3本だと面が決定されます。つまりイトカワ表面がどのような傾斜をしている面であるかがわかるのです。4本になれば面決定の精度が増しますし、もし1本が故障したときにも備えることができます。

　LRF担当者が22 mを叫んだ時点で、最低高度は17 m、最高高度は35 mでした。「随分傾斜しているな」……誰ともなくつぶやきます。着陸地点の傾斜が60度を越えると、「はやぶさ」はサンプリング・シーケンスに入ることをやめ、ただちに上昇を開始してセーフ・ホールド・モードに入ります。しかしまだその決断のときではありません。午前7時、高度14 m。ホバリング。イトカワ表面の地形にならうモードに移りました。「はやぶさ」の垂直軸（Z軸）を表面の傾斜と垂直になるよう姿勢の制御を行うのです。

　地上局と「はやぶさ」の会話は、テレメトリ送信からビーコン運用へ移行しています。ここからはさまざまなデータの乗らない搬送波だけ、つまりドップラーデータのみが送られてきます。固唾を呑んでドップラーデータを見つめながら、LRFからの怒号を聞く「はやぶさ」首脳陣。

　午前7時4分、LRFは、距離測定モードから、サンプラー制御モードへと変更されました。今回は、たくさんあった着地・サンプラー起動阻止のガードを3つに減らして、シーケンスの継続を重視するようにパラメータが組んでありました。これまでの苦しい数日の経験から得た教訓がただちに反映されるこの機動性は、数十年の科学衛星の運用で培われた宝物のような遺産です。川口チームの絵に描いたような手さばきです。

　その障害とは、①LIDARがイトカワを見失ったとき、②LRFの4本のビームのうち2本が距離測定不能になったとき、③地形にならう姿勢制御の量が60度を超えたとき、の3つです。

# 2005年

　前回のサンプリング阻止の原因となったファンビームセンサー（障害物検出センサー）については、前回は最も感度が低いという設定で挑んだのですが、それでも障害物が検知されてしまったので、これによるミッション・アボート（中止）の線はなくしました。実は、今回も、地形にならう姿勢制御の後、障害が検出されています。それでもアボートせずに降りたわけですね。同じ過ちは繰り返さない——見事な対応です。

　ドップラーだけの頼りない状態から、やがてイトカワ表面から上昇した「はやぶさ」は、ゴールドストーン局とのハイゲイン（高利得）による太いリンクを回復しました。スタッフの注意は、管制室の1台のモニターに集中します。LRFはサンプラーの形の変化を検出して、弾丸発射を含む一連のサンプリングの信号をコンピュータから発信させます。発信していれば、モニターに"WCT"、そうでなければ"TMT"と表示されるはずです。息を呑む視線——午前7時35分、パラパラと表示が塗り替えられる画面の右下に"WCT"の緑の3文字がくっきりと浮き上がりました。「やった、WCT！」橋本樹明サブマネの喜びの声。どよめく管制室。この瞬間、日本の惑星探査が金字塔を打ち立てたことが確認されたのです。

　「まだわからないよ、火工品が炸裂したかどうかとか、いろいろあるからね」——周囲の興奮を冷静に抑制する川口プロマネ。しかしその表情が緩んでいることは私の目にはわかります。

　私はここ2週間、厳しい取材をしてくれた記者さんたちの待つプレスルームに早くこのことを知らせてあげたくて、思わず固定カメラに向かってVサインをしていました。ちょっと年甲斐がなかったかな？

　午前8時35分、運用が臼田局に切り替えられました。臼田でデータ再生を開始。午前11時前に化学推進エンジンにトラブルが発生。実は接近降下中に予兆と思われる事柄が発生していたのですが、バックアップ系に切り替えて運用していました。

　バックアップから再度主系統に切り替えて噴射を行っ

思わずVサイン

たところ、またまた同じトラブルが発生しました。再び運用室に立ち込める暗雲。繰り返し繰り返し見てきた光景です。しかし、やはり「はやぶさ」は不死鳥でした。きちんとセーフ・ホールド・モードに入りました。その後、地上からバルブを操作して、スラスターのトラブルは鎮静しました。

このトラブルについて、川口プロマネはコメントしました。「何が起きたかは現状ではわかりませんが、トラブルが起きているというのは単調な宇宙空間を飛んではいなかったということです。宇宙空間だけを飛んでいては起きようがないということは、違う天体に降りた証拠と言えるのではないでしょうか。このトラブルは着陸の勲章と考えたいです。」

この発言の中に窺われる負けじ魂と楽天性を、どうか深いところで感じとっていただきたいと思います。これこそが、今回の快挙の基盤になった精神です。「はやぶさ」のいちばん長い日が終わりました。この日の着陸は、前回と近い地点を狙って誘導しました。結果的には多少前回の着陸地点から離れている模様ですが、前回の着陸が非常に良いレファレンスになっていて、精度良く「はやぶさ」は導かれました。創意工夫をして誘導制御のためのさまざまなツールを準備してきた「はやぶさ」チームの勝利でした。リハーサル2回プラス1回、タッチダウン2回という経験は、何物にも換えられない実践的収穫でした。リアクションホイール2基の故障を受けての苦闘の中で、リハーサルで数センチの制御をしていたチームは、本番ではまさしく数ミリの制御をしていました。それを日常運用のように遂行している運用室の若者たちを見ながら、私は確かに今、このグループが新しい時代を切り拓きつつあることを感じました。

記者会見で川口プロマネが述べたように、「誘導航法の精度確保がポイント」だったことは明らかですね。今後、3日ほどをかけて、セーフ・ホールド・モードからの立て直しを行います。立て直しを優先させて、その後にデータを降ろすオペレーションが開始されます。もし火工品の作動がテレメタで確認され、最終的に弾丸発

# 2005年

射がわかり、その発射のときに「はやぶさ」の姿勢が地面に垂直だったことが証明されたら、チームは最後のサンプリングのトライアルはやめて、地球帰還をめざすことになるでしょう。そのための燃料などのチェックもすでに始まっています。そこから「小惑星サンプルリターン」という登山の8合目からの挑戦が開始されます。

　これからも「はやぶさ」の経過はご報告しますが、この日まで数々の喜びと励ましをお寄せいただいた本コラムの読者の方々に深く感謝します。みなさまのメールの内容はことごとく「はやぶさ」チームにお届けしました。その声援がどんなにチームのパワーに変換されたか、図り知れません。有難うございました。

　こうして、「はやぶさ」のいちばん長い日は終わりました。

## 11月 29日

### サンプルは採取されたのか？

　しかし、これにはもう少し裏の事情がありました。コンピュータから指令を発せられても、火工品を炸裂させるための点火玉に通電しないと弾丸は発射されません。その後回収できた断片的な機上記録から、発射コマンドは発行されましたが、発射回路はコマンド直前に安全側に切り替わっていたと推測されるに至りました。残念ながら、弾丸は発射されたことは確認されるに至らなかったのです。

（注）後日、姿勢喪失から回復した後の再生努力によれば、その肝心のデータが電源停止のために揮発している一方で、プロジェクタ火工品近辺の温度が上昇しているデータが得られている。事態としては、「はやぶさ」は、予定どおり1秒程度のタッチダウンを果たした後、正常に上昇したと思われる。もし弾丸が発射されていれば、速度1m/sより速いサンプルは採取が可能であるが、弾丸が発射されていなければ、降下速度10cm/sの探査機タッチダウンで蹴り出される放出物が上向き速度1m/sを超えない限り、サンプルの採取は困難であろうとの見方が、サンプル採取関係者の見解である。

## 11月 30日

### 「じゃじゃ馬ならし」の「はやぶさ」オペレーション

　「はやぶさ」は、11月26日、小惑星イトカワのミューゼス海付近に着陸し、離陸しました。この歴史的快挙に酔う暇を与えないのが、どうやら「はやぶさ」の真骨頂のようです。私たちは、またまた「はやぶさ」チームの

苦闘を固唾を呑んで見守る事態になっています。どうなっているのか、状況を丁寧に説明しましょう。舞い降りた「はやぶさ」は、イトカワ表面から舞い上がり、上昇を開始しました。あまり離れすぎるのも困るので、適切と思える時間に地上局からの指令で上昇速度をとめる軌道制御を実施し、これに成功しました。この時点で「はやぶさ」とイトカワの距離は5kmくらいだったでしょうか。

　が、その後の姿勢制御をしていて、化学エンジンの1系統から燃料のリークと思える現象が発生しました。これでは困るというわけで、化学エンジンの12個の遮断弁をすべて閉じました。「はやぶさ」もよく言うことを聞いて、(つまりリークは止まって)セーフ・ホールド・モードにおとなしく入ってくれました。「はやぶさ」の化学エンジンのスラスターは12個あります。上面に4個、下面に4個、中ほどに4個です。この12個は、AとBと呼ぶ二つの系統に分けられており、このどちらを使っても姿勢制御は実施できます。A系が不具合ならB系だけを使っても制御は可能ということです。実は上記のふらつきというのは、B系スラスターからのリークが原因と推定されるものでした。いま現在は遮断弁を閉じていますから、リークは止まっています。念のため。

　さて「はやぶさ」はセーフ・ホールド・モードに入っていました。これは、太陽電池パドルの面を太陽に正対させたままスピンがかかっている状態です。太陽電池の出力は最大で、パワーは全く心配ありません。ただいつまでもセーフ・ホールド・モードでは困るので、早くハイゲイン(高利得)のアンテナを地球に向けてどんどん高効率でデータを地上へ送りたいのです。そのためにはまずスピンを止めて三軸姿勢制御に戻さなければなりません。

　11月27日、そのための制御をしていてA系スラスターからも十分な推力が出ていないことが判明しました。再び「はやぶさ」チームの重苦しい闘いが始まりました。回復と機能維持に向けた姿勢・軌道制御を指令しましたが、事態は好転しません。そこで11月27日の運用終了

# 2005年

時に、再度セーフ・ホールド・モードに近い状態に探査機姿勢を入れ直すための操作を指令して運用を終えました。

　しかしながら、明けて11月28日の臼田局での運用でも、運用開始時点から探査機との通信は確立できませんでした。この日は探査機との通信が確保されないまま不安な24時間が過ぎていったのです。しかし「はやぶさ」は不死鳥ですねえ。11月29日午前10時過ぎに、ビーコン回線が回復したのです。もちろんこの「不死鳥」は、チームの奮闘によってもたらされているのですがね。回復したとはいえ、現在はローゲイン（低利得）のアンテナで結ばれている弱々しい通信路を、ミーディアムゲイン（中利得）に移行させ、さらにハイゲインによる力強い会話ができるようにすることが必要です。そのための復旧にむけた運用が懸命に継続されているところです。

　私個人の推定では、現在の「はやぶさ」は、セーフ・ホールド・モードに近い状態にあると思われます。ただし、スピン軸は太陽を向いていないで、ほぼその方向を中心として「みそすり運動」（コーニング）をしているのではないでしょうか。心配の種は、スラスターですね。繰り返しますが、「はやぶさ」搭載の推進系を除く各機器の状態は、健全に保たれています。姿勢制御が確立してこそ、地球帰還の計画が策定できるわけですが、そのためには、個々のスラスターの状況を確かめ、スラスター不調の原因をつきとめることが必須なのです。そのための判断材料としてのデータが決定的に不足しています。データがワン・パッケージだけでもあれば、たくさんのことがわかるのですが……。

　ローやミーディアムでは時間がかかって大変な苦労なので、どうにかしてハイゲインの通信路を確保したい――「はやぶさ」チームの頑張りが続いています。私たちは、こうした状態の場合、知りたがり屋になればなるほど、現場のオペレーションを妨げることは明らかです。チームの疲労の色は濃いですが、信じて黙々と待つことにしましょう。

## 12月 2日

### 苦闘が続く「はやぶさ」

　「はやぶさ」チームの闘いが続いています。圧倒的なデータ不足のために、サンプル採取に成功したか否かの状況が正確に読めないでいることは、基本的には変わりませんが、これまでのゆったりしたデータ・レートの中から、11月27日から28日にかけて、いくつかの機器の電源がダウンしたことが判明しています。これはパワーが足りないために起きることですから、このときに姿勢に異変が生じていたことを示しています。機器の状態の履歴を追うためには、このダウンしている機器の電源を一つずつ丁寧にオンしていかなくてはなりません。ハイゲイン（高利得）による交信の回復が果たされない限り、データの大半を手に入れることのできるのは、来週月曜日あたりになるのではないかと思われます。それから初めて本格的な解析に移るわけです。帰還のための旅立ちの期限が迫っています。チームの必死の作業の成果を、じっと待つことにしたいと思います。

## 12月 7日

### 「はやぶさ」の状況速報

　12月5日、太陽、地球と「はやぶさ」+Z軸のなす角は、10～20度まで回復し、テレメータ情報を最大毎秒256ビットの速度で、中利得アンテナ経由で受信および取得できる状態にまで復旧しました。その後、試料採取のための弾丸発射の火工品制御装置の記録が取得でき、それによれば、正常にプロジェクタイル（弾丸）が発射されたことを示すデータが確認できず、11月26日にプロジェクタイルが発射されなかった可能性が高いことがわかりました。ただし、システム全般の電源が広い範囲でリセットされたことによる影響も考えられ、11月26日の着陸前後に実施されたシーケンスの確認も含め、詳

# 2005年

細を解析中です。12月6日現在、「はやぶさ」探査機のイトカワからの距離は、視線方向に約550 km、地球からの距離は約2億9000万 kmで、イトカワから地球方向へは相対時速約5 kmで飛行しています。

## 12月 9日

### 奇想天外、キセノンの登場

　実は、「はやぶさ」チームは、依然として姿勢制御が思うようにいかない状況に業を煮やし、思いもよらない方法を考えついたのです。化学エンジンのスラスターの調子が悪いまま、姿勢が悪化の一途をたどっているのを見た川口プロマネは、かねてから考えていた「イオンエンジンを姿勢の制御に使えないか」という発想を実行に移すことにしました。イオンエンジンの担当の國中均さんにお出ましを願いました。

　趣旨を聞いた國中さんが答えました。「イオンエンジンを使ってもいいけれど、それよりその推進剤（実際には中和器）のキセノンだけを弁（バルブ）からピュッと噴かせば、多少の制御ならできるんじゃないですか。」「じゃあちょっと検討してみてよ」というわけで、イオンエンジンのためのキセノンは、予定になかった役割を課せられたのです。その間にも、探査機のハイゲイン（高利得）アンテナが向いている軸（Z軸）と、太陽・地球方向とのなす角度が20〜30度になろうとしています。時間との闘いの中で、12月4日、ソフトウェアが完成し、実際にキセノンガスが噴射され、見事に姿勢が立ち直り、Z軸と太陽・地球のなす角度も10〜20度に回復しました。

　その合間の國中さんのぼやき——「あ〜あ、もう100グラムもキセノン使っちゃったよ。」以下は同僚との会話——「え？　キセノンの量、そんなにピンチなんですか？」「量はまだいきなりピンチというわけじゃないけどさ、キセノンって6グラム1000円もするんだよ。もう2万円だぜ。」「ケチなこと言いなさんな。100グラム

4つのイオンエンジンの右上と左下に中和器の出口

2万円のステーキなんて、都内にはザラにあるんじゃないの。オレは食べたことないけどね。」かくてテレメータデータも毎秒最高256ビットという速さでミディアムゲイン（中利得）アンテナ経由で受信できるようになりました。その結果、ある程度得られたデータの中から、悲しい（かもしれない）情報ももたらされています。

　第2回目のサンプラーホーンの接地の際に、サンプル採取の一連のシーケンスを実行するコマンドが、搭載のコンピュータから発せられたのは、既報のとおりです。コマンド信号が出れば、弾丸発射のための火工品は作動することは、いわば当たり前のことなので、「採取されたことは確実」という表現をしたわけですが、このたびその火工品制御装置の記録が取得でき、それによるとこれまでのところ、弾丸が正常に発射されたことを示すデータは確認できていません。これはショッキングな情報でした。ただし、システム全般の電源が広い範囲でリセットされたことによる影響も考えられるので、なお詳細な解析結果を待ちたいと思います。すでにカプセルの蓋も最終的に閉めました。もうサンプル採取をするつもりはありません。

　目標は地球帰還あるのみです。今は、帰還のためにイオンエンジンを立ち上げるべく、各機器を一つずつ丁寧に再起動し、試験・確認をしつつあります。次はZ軸リアクションホイールを活用する姿勢制御に移行し、イオンエンジンの運転を再開したいですね。今のところ、運転再開のメドは来週後半の14日にずれ込むことになりました。死闘は続きます。

　7日の記者会見の終わりに、ある記者から質問が出され、川口プロマネは答えました——「何度も七転び八起きでやって来た今、チーム内に地球帰還に向けたMotivationを高めていく秘訣は何ですか？」「工学実験探査機としての"はやぶさ"の意味を、チームはしっかりと理解しています。ここまで難しいオペレーションをこなしたからには、あと一つ残った課題である地球帰還をやってミッションをやり切りたいというのが、みんなの気持ちだと思います。」

# 2005年

そばにいた私は思わず付け加えました——「私は多くの科学衛星に関わってきて、こんなに robust で tough な衛星・探査機は見たことがありません。そしてこんなに robust で tough なプロジェクトマネジャーも見たことがありません。疲労困憊しながらも、チームは、この決してぐらつかないプロマネの信念に食らいついていってるんですね。」会見の後で雑談をしていたら、ある記者が「先生があのコメントをしたとき、川口先生、涙ぐんでいるように見えましたよ」と言っていました。川口プロマネは私の左隣にいたし、私は記者のほうを向いて話していたので、本当かどうかはわかりません。私は、彼が壇上で涙ぐむようなヤワな男ではないというほうに賭けますけどね。

## 12月 14日

### 再起を期す「はやぶさ」

2007年6月に地球帰還を狙っていた「はやぶさ」は、そのために必須の条件だった12月早期の出発準備が間に合わない見通しで、ついに帰還を3年遅らせて、2010年6月に延期することを発表しました。残念ですが仕方ありません。まずは、これまでの大健闘に拍手を送りたいと思います。

先日のYMコラム以来、細々ながら中利得アンテナで臼田局と交信を続けていた「はやぶさ」に異変が起きたのは、12月8日の13時15分のことです。臼田局で電波が受けられなくなる（消感の）1時間半前のことでした。受信レベルが低下していき、距離の変化率にも変動が見えます。どちらのデータも変化が緩慢なので、どうもガスの噴出に伴う姿勢異常が原因だろうと推定されました。すでに11月下旬の時点で、姿勢異常の様子から見てガスの発生があるのだろうということ、またそのガスは、化学エンジンのどこかから漏れている燃料（ヒドラジン）が気化してガスになっているらしいのです。

もちろん早速やったことは、ヒドラジン・スラスター

ファンから寄せられた「はじめてのお使い」

の出口にある遮断弁をすべて閉じて、燃料が一切外に漏れないようにしたことです。次いで「はやぶさ」チームは、探査機内部の温度を上げて、すでに漏れていた燃料が気化してできたガスを早く追い出すオペレーションをやりました。探査機の姿勢の状況の変化から、ガスの発生はもう治まったと判断して、再びデータ取得に励んでいたのですが、ガスの発生は止まっていなかったのです。あるいは新たな部位での発生があったのかもしれません。ともかく緩慢ではありますが姿勢が徐々に崩れていったのでした。データの様子から見て首振り運動をしているらしいのです。

　ただ、この探査機は放っておくといずれは慣性主軸を軸にしてまわるスピンに落ち着くよう設計されているので、時間があればじっくりと待って、安定したスピンに入ってから次のオペレーションを始めればいいのです。でも今回は出発期限があるので、のんびりと待つわけにはいきません。とはいえ八方手を尽くしましたが、どう見ても12月中に通信と姿勢の復旧は無理ということになり、やむなく出発を延期することに決めました。二度の着地で表面のダスト等がカプセルに収納されている可能性が高いので、たとえ時間がかかっても地球に持ち帰ってほしい。もし持ち帰れなくても、折角のチャンスなので、地球帰還のための技術的な課題には精一杯挑戦してほしい——そんな願いから、次の出発チャンスである3年後に再トライすることになったものです。

　とりあえず状況をご報告しました。「はやぶさ」が日本と世界の太陽系探査のために残してくれた成果には実に素晴らしいものが含まれています。そのことも追々話していきましょう。まずは、この「はやぶさ」ミッションに寄せられたたくさんの方々のサポートとメッセージに対し熱く御礼を申し上げます。有難うございました。

　それからもう一点。ペンシル50周年を記念して、その最初の水平発射が行われた場所である国分寺（現在の早稲田実業の門の前）に、ペンシルの記念碑を建立したいという声が、地元を中心として高まり、ついに国分寺市長も参入して、現在募金を開始しております。ペンシ

ル・ロケット記念碑にご賛同の方は、ご協力をいただけると幸いです。

## 12月 21日

### 今年もお世話になりました

　YMコラムは、これで今年は〆となります。ご愛読いただき、有難うございました。特に、「はやぶさ」がイトカワに接近してからは、クライマックスに近づくにつれて「頑張れ！」の声を驚くほどたくさん寄せていただき、感謝の言葉もありません。日本の惑星探査の歴史的飛躍点にお付き合いいただいたみなさまに、来年も幸せの嵐が訪れますよう祈っております。

　私は現在鹿児島です。年齢を考えると、年の瀬ぐらいはゆっくりと過ごす時間があってもいいのでは？　という人間がすぐそばにいますが、いわゆる「貧乏性」なのですね。「万一お金を儲けても、自分の贅沢のためにつかえない」輩なのです。今年は、最後の検診で「今年の忘年会は一滴もサケを飲まない、なんて過ごし方はどうですかな？」と、いかにも守れないだろうという口調でお医者さんから水を向けられ、つい「じゃあ、やってみせましょうか」と「男と男の約束」を口走ってしまった結果、度重なる忘年会の席でおいしいおいしいウーロン茶を浴びるほど飲んでいる次第です。こんな名医ばかりなら、日本に糖尿病の患者なんていなくなるでしょうね。畜生！　どうかよいお年を！

## この年の主な出来事

# 2006年

- ホリエモン、村上代表ら「ヒルズ族」相次ぎ逮捕
- トリノ五輪、荒川静香が金メダル
- 王ジャパン WBC 制覇
- 安倍政権が発足。
  教育基本法改正、防衛庁の「省」昇格
- 親による我が子の虐待事件が相次ぐ
- いじめ自殺、未履修などで教育現場混乱
- 北朝鮮が核実験・ミサイル発射実験を強行
- 日銀ゼロ金利解除
- 現職知事逮捕、官製談合事件が多発
- 飲酒運転の悲惨な事故が多発し、厳罰化の動き

# 2006年

### 1月 11日

**今年もガンガンやりましょう！**

　みなさん、明けましておめでとうございます。新年早々、広島に来たチャンスをとらえて、長い間訪れていなかった原爆ドームの付近に行ってみました。思えば、ここを初めて訪れたのは、昭和20年（1945年）のことでした。原爆が落とされてどれくらいの月日が経ったときでしょうか、3歳だった私にはわかりませんが、私の兄が呉の街からの30 kmを自転車に乗せて連れて行ってくれたのです。川の両岸に死体が累々と積まれている光景を、非常な恐怖心にかられながら見つめた記憶は、その後幼い私の心に深い深い爪痕を残し、世界や人々に対する見方・考え方に大きな大きな影響を及ぼしました。今なお決して消えることのない心象です。たとえば写真にある相生橋は、瞬間的に強い爆風を受けて板ばねのように大きく曲がり、跳ね返るような動きを繰り返していたそうです。

　現在は大津にいます。私のホテルの部屋から琵琶湖の南端が素敵な眺望となって窓の向こうに広がっています。羨ましいでしょう？　私がこの眼下の琵琶湖を散策する時間が全くなくて、明日の朝早くには東京に帰らなくてはならないことを除けばね。

　火曜日に広島の国泰寺高校で国際宇宙ステーションとの交信イベントを一つやり、帰りの途次に今日、ここ大津で龍谷大学の新春技術講演会に招かれてお話をしました。広島のISS交信では、宇宙飛行士との交信が、参加した高校生などに与えた影響も大きかったでしょうが、私にとっては、20名くらいの国泰寺高校の高校生自身が運営して立派にこの大きなプロジェクトをやりとげたことが驚きでした。頼もしい限りです。大津では、この大学が仏教大学（浄土真宗）であるにもかかわらず理工学部を持っていることにびっくりしましたが、ここの先生方とお話しているときに、理工系の取組みについて、京都のキリスト教系の大学と活発な交流・議論を持たれ

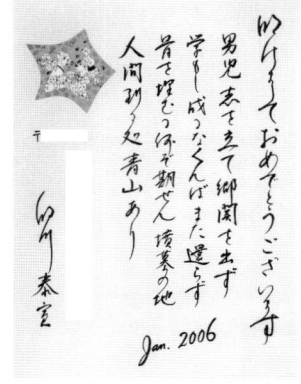

2006年年賀

原爆ドーム

128

ているという発言に、私の興味は集中しました。

近代科学の発生と発展にキリスト教が果たした役割が大きいことはよく知られています。でも仏教は自然科学に特に興味を持つことはあまりなかったのではないでしょうか。東洋的な自然観が宇宙論などに深いつながりを持っていそうだという考えは、私の知る限りでも何人もの科学者から表明されています。仏教とキリスト教の対話は非常に面白そうです。

さて、今年のロケットは、1月18日のS-310（観測ロケット）の打上げ（内之浦）から始まります。その翌日にはH-2Aによる陸域観測技術衛星ALOSの打上げ（種子島）があり、2月半ばには、H-2AロケットによるMTSAT（運輸多目的衛星）2号機の打上げと、M-Vロケットによるアストロ F（赤外線天文衛星）の打上げが続きます。

私は、1月は種子島、2月は内之浦ということになりそうです。2ヵ月で衛星を3機も打ち上げたことはかつてないことなので、楽しみなことですね。野口フライトと「はやぶさ」で盛り上がったムードを、この1, 2月のロケット4機で、一気に上昇させたいものですね。いろいろと問題を抱えての新年発進ですが、宇宙教育センターも一層の飛躍をすべく構想を練りつつあります。近いうちにみなさんには構想を打ち明けて、ご意見をうかがいたいと考えています。

とりあえず、今年もよろしくお願いします。

相生橋

## 1月 18日

### 「だいち」（ALOS）打上げ延期

種子島に来ています。1月19日に予定した「だいち」（ALOS）の打上げは、搭載のテレメータ送信機の一つが調子が悪いので、ひとまず延期されました。よくあるタイプのものですが、それよりも天気のほうが気になります。1月11日にはすべてチェックをくぐりぬけた送信機が、この期に及んでデータを地上に送っていないと

種子島宇宙センター

# 2006年

いうのですから、電子部品の気まぐれには、いつもながら悩まされますね。勘案の結果、新しいものを取り寄せて交換という運びとなりました。交換した後、機能をチェックし、フライト・オペレーションのほうはもとのスケジュールに戻って、淡々と作業を進めるばかりです。

　私が種子島に来るのは5回目ぐらいだと思うのですが、現地では「宝満」という名のペンションに泊まっています。ご主人と話をしたところ、横浜でIBMに勤務しておられたとのことです。定年を迎えて、ご夫婦で軽井沢にペンションを開こうと、土地も手に入れていたそうですが、たまたま旅行で種子島に来て、偶然に小さなロケットの打上げを見たとき、上昇していくロケットの煙に夕陽が映えて、まるで龍が天に昇る風情で大層感動したとのこと。それが心に深く残って、何度かロケットの打上げを狙って種子島にやって来たそうですが、そのたびに打上げ延期で肩透かしを喰らい、どうしてもあの打上げの感動を深く味わいたくて、ついに軽井沢ではなく種子島にペンションを開業することに決めたとのこと。1992年のことだそうです。種子島は、言葉がわからなくて初めは苦労があったのだけれど、住んでいる人たちが無類にいい人たちばかりなので、それがすっかり気に入っているとのこと。いい話です。

ペンション「宝満」

## 1月 23日

### 種子島のH-2Aロケット打上げ、明日に延期

　昨日は近くの宝満神社に「神だのみ」に行ってきました。

　1月23日（月）午前4時25分、ペンション宝満の2階で仮眠をとっていた私のそばで携帯電話が着メロの"Jupiter"を奏でました。メールです。開いた画面から「作業中断」の文字が私の目に飛び込んできました。本能的に着替えに手を伸ばしかけた私の頭を、「中断したときは燃料充填を開始していたのか？」という疑問がかすめましたが、「まあ考えても仕方がない、出動、出動。」

宝満神社

130

ペンションの女将さんは、朝食の弁当を食堂のテーブルに置いてくれていました。「おっと、これを忘れては一大事。」一足先に飛び出した大嶋報道グループ長の弁当も抱えて、仲間と一緒に車で種子島宇宙センターへ急ぎました。今日は8時出動のはずだったので、3時間ちょっと早まりました。巨漢大嶋は携帯を2個ともペンションに忘れていったので、同室の私が持っています。

　車の中でその電話が鳴りました。出ると、東京から来た新聞記者のMさん。私の声を熟知している彼は、「あ、いけね、間違えました」と言って急いで切ろうとします。「いいのいいの、この携帯でいいの。忘れていったので届けるところだから。」M記者「燃料充填の前だったんですかね？」といきなり核心に切り込んできました。さすがにカンが冴えています。「今ボクもセンターに向かう途中なのよ。それを早く知りたいね。」「了解。」Mさんの会話はいつも要領がよくて気持ちがいい。

　センターへの道、未明とあってさすがに人っ子一人いない。センターの広報の部屋に入るなり、衛星フェアリングの空調温度を監視する地上設備が異常を検知したことが、作業中断の原因であったことを知りました。さらに、その作業中断が推進剤充填の直前であったことも。「じゃあ原因さえわかれば1日だけ延期だ。」不幸中の幸いというべきか。

　陸域観測技術衛星「だいち」（ALOS：Advanced Land Observing Satellite）の発射準備作業の最後の段階（ターミナル・カウントダウン・オペレーション）におけるチェックで、衛星を収納しているロケット先端のカバーの中の空調の温度をモニターしている装置が、アラームの表示を示しました。この場合、二つのチェックポイントがあります。一つは、実際の温度を確かめること。もう一つは、許容温度が正しく設定されているかどうかを調べることです。

　実際の温度が確かめられました。18℃です。因みに、フェアリング内の温度は、衛星の要求から16℃〜24℃の範囲内になるよう設定されているはずです。その設定範囲の外に出ると、ブロックハウスにあるコンソールの

射点へ移動するH-2A-8
のフェアリング

# 2006年

（フェアリング内の温度を示す）数字が赤くなります。とすると、18℃ならば正常だから、数字が赤くなるはずはないですね。ところが赤くなったのです。とすると残る可能性は一つ、異常かどうかを判断する基準が正しく設定されていないのでしょうね。調査の結果、許容設定温度が6℃～14℃となっていることが確認されました。だから18℃で赤い数字になったわけです。さて次は、どうして設定基準が6℃～14℃になっていたかです。今回の基準を16℃～24℃にするというインプットが正しかったかどうかが、まず調べられました。その記録は残っており、まさしく正しい設定が行われていました。それがどういうメカニズムで、10度ずれた6℃～14℃になったのかが次の問題ですね。それを今、一生懸命に調査しています。不思議なことが起きるもんですねえ。

　実は、このフェアリング内の温度と同じように、設定と違っていたら作業の中断につながる項目が（フェアリング内温度の件も含めて）合計7つあります。このすべてについて、基準設定とは関係なく、直接状況が調べられました。すべてOKです。ということは、実際にはすべて大丈夫だけれど、モニターのほうに不備があって打上げが止められたということです。スペースシャトルなどでもよくあることです。IT化を行う際には避けられないプロセスなのでしょうか。こうしてすべてOKということが確認されたときには、みんなの時計は午前4時5分を指していました。

　ロケット主任の苦悩が始まりました。推進剤の充填は、もともと午前1時に予定されていました。今が4時5分ということは、3時間ちょっと踏み抜いているわけですね。作業時間のマージンはちょうど3時間ぐらいとってありました。だから、今すぐ推進剤の充填を開始すると、ギリギリ発射に間に合わないことはありません。しかしもう一つ解決に時間を要する問題が発生すると、もうアウトでしょう。推進剤の充填を一度始めると、ロケット各部の水分の氷結があったりするので、打上げを中断して再び打上げ作業を開始するとなると、いったん組立棟にロケットを戻して点検などの作業をやり直さなければ

射点に姿を現したH-2A
ロケット8号機

いけないでしょう。そうなると、打上げ延期は数日にわたります。今 Go を出して何かあると、延期が長引く。すると 2 月に予定している MTSAT-2 やアストロ F の打上げに大きな影響が出る。加えて、明日は天気がいいという予報が出ている。ロケット主任は決断しました。やはり大事をとって 1 日だけ延期しよう……こんな筋書きだったようですね。

今回の事態が教えてくれたことに謙虚に耳を傾ける必要があるのでしょう。私がそれを語るのは、1 年後か 2 年後か？ 明日の打上げを楽しみに、また仕事につきます。今晩は、また夜の 10 時前後からロケットの作業が開始されるはずです。

## 1月 26日

### 「だいち」軌道へ、そして金兵衛と若狭の物語

H-2A ロケット 8 号機が 2006 年 1 月 24 日 10 時 33 分に種子島宇宙センターから打ち上げられ、陸域観測技術衛星「だいち」（ALOS）を地球周回の暫定軌道へ運びました。発射後 16 分 30 秒後に「だいち」はロケットから切り離されて一人旅に移りました。私は種子島宇宙センターの観望台から見ていたのですが、雲底が低く、打ち上げてすぐにロケットの姿は見えなくなりました。でも、さすがに迫力は満点で、かなり長い間轟音が耳に届いていました。いやあ、いつ見てもいいもんですねえ。ロケットの発射の光景というのは！ 今年はこれを入れて日本の衛星は 7 機も軌道に乗るはずなんです。種子島から 5 機、内之浦から 2 機です。2 ヵ月に 1 機以上のペースで打ち上げるわけですから、今からワクワクしますね。

そして 1 月 25 日、私はトッピーで種子島を後にしました。トッピーの乗り場に行く途中に、少しだけ寄り道をしました。一番行きたかったのは金兵衛と若狭ゆかりのものです。

1543 年に中国船に搭乗して種子島にたどり着いたポ

H-2A ロケット 8 号機の打上げ

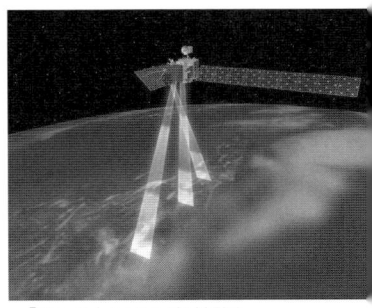

「だいち」による地球観測

# 2006年

八板金兵衛の像

若狭の墓

ルトガル人が日本に鉄砲をもたらしたことは有名な話ですね。当時の種子島で随一と言われた鍛冶工、八板金兵衛は、殿様である種子島時堯の命を受けて鉄砲の国産をめざして努力を開始しました。しかし筒底を閉じるネジ止めの部分がどうしても作れませんでした。ポルトガル人は、金兵衛の娘（若桜）を嫁にくれるならネジ止めの方法を教えてやろう、という要求を突きつけてきました。親子は幾晩も苦しみ泣き明かしたといいます。そしてついに若狭は異国人の嫁になることを決意しました。時に16歳でした。そしてポルトガルに旅立ちます。翌1544年に帰島したのですが、二度と種子島を出ることはなかったといいます。若狭がかの地にあって詠んだ歌、

　　　月も日も　やまとの方ぞなつかしき
　　　　　　わがふた親のあるとおもへば

帰ってきた若狭は数日で病没したと伝えられています。

## 2月 1日

### 衛星打上げの当面の予定

　この原稿は、宮崎へ向かって航行中のMD-90の機内で書いています。

　2006年には、種子島と内之浦から合計7機の衛星が打ち上げられます。ご存知のとおり、すでにその第1号は去る1月24日に旅立ちました。文字どおり地球上の大地を抜群の視力で見つめる「だいち」です。続いて2月には、H-2Aロケットによって現在軌道上にある「ひまわり」とコンビを組むMTSAT-2、M-Vロケットによって日本初の赤外線天文衛星アストロFが、それぞれ種子島と内之浦を後にします。予定としては、H-2Aが2月18日、M-Vが2月21日となっています。

　M-Vのほうは、2月16日に打てる状態で発射準備は完了するのですが、やはり圧倒的に多くの人々の生活に直接の関連がある天気予報や航空管制に関わるMTSATのほうを先に打ち上げることが優先されるという判断は、

一つの組織となった日本の宇宙開発にとっては仕方のないことかもしれませんね。ただし、——万が一 MTSAT が何らかの理由で大幅に打上げ延期となった場合、この順序をあまりに頑なに守り過ぎると、延期に関わる費用だけで数千万円ないし億の単位で金が飛んでいくのですから、血税の浪費と言われる可能性は高い——これが新聞記者の人たちのもっぱらの噂でした。その辺の見極めが責任者にとって難しいことになります。

## 2月 8日

### アストロFの名前

　来る2月21日に赤外線天文衛星アストロFを打ち上げます。鹿児島・内之浦の発射場からM-Vロケットによって宇宙へ運びます。軌道に乗ったところで愛称を発表する段取りになりますが、今回は内部のみの投票をもとにして命名することになりました。ところが、なかなか「これは」という名前が思い浮かばないんですよね。アストロFのチームでも苦慮しているようです。赤外線だから「こたつ」という名前はどうだとか、蛇が赤外線を見えるらしいから「じゃのめ」がいいんじゃないかとか、ポチポチと出ているんですけれどね。「こたつ」というのは、聞くとみんな笑うのですが、じーっと考えていると、なかなかいいような気がしてくるので、思い込みというのは恐ろしいですね。

　ただし「こたつを搭載したM-Vロケットが……」なんて表現は、人々がどんな想像をするか考えると、ちょっと躊躇しますし、「じゃのめ」は日本的でいいのですが、酒の好きな人はすぐに「蛇の目お猪口」を想起するから体に良くないかなと思ったりします。

　衛星の愛称を決めるときは、その衛星の個性の中でどの側面になぞらえて名前をつけるかがカギです。アストロFの場合、まずはキーワードは「赤外線」です。次は「日本初の赤外線衛星」です。その他、この衛星は銀河や星の始まりを研究するので「はじまり」もキーワー

# 2006年

ドになりますし、「宇宙のずっと昔」などもキーワードですね。「サーベイ観測」もキーワードになるでしょうか。「赤外線」なら「こたつ」「じゃのめ」、「初」からは「初陣」、「はじまり」を活かせば「かいびゃく」「たんじょう」、「昔」なら「いにしえ」などしか思い浮かばないのです。何かいいアイディアがないでしょうか。私は、これまでのほとんどの科学衛星の命名に携わっていますが、実はこれまでで一番困り果てているのです。もちろんその前に立派な軌道に運ぶことが先決ですが。

## 2月 15日

### アストロFの愛称

　アストロFの名前へのアドバイス、有難うございました。来る2月21日に予定されている赤外線天文衛星アストロFの愛称について考えあぐねている旨をこのコラムに書いたところ、本当にたくさんのヒントをいただきました。心から感謝いたします。私が「困った」と言って、本コラムの読者の方々の知恵を拝借すると、「まるでJAXAにアイディアがないみたいに見えないか」という忠告ももらったのですが、私たちに劣らず宇宙を愛している人々からの提案について、私としては「親戚筋」の扱いをさせていただきました。
　ところが、です。いっぱい寄せられた読者の方々のご意見の中で、私自身が「えっ！」と思ったような奇抜なものも、投票箱を開けてみたら、一つ残らず内部投票に含まれていたのです。これは私にとって大きな驚きでした。でもじっと考えてみると当たり前なのかもしれませんね。実験班も間違いなく一生懸命考えているのです。宇宙を愛している人だからこそ浮かんでくるアイディアには共通のものがあるのでしょう。それを思うと嬉しくなりました。これから打ち上げようとしている現場の雰囲気が、「早くちゃんと軌道に乗れ」と期待してくださっている人々と共通のものであることがわかることは、実に素晴らしいですね。そして、すでに名前は決定しまし

アストロF衛星

た。でもね、申し訳ないのですが、今ここではみなさんにご報告できません。

2月12日には内之浦で、そのアストロF衛星の報道公開を行いました。内之浦の寒被桜が満開の下での公開でした。種子島から内之浦へ、そしてアストロFの打上げが終わったら再び種子島へ。記者の皆さんも大移動を強いられて大変です。

先月H–2Aロケットで打ち上げた陸域観測技術衛星ALOSの場合は、打上げ前に「だいち」という命名を発表したのですが、科学衛星の場合は、1970年の日本最初の衛星「おおすみ」以来、「赤ちゃんの名前は生まれてから登録する」という日本古来の慣習を守り続けているので、それに従っているわけです。というわけで、これは内部にも秘密なのですね。ですから、打上げ後の喜びに満ちた命名発表まで、どうか楽しみに待っていてください。よろしくお願いします。

長期予報によれば、現在のところ、打上げ予定日の2月21日は、天気の具合はあまりよくないとされています。ですが好転するといいですね。私は、来る16日に種子島に渡り、H–2Aロケットの打上げの翌朝早く内之浦に移動し、中2日を挟んで行われるM–Vロケットに合流するスケジュールになっています。また現地から臨時ニュースをお届けできるかもしれません。

さて、もう一件嬉しいニュース。古川聡（41）、山崎直子（35）、星出彰彦（37）の3人の日本人飛行士が、一連の訓練を終えて、アメリカのスペースシャトルのミッション・スペシャリストに正式に認定されました。昨年6月からの訓練、お疲れさまでした。日本の実験棟「きぼう」は、2008年に完成することになっていますが、それ以降に、3人は宇宙長期滞在をすべくスペースシャトルに搭乗します。残りのスペースシャトルのフライトが数少なくなっている折、彼らがすべて長年の夢を果たしてくれることを祈るばかりです。日本の技術で運んであげられなくて、本当に残念です。日本に帰ってきたら、とりあえず「おめでとう」と言ってあげようと思います。

満開の寒被桜をバックに「おおすみ」の碑

# 2006年

## 2月 19日

### H-2A ロケット、MTSAT-2 号を軌道へ運ぶ

　2月18日午後3時27分、H-2Aロケット9号機が種子島宇宙センターから打ち上げられ、運輸多目的衛星MTSAT-2を軌道に投入しました。H-2Aロケットの打上げは1月に続いて今年二度目です。打上げ隊の人たちは大変だったでしょうが、これで短期間のうちに矢継ぎ早に打ち上げられることを実証してみせました。この日、午前中はピカピカに晴れていたのですが、打上げ時刻には雲がどんよりと空を覆い、打ち上げてしばらくするとロケットが雲に突入しました。その直後再びかすかに雲間に姿を現して歓声を呼んだのですが、その後は轟きだけを響かせながら上昇していきました。ともあれ見事な打上げでした。関係者のみなさま、本当にお疲れさまでした。

　轟音とともに発射されたH-2Aロケットは、補助ブースターや第1段エンジンなどを順調に切り離し、打上げ後約28分に衛星を分離し、予定軌道に投入しました。すでにこの日に、太陽電池の一部展開が行われたことが確認されましたが、最終的には、22日に太陽電池パネルを開き、24日に静止衛星軌道に移って機能試験を始める予定になっています。現在は目標軌道に向けて、徐々に軌道を整えつつある時間帯です。

　記者会見での国土交通省の方の発言では、MTSAT-2は「ひまわり7号」と名づけられる可能性が高そうです。「ひまわり6号」は「ひまわり7号」と2機態勢で気象予報と航空管制を行っていく方針ですから、（もちろん予断は許しませんが）しばらくは安心ですね。

　さあ次は内之浦のM-Vロケット8号機です。2月21日に打上げを予定しており、天気予報では、その機を逃すとしばらくは天気がよくないみたいなことを言っています。ぜひ21日に打ち上げたいものです。私は今、種子島宇宙センターでこの文章を打っていますが、これからすぐに空港に向かい、鹿児島空港まで飛んで、そこで

H-2A ロケット 9 号機の打上げ

MTSAT-2

138

宇宙研の名誉教授の平尾邦雄先生とお会いして、一緒に一路内之浦に向かいます。平尾先生は、1950年代からロケットによる宇宙観測に従事してこられた方です。確かもう84歳になられるのですが、いまだに矍鑠（かくしゃく）としておられ、その証拠にその豪快な鼾（いびき）が健在なのです。その鼾を同室で耐え切れるのは私だけだというので、内之浦では定宿の「福之家」で同じ部屋に寝泊りさせていただきます。私もこの鼾の「師匠」に負けない音を発しようと心に期するものがあります。それではまた内之浦から。

内之浦での平尾邦雄先生

昔の福之家とバー「ロケット」

今の福之家とバー「ニューロケット」

## 2月 22日

### 「アストロF」の打上げ成功、「あかり」と命名

　宇宙研の衛星には、漁業との関係もあって、2月に打ち上げられたものがたくさんあります。これまで1970年の「おおすみ」（2月11日）以来、「内之浦衛星」は合計26機ありますが、そのうち2月生まれは16機です。昨日、2月21日は、糸川英夫先生の命日でした。この日に軌道に運ばれた「内之浦衛星」は2機です（はくちょう、ひのとり）。3機目の「糸川内之浦衛星」の誕生か！

　と期待を持たせたアストロF衛星は、残念ながら出産には至りませんでした。陣痛は起きていたのです。深夜の作業が順調に運び、3時半ごろにロケットは大きく開けはなたれた整備塔の大扉の向こうから雄姿を現しました。ランチャーレールの上をずんずんと旋回して、発射方位に向けられ、発射上下角がセットされました。

　午前6時ちょっと前。霧雨の細い雲の糸がM-Vロケットをからめとるように包みこんでいました。コントロールセンターの気象班に激震が走りました——降雨レーダーが「あと10分で激しい雨が内之浦を襲う！」ことを示すデータを送ってきたのです。間髪を入れずミュー管制室に情報が送られます。実験主任は急いで指令を出しました——「ランチャーを戻せ！」ギーコギーコと音を立てながら、ロケットが霧の中を今来た道を引

139

# 2006年

M-Vロケット8号機による「あかり」打上げ

き返し始めました。整備塔にロケットが納まったと見る間に、ザーッと太い雨粒が実験場を空襲しました。まさに間一髪、ロケットはびしょぬれにならずに済んだのでした。見事な判断と決断でした。

そして明けて翌22日、午前6時28分（日本標準時）に、鹿児島県の内之浦宇宙空間観測所から、赤外線天文衛星アストロFを搭載したM-Vロケット8号機が、ランチャー設定上下角81.5度、方位角143.0度で打ち上げられました。ロケットは正常に飛行し、第3段モーター燃焼終了後、衛星を近地点高度約304 km、遠地点高度約733 km、軌道傾斜角98.2度に投入したことを確認しました。アストロFからの信号は、オーストラリアのパース局にて6時43分（日本標準時）に受信を開始し、この情報によりアストロFがロケットから正常に分離され、一人旅に移ったことが確認されました。

因みに、アストロFの愛称は、打上げ後の記者会見で「あかり」と発表されました。またチリのサンチアゴ局の追跡情報から、「あかり」の太陽電池パネルの展開が確認されました。用意万端整って、「あかり」は、宇宙を眺めつくして、赤外線を発する天体たちのスカイマップを大更新すべく、本格観測のための準備に入ります。ところで愛称の「あかり」について少し述べておきましょう。「あかり」とは、遠いところから暗い中に認められる光を言います。宇宙の塵で隠されている部分を赤外線によって見通すことが、その語感と重なることから適当と判断されました。チームは、この衛星によって宇宙の謎の解明に大きな貢献をしたいと考え、その努力が、ささやかながら未来を照らす「あかり」になればとの思いもこめたつもりです。参考までにライバルだった名前を列挙すれば、「ひとみ」「みらい」「せいら」（星羅：星がずっとつながったもの）、「あかつき」（最多得票）、「ゆりかご」「いにしえ」。ISASニュース編集長賞は「こたつ」。

でも、あーあ、今度も私の誕生日には、衛星は上がらなかった！

**3月 1日**

### 閑話休題——松陰と内発性

　　　身はたとひ武蔵の野辺に朽ちぬとも
　　　　　　　留め置かまし大和魂

　松下村塾に学んだ若者たちに宛てた吉田松陰の訣別の歌です。その遺書である『留魂録』の冒頭に、やや大きめの字で書き出されています。松陰は、この塾生たちへの手紙を、安政6年（1858年）10月25日から書き始め、翌日の夕刻には書き終わったと見られています。処刑される前日のことでした。

　世にさまざまな遺書がありますが、私にとっては、これほど心を打たれたものはありません。書かれたのは、江戸小伝馬上町（現在の東京・中央区の十思公園のあたり）の牢内だったようです。大急ぎで仕上げられましたが、その筆致は全く冷静であり、心の乱れも感じ取れません。堂々たるものです。松陰30歳の秋でした。

　『留魂録』は、松陰の遺体を引き取りに来た桂小五郎たちに、他の遺品とともに渡されました。『留魂録』が弟子たちに無事届いたについては、松陰のいた牢の牢名主であった沼崎吉五郎という人の助成があったようです。やがてこの遺書は弟子たちに回覧され、高杉晋作がそれを読んで、「松陰の弟子として、この仇を討たずにはおかない」と述懐した話は有名ですね。

　しかし、高杉たちに渡された『留魂録』は、幕末から維新のどさくさで行方知れずになってしまいました。もちろん弟子たちの幾人かがこれを書き写したので、この強烈な一書を私たちが読むことができるのだろうと私は漠然と思っていました。しかし最近になって、松陰が『留魂録』をもう一通したためていたことを知りました。この遺書が獄吏たちによって破棄されることを怖れた松陰が、全く同じ内容のものを牢名主の沼崎吉五郎に託してあったそうです。今日その全文に接することができるのは、どうもこの奇特な牢名主のお蔭であるらしいのです。

　牢名主でありながら、沼崎吉五郎は、吉田松陰の人柄

吉田松陰の肖像

吉田松陰終焉の地碑
（十思公園内）

# 2006年

と学識に大いに感化され、牢内でその講義を受けた人です。松陰が処刑されてからも、『留魂録』を肌身離さず守り抜き、後に三宅島に流され、彼がそこにいるうちに徳川幕府は倒されました。

明治9年、神奈川県権令（県知事）だった野村靖（長州出身）のもとを、一人の老人がひょっこりと訪れて差し出したのが、『留魂録』の実物だったのです。松陰に「長州人に渡してほしい」と頼まれていた沼崎吉五郎は、約束を果たしてホッとしたでしょう。そしてその場から姿を消しました。現在、萩の松陰神社の資料館に展示されている『留魂録』は、そのときのものです。

それにしても、この野村靖という県知事は、大変な苦労をして『留魂録』を守ってくれた沼崎吉五郎に対し、その行方すら聞かないで送り出しています。維新をなしとげた数々の英傑たちに比べて、新政府のもとでのし上がっていく明治の高官たちからは、惻隠の情がそれほどにも急速に失われていったようです。『留魂録』は、わずか五千字の書です。

沸々と胸を打つこの短い遺書の全文は、いつも私のパソコンの右上の書棚に鎮座しています。時代と祖国の行く末を想うその書の背表紙を見つめながら、いつも啓発されるのは、その「内発性」です。人間の心が最も深いところから湧き上がってくる内面の動機に突き動かされなければ、私たちは大事をなし得ないと、その背表紙は常に訴えています。手続きと義務的な仕事に追われ埋没しがちな日々にあって、30年の短い生涯を全力で駆け抜けた人を感じることは、志を堅持するためにも大切です。

JAXAは、いったい何のために宇宙活動をやっているのか。私たち一人ひとりの人生における自己実現は、この先どうやって図られていくのだろうか。メールによる事務連絡の集積から成り立っているように見える私たちの「業務」に、一人ひとりの志と使命感を貫徹させるのは、やはりじかに人間と人間が触れ合うことであることを、最近強く感じるようになってきています。強い縦の系列の仕事の流ればかりを気にしなければならない日常

から解き放たれて、広い広い人間同士の生身の接触の中で生きていきたいと思う心が、私にはいつも付きまとっているのです。だから帰属意識が薄いのでしょうね。でも時代と祖国と人々への「帰属意識」は強烈なんですけどねえ。

　若い若いと思っているうちに、いつの間にか馬齢を重ねてしまいました。残された時は無限にはありません。祖国を思う高い心、人々の幸せを願う気持ち、平和を希求する情熱、そして人々のいのちを何よりも大切にする活動。これらを信条にして生き抜く決意をした若い日々を忘れないためにこそ、『留魂録』と『風姿花伝』は、いつも私のそばにあります。『留魂録』の最後に詠まれた五つの歌の一つ：

　　　愚かなる吾れをも友とめづ人は
　　　　　わがとも友とめでよ人々

さあ、今日から春です。張り切っていきましょう。

　ところで、去る2月25日には、鳥取で"Space Science World in Tottori"というイベントがあり、展示やら講演やらがありました。大変な盛況で、私も「ペンシルから50年」という話をしてきました。

Space Science World in Tottori

## 3月 8日

### 宇宙技術の成熟度

　3月1日、また嫌なニュースが飛び込んできました。カザフスタンのバイコヌール宇宙基地から打ち上げられたプロトンMロケットが、サウジアラビアの通信衛星ARABSAT4Aを静止遷移軌道に投入できなかったというのです。3段式のプロトンの上段に装備したエンジン「ブリーズM」が、最後までうまく燃えなかったらしいですね。

　世界で最も安定した実績を誇るロケットの一つであるプロトンは、1996年に商業打上げに使われ始めて以来、36回の打上げをしています。今回で3回目の打上げ失

プロトンの打上げ

# 2006年

敗となっています。前の2回も、やはり上段エンジン「ブロックDM」の不具合が原因でした。「ブリーズM」を使い始めたのは2002年12月のことで、これまで10回連続で成功していただけに、関係者のショックは大きいでしょうね。

どこかの偉い方のように、「他国のロケットが失敗したのでホッとした」という「知性」は持ち合わせてはおりません。同業者の気持ちを推し量ると、居ても立ってもいられない感情にとらわれるのは、トラウマの一種なのでしょうか。

延期のニュース。先月打ち上げる予定だったアリアン5ロケットの打上げが、搭載した衛星のうちの一つがテレメトリシステムに不調を来たしていったん延期され、さらに極低温推進剤のタンクにつながるアンビリカルコネクタ*が外れるという不具合が発生して、もう一度延期。3月9日に挑戦ということになりました。

アメリカでも、月曜日（3月6日）以降に延期されていた空中発射のペガサスXLの打上げも、発射場の問題があって3月14日（来週火曜日）に再延期されています。最初の延期は、調べてみると衛星分離システムに問題が発見されたためらしいです。こうして世界のあちこちで起きているロケット打上げ関連のニュースは、日本の新聞ではほとんど報じられません。外国のロケットはいつも定時にきちんと打ち上げられていると信じている人があまりにも多いのに驚かされる昨今ですが、考えてみると、そういう記事を読んでいないのだから仕方ないですよね。

世界の宇宙技術の成熟度を計る単純な尺度が「打上げ成功率」ですが、それで見る限り、日本は世界のトップクラスにいます。一度ずつの打上げに全力を注ぐのは当たり前ながら、いつも薄氷を踏むような思いで発射に臨む現在の日本の環境は、射程距離の長い夢を育もうとする宇宙活動にとっては、決して心地よいものではありません。

日本には、H-2AとM-Vという見事な歴史を持つロケットがあります。この二つは、歴史も思想も異なりま

＊：機体と地上施設との間でインタフェース信号を授受する中継として使われる。

航空機に抱かれたペガサス・ロケット

すが、かなりよい仕上がりになっています。史上最高のロケットに仕上げていく任務が、現在のJAXAにはあるのです。しかしそれに対しても、心ない型式変更やフェードアウトを「政治的に」実行する圧力は、すぐにかかってきます。50年にわたって歴史が作り上げた先人の蓄積の重みを大切にする風土だけが、日本の宇宙技術を世界の中で突出したものに仕上げていくでしょう。当面の圧力に屈して、後世から「A級戦犯」と評価をされるような生き方だけはしたくないものですね。

　ここで、航空機発射という独特の方法が採用されている「ペガサス」というアメリカのロケットについて紹介しておきましょう。

　「ペガサス」は、航空機に搭載されて空中で発射される3段式の固体燃料ロケットです。ロケットが上昇していくとき、発射後しばらくの時間は大気の濃いところを飛翔するので、一番苦労するフェーズですね。その一番苦労する部分をロケットにしないで、空気を吸い込む航空機を活用することで効率よく切り抜けようとするのが、空中発射です。ある程度高いところまでは航空機で運んでから、衛星を積んだロケットを発射するわけですね。

　「ペガサス」は、空中発射タイプの初のロケットです。航空機によって、マッハ0.8、高度12 km前後で発射されます。1990年4月に初飛行しました。12 kmという高空からの発射なので、垂直打上げ方式のロケットと比べて、大気の影響が小さく、同じペイロードを打ち上げるのに、比較的小型のロケットで済むという利点がありますね。また、発射設備その他の地上設備も、他のロケットと比較すれば小さくて済むという利点もあります。

ペガサス・ロケットの展示

運ばれるペガサス・ロケット

　これまでの世界のロケットの打上げにおいて、打上げ延期の理由として一番多いのは天候です。何しろ打上げが1日延びるたびに費用が数千万円かかるロケットは世界にはザラにあります。だから、天候に関わりなく打上げを実行できれば、それは世界中から歓迎されることでしょう。

　対流圏を越えて成層圏である12 km付近まで昇れば、

# 2006年

B-52

L-1011-500

駒場の宇宙学校

天候状態が安定しているので、天候によるペガサスの打上げ延期は大幅に減る可能性があります。科学衛星の打上げのように打上げ時間帯が限定される場合や緊急時の打上げ等には決定的に有利になりますね。

デビュー当時は、母機として NASA の B-52 を借り上げて、主翼の下のパイロンに吊っていましたが、その後 L-1011 という旅客機を用い、その胴体の下に取り付けるようになりました。ペガサスそのものは、全長（フェアリング込み）が 17.1 m、直径 1.27 m、全備重量 18.3 t で、高度 200 km の地球低軌道に 375 kg のペイロードを運ぶことができます。航空機を含めた維持費用という点も考慮すると、安く上がるかどうかは微妙ではありますが、初の航空機発射の実用化という点から見て、多くの教訓を今後に与えてくれるロケットだと思います。

さて、別のニュース。「はやぶさ」が復活しております。詳しくは新聞やネットをご覧ください。満身創痍ながら、どうやら健康診断を行えるようにはなりました。こんな体でウチへ還れるかどうか、いまお医者さんに相談しているところです。意識不明の状態からの蘇生に、とりあえず、乾杯！　もちろんウーロン茶で。

最後に私の1週間。3月4日には東京大学の駒場キャンパスで恒例の「宇宙学校」を開催しました。お客さんは2階席にまで達し、元気なQ&Aや意見交換が行われました。

### 3月 15日

## 「はやぶさ」の運用再開――不死身伝説の蘇り

既報のとおり、2005年12月14日を最後にマスコミの報道から姿を消した「はやぶさ」が、再び舞台に満身創痍の姿を現しました。「はやぶさ」が小惑星イトカワを後にしたのは昨年11月のことですが、その後、化学エンジンから燃料が漏れたりしてその機能が復旧できない状態が続きました。そして12月8日には、探査機の

内部のあちこちに滞っていた燃料が噴出したのでしょう、探査機に外乱が加わって姿勢が崩れ、それ以来地上局との交信ができなくなっていました。ただし、姿勢を喪失したときの様子と「オイラーの方程式」から考えて、いずれは通信のできる状態に戻るであろうと予想されていました。それにその間、探査機は地上局のアンテナビーム内にとどまることは確実でしたから、「はやぶさ」チームは、2007年春にイトカワ近傍から出発して2010年6月に地球に帰還させる計画を採ることとし、いったんは気長に待つことにしたのでした。

　今年に入り、1月23日に「はやぶさ」からの電波が弱々しく受信されるようになり、2月末には、ようやくテレメトリデータを取得することができるようになったので、「はやぶさ」内部の状態が一部確認できました。そして3月6日、ついに軌道を新たに推定することができました。そこで、私は書きました。——「はやぶさ」が復活しております。……満身創痍ながら、どうやら健康診断を行えるようにはなりました。こんな体でウチへ還れるかどうか、いまお医者さんに相談しているところです。意識不明の状態からの蘇生に、とりあえず、乾杯！

　しかし依然として厳しい状況が続いております。搭載したリチウムイオンバッテリは放電し切った状態にあり、また化学エンジンの燃料も酸化剤もすべて漏洩し切った模様です。頼りはイオンエンジン用のキセノンガスだけで、それは12月に交信不能に陥った時点の圧力を保っており、約42～44 kg残っていると考えられています。本来姿勢制御に使う予定のなかったイオンエンジン駆動用のキセノンガスを用いて、太陽方向に探査機を向ける制御をソロリソロリと実施しました。

　こうして3月4日には、太陽と探査機のアンテナ軸の角度を14度にまで持ってきました。こうして、重症患者「はやぶさ」と担当医師である地上局とが話し合える状態にまでなり、2月25日に低利得アンテナを介して8 bpsのテレメトリデータの復調、3月1日には久々に距離計測を実施しました。そして3月4日にいたって、中利得アンテナにより32 bpsの速度でテレメトリデータ

# 2006年

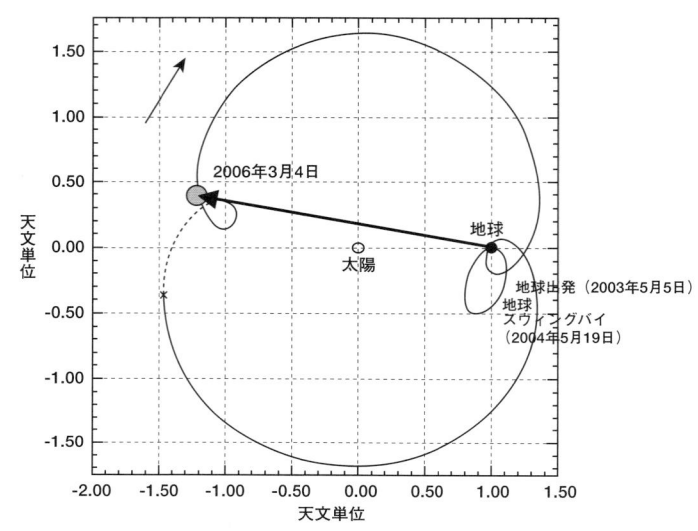

「はやぶさ」の軌道（太陽と地球を結ぶ線を固定した座標系）

が得られるまでになりました。

　3月6日に久しぶりに決定された「はやぶさ」の軌道によれば、現在イトカワから（ほぼイトカワの進行方向に）約1万3000kmの距離にあり、相対速度毎秒約3mで飛行しています。現在の探査機の太陽からの距離は約1億9000万km、地球からの距離は約3億3000万kmとなっています。探査機内には、なお一定の量の燃料や酸化剤がこびりついたり漂ったりしている可能性があります。まずはヒータを用いて探査機全体の温度を上昇させる「ベーキング」を実施する予定なのですが、このベーキングによって新たに燃料や酸化剤ガスの噴出が生ずるリスクがあります。

　最悪の場合には、再び姿勢が崩れて音信不通に陥ると困るので、1～2ヵ月間ぐらいは慎重に作業を進めたいと考えています。その次は回収カプセルのベーキングです。その回収カプセル内にサンプルを入れてある（と信じている）試料容器を移送して蓋を閉めます。続いて、イオンエンジン運転状態での第2段階のベーキングを実施する予定です。イオンエンジンを1台ずつ起動させて

いき、最大3台同時運転の状態まで運用を行う計画です。これには数ヵ月間かかるでしょう。めざすは今年の後半から来年初めです。このころにイオンエンジン運転の本格稼働を開始できれば最高ですね。

とは言っても、探査機全体の電源はいったん落ちました。その間は、非常に低温の状態に置かれたでしょうから、イオンエンジンや三軸姿勢制御のためのスタートラッカー、姿勢軌道制御コンピュータなどは、うまく動いてくれるかどうか、懸念されるところです。さて兎にも角にも「はやぶさチーム、頑張ってくれよ」と心に念じたとき、友人が次のようなネットの記事を教えてくれました。

——癌治療中@38歳♂：2006/03/11（土）。入院先から外泊許可が出て、2ヵ月ぶりに自宅のパソコンに電源を入れ、はやぶさスレを探して、ここに辿り着きました。3月7日の記者会見で通信が回復したことを知り感動しました。闘病を続ける自分の現状とはやぶさの状況が重なって感じられ、涙してしまいましたが、生きる希望をもらいました。絶対に、はやぶさの2010年6月の帰還まで生きているためにも闘病を頑張りたいと思います。頑張れ！　はやぶさ！　オレも生きるぞ！——

どなたかは存じませんが、どうか病魔に負けず頑張ってください。私たちも力いっぱい闘いぬきます。

去る3月11日と12日には沖縄名護青年の家で行われたYAC（日本宇宙少年団）沖縄支部の活動に参加してきました。夜の星空観望会では、星が見えてよかったですねえ。

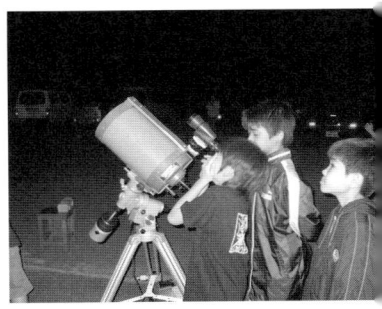

沖縄YACの星空観望

## 3月 22日

### 日本人の元気——野球世界一に思う

今、パリにいます。秋に開催される国際宇宙会議（IAC）の国際プログラム委員会と、主催団体であるIAF（国際宇宙航行連盟）の理事会に出席するためです。気

沖縄名護青年の家

# 2006年

王ジャパン、初代世界一
マウンドに駆け寄るナイン
[写真提供：共同通信社]

国際プログラム委員会

になっていた国・地域別対抗戦、第1回ワールド・ベースボール・クラシック（WBC）のニュースを、CNNと妻のファックスから知り、感激です。ご存知でしょうが、3月20日、サンディエゴでキューバチームと決勝を行った王貞治監督率いる日本が、10-6で快勝し、初代の世界王者に輝いたのです。普段嬉しさをあまり表に出さないイチローのコメントが、今回にかける選手の意気込みを代表していると思います。

——最高です。信じられない。ありがとうございます。正直言ってこんなところに来れるとはイメージできなかった。本当にみんなすごい。最高でした。（九回に打点）それはいいんですよ。（日本球界への意味は）たくさんの人が見てくれていると聞いていましたし、球場にも足を運んでくれているので、力をもらいました。たくさんの人に野球って素晴らしいんだと思ってもらえたらうれしい。——

小学校のころにプロ野球の選手になりたかった私としては、野球への思い入れが強いのは当たり前ですが、ここパリでは、サッカーのニュースばかりで、どうも野球の人気はいま一つです。国際宇宙航行連盟のBoard MeetingとInternational Program Committeeのために来ているのですが、わずかにアメリカの数人の友人が「日本はすごいなあ」と声をかけてくれただけ。こんなに面白いスポーツの魅力を一生知らないで過ごせるなんて、かわいそう！

準決勝に天の配剤で奇跡的に這い上がった後の日本は、まさに一丸となり、世界一をめざす心がチームを一体と化した感があります。宇宙開発もそうですが、日本という国が一丸となって世界で最も素晴らしい国をつくろうという気持ちに溢れるのは、いつのことでしょうか。必死で「世界一」を守ろうと躍起になっているように見えるアメリカ、そうはさせじと団結するヨーロッパ。21世紀の強大国家を目論み努力を続ける（中国、インドをはじめとする）アジアの国々……日本は今どのような国になることをめざしているのでしょうか。

こちらでも多くの国の人に聴きました。ほとんどの人

は言います。「え？　世界一のお金持ちになることをめざしているんじゃないの？　ところで Is Horie still in jail ?*」私も含め、日本のめざす方向が、科学技術の個々の達成だけでなく、文化的にも政治的にも明確にアピールできるようにならないと、日本の将来は厳しくなってくることを、ヒシヒシと感じます。「はやぶさ」と荒川静香とプロ野球は頑張った。さあ、力をもらって私たちが頑張る番ですね。

\*：堀江貴史（ほりえ・たかふみ、1972-）、実業家。株式会社ライブドアの元代表取締役社長CEO。この当時は、証券取引法違反の容疑で拘留中だった。

## 3月 29日

### ルイス・フリードマンの来日

　アメリカの惑星協会（The Planetary Society）の事務局長ルイス（ルー）・フリードマンが文部科学省の招きで日本にやって来ました。昨日3月28日、お台場の科学未来館で「日米宇宙探査シンポジウム」で講演しました。シンポでは、毛利衛さんの開会の挨拶に続いて、「はやぶさ」の川口淳一郎プロマネの講演、ルーの講演、そしてパネル・ディスカッション（松尾弘毅宇宙開発委員、川口淳一郎 ISAS 教授、佐々木晶 NAO 教授、ジャーナリストの松浦晋也さん、そしてルー）と続きました。パネルは私がコーディネーターを務めました。全体としては、さすがに話題の中心は「はやぶさ」で、会場の熱気はすごかったですね。

　終わってから、ルーを千鳥が淵の桜に連れて行ったところ、大喜びでした。ちょうど満開寸前という感じで、少し歩いているうちにライトアップされ、お堀の両岸の風情が素敵でした。ちょうどいい時期に来日してくれてよかったです。その後で、渋谷のセルリアンタワーのバー JZ Brat で開かれた甲斐恵美子さんの「はやぶさ」応援コンサートに出かけました。甲斐さんのピアノを中心に、トランペット、ベース、バイオリン、ドラム、エレキギターという一団で、大変魅力的な3時間でした。

　私の兄が呉の街でダンスホールを経営していたことがあって、中学生の私はそこでよくジャズを楽しむ客と接

ルイス・フリードマン

「はやぶさ」のプロマネ、川口淳一郎

パネル・ディスカッション

# 2006年

千鳥が淵の満開の桜

歌う甲斐恵美子さん

していました。やはり、時代も違うし、町も違う。「はやぶさ」応援ということで客筋も異なっています。当時は中学生の私が、やくざっぽいお兄さんたちと（女役で）踊っていたのですから、それに比べれば品のいい雰囲気でした。アメリカ人のルーが大変楽しそうにしていたのが面白かったですね。まあ、野球も本場を押しのけて日本が優勝したぐらいだから、日本のジャズをアメリカ人がエンジョイしても、何の不思議もないわけですよね。そう言えば、27日は水谷仁さんとルーの3人で新橋で食事をしたのですが、WBCの野球の話をしたら、ルーは非常に口惜しかったようですよ。ざまあ見ろ！

## 4月 5日

### 「はやぶさ」の現況

久しぶりに「はやぶさ」のニュースです。「はやぶさ」チームは意気軒昂です。現在は、中利得アンテナによって256 bpsで毎日正常に運用しています。地球指向誤差も1度程度にまで追い込めています。指向誤差が0.2〜0.3度以下の精度になるとハイゲインアンテナによる通信も可能になるのですがねえ。

さる3月6日には距離計測に成功し、「はやぶさ」の位置も決定しました。その時点での「はやぶさ」は、イトカワから1万3000 kmほど離れたところを、毎秒3 mの速さで遠ざかっていたことがわかっています。2010年6月の帰還を目指し、「はやぶさ」の健気な旅は続きます。

「はやぶさ」は、イトカワ表面の状態がよくわかる精細な写真を数多く取得して、現在その解析が進められています。あと2ヵ月もすれば、数多くの論文を発表し、その時期に専門家を集めた合同説明会を開催したいと思っています。

「はやぶさ」は日本が独自に開発した探査方法であり、イオンエンジンや自律航行など技術的要素の実証に成功しました。国際的にも日本が積極的に貢献できる太陽

系探査として、ぜひとも後継機「はやぶさ2」を打ち上げて、このサンプルリターン技術を継承していきたいと思いますね。日本が世界をリードし、今後の太陽系探査ミッションを推進していけるといいですね。真の経済大国というのは、このような貢献のできる国なのではないでしょうか。

## 4月 12日

### ペンシル記念碑の除幕式

　先週お休みしたので、ちょっと旧聞に属しますが、桜が見ごろとなった4月1日（土）、国分寺のペンシル水平試射の跡地に「日本の宇宙開発発祥の地」の記念碑が建立され、除幕式が行われました。その場所は、国分寺駅北口から新宿方面へ歩いて5分、現在は早稲田実業の敷地となっています。

　記念碑は、早稲田実業の正門前にある広場の道路寄りに建てられました。ぜひ一度足を運んでください。立派なものですよ。その右手には、同校出身の王監督の記念碑が美しく並んでいます。

　ペンシルの記念碑は、高さ1m余りの全体が御影石でできており、国分寺市長の揮毫による「日本の宇宙開発発祥の地」の文字、ペンシル・ロケットを持つ糸川英夫先生の姿が、黒御影石に見事に彫り込まれています。前面下には、松本零士さんに設計してもらったタイムカプセルを埋納しました。その真上に、松本零士さんの「銀河鉄道999」のイラストを彫り込んだ黒御影石を載せて花を添えました。

　当日は、地元の国分寺市民や早実の関係者をはじめとして多くの方が参集してくれました。ペンシル設計者の垣見さんや当時のカメラを担当した安田さんなど50年前の関係者も大勢来られ、懐かしく再会しました。「糸川先生の写真の入っている記念碑は初めてだねえ」という宇宙研の先輩の言葉が、ぐさりと私の胸を刺しました。全く不肖の弟子たちですよねえ。

ペンシル記念碑除幕式

早実前の王監督の碑

糸川先生の肖像に手を置く

# 2006年

メーテルも飾られている

タイムカプセルを収納

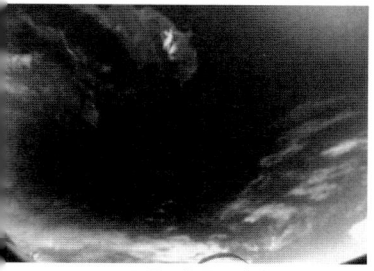

ISSから見た皆既日食中の月の影

　タイムカプセルに納めたのは、昨夏に千葉の幕張メッセで行ったペンシル・ロケットフェスティバルの際に募集した「未来のロケットコンテスト」に応募してくれた子どもたちのイラストなどですが、その子どもたちも大勢来てくれて、除幕のときにひもを一緒に引いてくれました。タイムカプセルは50年後の2055年に掘り出すことになっています。

　それはそうと、50年後にそのことを誰が責任を持って記憶しておくかが話題になりました。私もできるだけ、今後は4月12日のペンシル発射の日には、ここを訪れようと考えています。と書いた途端気がついたのですが、それは実は今日なんです。そして今日はスケジュールがつまっていて行けないんですよね。今月中には必ず機会を見て訪れます。

　もう一つ、どうしてもお伝えしたい話題があります。3月末に、衝撃的な写真を目にしました。新聞紙上でご覧になった方も多いでしょうが、2006年3月29日午前4時50分（CST）、高度230マイルを飛行中の国際宇宙ステーションに搭乗しているコマンダーのビル・マッカーサー、フライト・エンジニアのヴァレーリー・トカリョフ両飛行士が、皆既日食の真っ最中の「陰の」立役者であるお月さまが地球に落とす影を撮影したのです。本影の周りを半影がぼんやりと囲んでいる1億5000万キロの長さを持つ投影機の「影の」立役者は、翻って太陽です。その影の外側には、地中海に浮かぶキプロス島とトルコの海岸の一部が、南を上にして見えています。

　一瞬の間に私の心に浮かんだのは、地上数百kmを猛スピードで飛んでいる宇宙船と、その中で息を潜めて眼下の地球を眺めている宇宙飛行士の姿でした。そして地上を見つめているその飛行士の背後には、真っ黒の新月と明るい炎を吹き上げる太陽の姿が浮かんできます。この壮大なパノラマの大切な風景の一舞台に自らを置くことの痛快さは、実際に自分の想像力を使った人でなければ味わえません。宇宙は、まことにそのような挑戦的な素材に満ち満ちています。

　そういえば、最近アメリカでLPSC（月惑星科学会

議）のシンポジウムが開催されて、「はやぶさ」が注目を集めました。昨年の秋に小惑星イトカワに接近・観測・着陸・離陸という離れ業を演じて話題をまいた、あの日本の探査機「はやぶさ」です。忘れもしない、あの接近の際、太陽を背にして接近する「はやぶさ」の可愛らしい影が、イトカワ表面に投げられている様子が、「はやぶさ」搭載のカメラによってとらえられて感動を呼びましたね。相模原の管制室で若い研究者が、「あ、これ《はやぶさ》の影じゃないか！」と叫んだとき、近くに居た「はやぶさ」チームの面々が一斉に駆け寄りました。「あ、本当だ！」「太陽電池パドルの形がわかるね！」などと口々に歓声をあげながら、みんなの心に浮かんでいたのは、「地球から約3億km離れている宇宙空間」という舞台装置だったのでしょう。それぞれの頭脳の中には、はるかな宇宙空間において、時折地球との会話を交わすとはいえ、一人ぽっちでレインボーブリッジくらいの大きさの星に挑戦している小粒な探査機の果敢な姿が、くっきりと描かれていたに違いありません。こんなに気の遠くなるような距離を隔てたところで、自らの影を孤独に確認するなどという途方もない事件は、私たちを大変驚かせました。

　そういえば、数年前に、日本の火星探査機「のぞみ」が地球スウィングバイを敢行したとき、搭載のカメラが地球と月を一つのフレームにとらえたことがありました。太陽系空間に38万kmを隔てて浮かんでいる天体のツーショットは、やはり私たちの想像力を強く刺激したものです。新聞各紙の一面に載ったカラー写真を目にした日本の各地の読者諸氏から、「あの写真の紙焼きがほしい」の声が相次いで寄せられました。

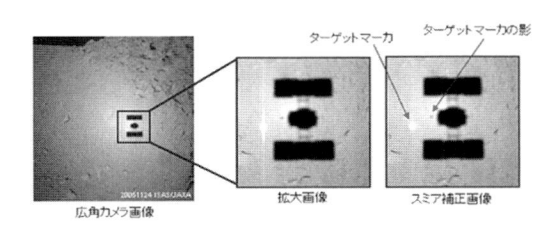

「はやぶさ」がイトカワに落とした影

# 2006年

地球と月のツーショット

相模原キャンパスの満開の桜

母と

　研究所の私の部屋のすぐ外側にソメイヨシノが咲き誇っています。比較的この時期が冷え込んだので、今年は長い時間持ちましたが、ついに散りました。満開に咲き誇っていたとき、その前で立ち尽くしながら、私は思い描いていました。もし3億km離れた他の星から派遣された探査機が私たちを訪問して、この桜の花をカメラでとらえ故郷の星へ伝送しているという荒唐無稽なシーンを。すると、大学3年生のときに永遠の別れをした母の顔がまぶたに登場してきました。あの母は桜が好きでした。ただし山桜が。「すぐに散ってしまうソメイヨシノは嫌い。あまりに悲しすぎるもの……」──小学校のころから、毎年この季節になると、母の口癖のような言葉を聞くのが、私の甘酸っぱい楽しみになっていました。春は人の心をくすぐる事件に溢れています。それが日本という国の大きな魅力でもあります。この国の人々が育んだたくましく美しい文化を世界の人に伝えたい。そうしたメッセンジャーを無数に育てたい──心はいつしか「宇宙教育」に向かう私でした。

　そしてこの時期は、転勤する人との別れの時でもあります。宇宙教育センターからも、鹿児島県から出向してきていた堀口俊尚くんが、3年のJAXA勤務を経て帰っていきました。宇宙教育センター設立前にはJAXA広報部で一緒に働きました。立派な友が去っていきます。お

156

元気で。また一緒に働くときが来ることを念じています。

### 4月 19日

## 素晴らしい熱気に包まれた「宇宙科学講演と映画の会」

　先週新宿の明治安田生命ホールにおいて、恒例の宇宙科学講演と映画の会（主催：JAXA宇宙科学研究本部）が開催されました。会場は350人くらいが定員なのですが、450人くらい来られたので、補助椅子をどんどん出して、やっと何とかしたという賑わいでした。

　講演は「はるか」《平林久さん》と「はやぶさ」《川口淳一郎さん》で、映画は「ペンシル・ロケットの再現実験」をやりました。知的興奮にこれほどの人が来てくださることに、私は日本人の素晴らしさをあらためて確認する思いでした。

　「はやぶさ」が獲得した解像度の高い画像（未発表）には、感嘆の溜息が聞こえてきました。スペースVLBIと小惑星探査のどちらでも実現した日本の独創性溢れる技術は、日本が世界に胸を張って誇り得るものです。そういえば、少し前に世界の6ヵ国（アメリカ、ブラジル、フランス、ドイツ、フィリピン、韓国）で、「日本人の特質として最も優れているものは何か？」という質問に対し、韓国を除く5ヵ国で「独創性」がダントツだったそうですね。また韓国の人たちの答えとしては、トップだったのが「自主性」だそうですから、これらの答えは、私たちが私たち自身について持っている（と思われている）認識とは随分隔たりがあるなと感じました。

　ザビエルの時代以来、多くの外国の人たちが日本へ来て、さまざまな感想を述べていますが、彼らが残した日本人についての記述は、私たちが自分を理解するのに、大変役立つものですね。今そのサーベイをしているところですが、何だか自信が出てきています。外国人の感想を鵜呑みにはできませんが、少なくとも日本人の特質について非常に示唆に富んだ感想が書かれています。その

堀口くんを送る
（前列右から3人目）

宇宙科学講演と映画の会

# 2006年

多くの記述が風化しないうちに、日本人の伝えてきた文化をしっかりと伝えなければ……と強く思っているところです。宇宙教育センターが頑張りますので、よろしくご協力をお願いします。

## 4月 26日

### 桜と日本の子どもたち

　3月に宇宙少年団の子どもたちと会いに沖縄・名護に行ったら、「いつもサクラ祭りを2月にやるんだけど、今年は1月末に満開になっちゃって、祭りのときはもう散ってしまって……」という話を聞きました。札幌にいる息子からは「札幌のサクラは5月のゴールデンウィーク明けに満開だよ」と聞いています。以前にも書きましたが、私はどちらかといえば山桜のほうが好きなのですが、現代の日本で「サクラ」といえば、やはり圧倒的に多くの人が「ソメイヨシノ」を思い浮かべるようですね。

　日本地図の上で、桜の開花する日が同じ地点を結んだ線を「桜の開花の等期日線図」というそうですが、これを眺めると、桜の咲いている地域とこれから咲く地域との境目が、天気図の前線に似ていることから、いつのころからか「桜前線」と呼ばれるようになりました。こんな美しい響きの言葉を発明した日本人は何て素敵な国民だろうと誇りに思いますね。

　気象庁の開花予想は、都市ごとに指定してある標本木の状態で決めるそうですが、北海道のほとんどの地域では、ソメイヨシノが育たないので「エゾヤマザクラ」、また奄美大島以南では「カンヒザクラ」を基準にしているそうです。そういえば、内之浦の発射場でも、ちょうど冬の打上げの季節には「ヒカンザクラ」（と現地では呼んでいます）が綺麗ですよ。

　そして、秋にはイチョウの黄葉する日の同じ地点を結んだ「紅葉前線」が、高地から低地へ、また北から南へと、こちらは南下していきます。だから、冬の早い北国や高地では、紅葉の真っ盛りに初雪が降ることがあるわけで

桜前線

すね。日本の四季の移ろいを味わう見事な表現が、私はとても嬉しいです。

　桜は毎年暖かい地方から寒い地方へと力強く咲き広がっていきます。南から北へ、沿岸部から内陸部へ、低地から高地へと、次々に満開の姿を見せていく様子を、頭の中で早まわしすると、それだけでもう幸せな気分になるから、不思議ですよね。桜の花芽は秋から冬にかけて眠りますが、冬の寒さのなかで目を覚まし、それから開花のための活動を始めるそうです。冬の真っ只中に沖縄をスタートした桜前線は、4月が終わるころには青森、5月連休（ゴールデンウィーク）には津軽海峡を渡って、5月上旬には春の遅い北海道に上陸します。開花してから満開になるまでの日数は、おおよその目安では、沖縄16日、九州から関東にかけては6〜8日、北陸・東北では5日、北海道は3〜4日だそうです。さて、「桜前線」の図を見て気がついたのですが、その北上のスピードは一定ではないんですね。春先の気温の変化が一定でないことが原因でしょうが、鹿児島と東京の開花日の違いは4〜5日くらいなのに、東京で開花してから東北北部で開花するまでには、約1ヵ月もかかっています。ちょっと計算してみました。桜前線が北上する速さは、西日本から関東地方に移るときは1日に約30kmですが、東北北部を通過するころには1日約18km程度、そして津軽海峡を越えて北海道を北上するころには、1日に約15kmと遅くなっています。

　先日ある小学校で、「桜前線の北上のスピードを1日20kmと仮定すると、秒速はどれぐらいか？」という問題を出しました。いち早く割り算を終えた、教室の後ろのほうの男の子が叫びました――「23センチ！」。すると一番前に座っていた可愛い女の子がつぶやきました――「あ、お母さんの足の大きさ……。」これは意外な発見でした。その女の子に「ああそうか。桜前線は、1秒間に君のお母さんの足の大きさだけ北へ動いていくんだねえ。」と語りかけると、他の子どもが「ウチのお母さんは22センチしかないよ」「ウチは23.5センチ」と、口々に叫ぶ中に、「ウチは26センチ！」という声が聞こ

# 2006年

えたので、私は思わずギョッとしましたが……。授業が終わった後、担任の先生が「何だか教室中がサクラのピンク色に染まったような幸せな感じでした」とおっしゃっていました。こんな思いつきで、子どもたちに日本の文化の豊かさを実感させることもできるんですねえ。

ところで東京では、今年の気象庁による開花予想が、実際とは3日ほど遅れたために、数十件の苦情が殺到したそうですよ。私としては気象庁の係りの人に同情しますが、気象庁では汚名返上に向けて、過去30年の膨大なデータの分析に取り組み始めたそうです。来年には、今より精度の高い予測式が作られるかもしれませんね。でも最終的には、サクラ御本人に聞かなければわからないでしょうけど……。

4月27日には、桜は散ったけれども園遊会にお招きいただいて、広大な緑の赤坂離宮に行ってきました。そこで偶然にも大分県漁連の藤谷会長にお会いし、久しぶりの対面にびっくりするやら嬉しいやら……。

藤谷さんと

## 5月 3日

### 月を世界が語ったNASAの探査戦略ワークショップ

去る4月25日から28日まで、ワシントンにおいて、NASA Exploration Strategy Workshop（これからの月探査の戦略ワークショップ）が開催され、12ヵ国プラス1国際機関（ESA）から約200名の人が参加しました。そのうちアメリカ国外から約60名、NASAから25名、アメリカ国内の他の参加者は、産業界、学界、軍OB、宇宙飛行士、官僚など多彩な顔ぶれでした。

25日の基調講演や月探査の歴史・意義、火星探査への発展など、いわゆる問題の背景についての有難い講演を経て、26日と27日には、参加者を7つのグループに分けて、すべて同じ仕事を与えられ、ブレイン・ストーミングが行われました。その仕事は、「月探査の目的とテーマ、それをやりぬくための条件と方法」です。それ

ワークショップのシンボル「Hand Moon」

それの立場からそれを次々と列挙していくわけです。

　提出された月探査の目的は 40～60 項目あり、それが各グループによって 5～8 のカテゴリーに分類されました。集計された「月探査の目的・テーマ」は、以下のようなものです。発言の数の順に言えば、月の科学・月からの科学・月における科学、月の経済・商業利用、月における居住、グローバル・セキュリティと国際協力、火星以遠への拡大のステップ、教育・広報活動、などなど。

　続いて 28 日には再び全体会議でまとめがありました。こうして出たものを 2 ヵ月くらいかけて NASA が整理し、探査戦略の案を作成します。もちろんその案は海外の宇宙機関に送られて、意見が求められ、12 月には中間報告書が作られ、ヒューストンでまた議論するという段取りです。その途上には、ESA/ASI ワークショップ（5 月、イタリア）、COSPAR（7 月、中国）、ILEW（7 月、中国）、IAC（11 月、スペイン）などいくつかの国際会議があるので、ここでも議論が展開されるでしょう。

　ところで、この会議では不思議な事件が起きました。初日には確かにいた中国の代表 6 名が、2 日目の分散会のときには、忽然と姿を消したのです。このことは会議後の記者会見でも問題になり、NASA 長官も「なぜかはわからない」と答えています。これは NASA が中国を招待したものらしいので、常識的にはかなり理解に苦しむ性質の行動です。ただし、今回の会議の性格や目的については、「なぜこのような討議をアメリカ以外の人々が半ば強制的にやらされるのか」というとまどいが、中国に限らず他国の参加者にもあったようですから、うがった好意的な見方をすれば、「アメリカの傘のもとで月探査を考えることからの回避」と「邪推」できないこともないですが……。

# 2006年

**5月 10日**

## ヨーロッパの金星探査機が最終周回軌道へ

　昨年11月に打ち上げられたESA（欧州宇宙機関）の金星探査機ビーナス・エクスプレスは、先月金星周辺に到着して軌道の調整を行っていましたが、この日曜日、遂にその目標軌道に到達しました。現在最終の機器チェックが行われています。現在の軌道は近金点250 km、遠金点6万6000 km、軌道周期は24時間です。

　実は、金星に到着して最初に投入されたのは、近金点400 km、遠金点35万 kmでした。これは軌道周期が9日もかかる長楕円軌道ですが、この程度の軌道でないと金星の全体像をとらえることができないので、これはこれで貴重な「眺め」だったわけです。その2日後には金星南極の写真を史上初めて送ってきました。機器チェックは6月初めまで続けられ、それからいよいよ本格的な科学観測に入るとあって、科学者たちも気合いが入っています。

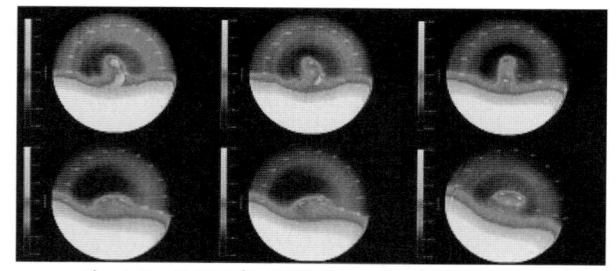

ビーナス・エクスプレス

日本の金星探査機プラネットC

ケネディ宇宙センターのマジェラン

ビーナス・エクスプレスがとらえた金星南極の二重渦

　2010年には、惑星気象学の確立をめざす日本の金星オービター「プラネットC」も打ち上げられます。思えば1994年に濃厚な金星大気に突入して寿命を終えたNASAの金星探査機マジェランから12年。久しぶりで観る金星の素顔を、これから堪能したいものですね。

## 5月 17日

### 樽の水の話

　昔あるところに、おじいさんとおばあさんがおりました。樽に水を入れて放っておいたところ、少しずつ減っていきます。おじいさんが「どうしてこんなことになるんだろう」と疑問に思い、あちこち調べてみると、底に近いところに小さな穴が開いていました。「ああ、これだこれだ」と考え、今日は遅いから明日の朝に修繕することにしようと思い、布団に入って寝てしまいました。ところが、翌朝起きて樽のところに行くと、樽が水でいっぱいになっているではありませんか。急いでおばあさんを呼んで、「おばあさん、どうしたんじゃ。樽の水がいっぱいじゃぞ」と訊ねると、「ああ、水がなくなったから注ぎ込んだまでじゃ。また少なくなったら、上からじゃぶじゃぶ入れにゃならんのお」と答えたそうです。「樽」を子どもの心、その中の水を「愛国心」にたとえると、この議論は急に現実味を帯びてきます。国を愛する若者たちが少なくなったからというので、じゃぶじゃぶ愛国心を注ぐというやり方は、このおばあさんのやり方によく似ていますね。

## 5月 24日

### ボイジャー2号、来年中に太陽系の最遠部に突入

　太陽系の最も遠くにある領域は、ターミネーション・ショックと呼ばれる衝撃波です。太陽から吐き出される太陽風のために、いわゆる「太陽圏」（heliosphere）は電気を帯びた低エネルギーの粒で囲まれた丸い形をしていると考えられています。その荷電粒子群は、太陽系の外からやって来るプラズマによって外側から押されており、そのあたりがわが太陽圏の一番外側になっているのですね。

# 2006年

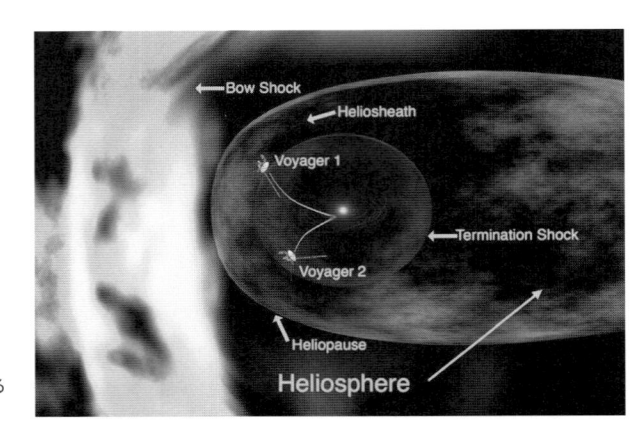

太陽圏の端に接近する探査機たち

　昨年5月に、NASAのボイジャーチームが「北へ向かったボイジャー1号が現在ターミネーション・ショックを通過中」とのニュースを発表したばかりですが、その姉妹機であるボイジャー2号が、来年には南のほうでターミネーション・ショックに入るらしいのです。面白いのは、1号が太陽から85 AU（天文単位：1天文単位は1億5000万キロ。太陽と地球の平均距離）で突入したのに、今回の2号は76 AUで突入することです。つまりわが太陽圏は、北に膨らみ南に縮んだいびつな形をしているのです。もっとも、太陽圏の形や様子についてはわかっていないことが多く、時間的に変動している可能性も大きいのですが……。

　いずれにしても、1977年に打ち上げられたボイジャー姉妹が依然として地球局と交信を維持しているなんて信じられない思いです。現在の太陽から見た距離とスピードは、1号が139億kmで秒速17.1 km、2号が104億kmで秒速15.7 kmです。いくつもの惑星ミッションと会話を続けているカリフォルニア・パサデナにあるJPL（ジェット推進研究所）のフライト・コントロール・センター。20年前に私が滞在していたころは、「もうじきボイジャー2号が海王星に着く。そのときは日本の臼田局の世話になる」と顔をほころばせていた友人たち。もうすっかり世代が変わっているでしょう。それでも人類の惑星探査の牙城は健在です。

JPLのフライト・コントロール・センター

164

## 5月 28日

### アポロと桶狭間と赤外線天文衛星「あかり」

　ある有名な進学校へ話をしに行ったときのことです。講演の後で前列にいた生徒から、「アポロは本当に行ったんですか」と聞かれました。たまたまそのときはその種の本が本屋さんの店頭をにぎわしていたころだったので、関係した画像を何枚か手まわしよく準備していました。やはり来たかというわけで、あの月面で星条旗がはためいて見える写真とか、飛行士や着陸機の影が平行でない写真とかを見せながら、「実際には誰も月へ行っていない」という人たちの根拠の主なものを潰していきました。

　その最中、その場の高校生の反応は非常に好ましかったのですが、ひととおり説明を終えてから、その質問をした子に「どうですか？」と訊ねたところ、「よくわか

月面のオルドリン飛行士

# 2006年

りました」と答えたので安心したのですが、続けて「先生はアポロが月へ行ったという説なのだということがよくわかりました」と言うのです。「説」にされてしまいました（笑）。そこで「あなたは桶狭間の戦いというのが、実際にあったと思いますか？」と逆に訊ねたところ、彼は「それはあったんでしょ」と言ったので、「どうしてですか？」と訊いたら、「だってどの本を読んでもそう書いてありますから」というのが答えでした。

歴史には、俗に言う「一級史料」というのがあります。さしずめ桶狭間ならば太田牛一の『信長公記』がそれにあたるのでしょう。しかしそこに書いてあることを解釈するのは主として歴史家です。「主として」というのは、歴史家でなくても一級史料を読むからです。誠実な作家ならそれは当然だし、素人でも歴史好きならたまには目を通しますよね。おまけにその一級史料そのものが時代とともに発掘されたり格が落ちたりするものなのだと思います。

自然科学でもそのような「原資料」があります。ただし自然を解釈する上での「自然から提供される証拠の把握」、いわゆる「観測」が、歴史が進むに連れてどんどん明確になっていくプロセスが、「自然のベールをあげる」醍醐味なわけです。これまでに無数の人々が、「これまで人類の誰も見たことのなかったもの」を目にして感動にひたりました。そして次の時代にはそれをさらに凌駕する詳しい観測がなされて再び別の人が興奮し、……こうして不断に自然の真実の姿が暴かれていきます。

前置きが長くなりましたが、このたびJAXA（宇宙航空研究開発機構）が発表した赤外線天文衛星「あかり」の画像は、そのような画期の一つです。1980年代初めにオランダ・イギリス・アメリカの三国が打ち上げた最初の赤外線天文衛星「アイラス（IRAS）」の画像を圧倒的な迫力で更新してくれました。

2006年2月21日に内之浦からM-Vロケットによって打ち上げられた日本初の赤外線天文衛星「あかり」は、2週間の後に高度約700kmの太陽同期軌道に置かれ、太陽センサーの故障というアクシデントにめげず、さま

内之浦発送前のアストロF

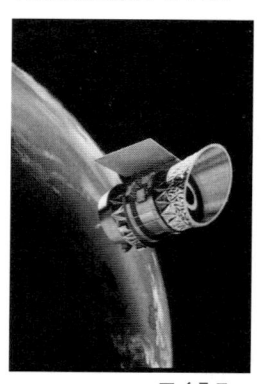

アイラス

ざまな機器チェックを経て、4月13日に遂に赤外線望遠鏡の蓋を開けることに成功し、搭載した二つの観測器械、FIS（遠赤外線サーベイヤー）とIRC（近・中間赤外線カメラ）が6つの赤外線波長による観測を開始しました。そしてこのたび発表された画像は、その観測器の威力を文句なく示しています。

一つは、6000光年の彼方に10光年にわたって広がる反射星雲IC4954の画像です。反射星雲とは、ガスやダストの雲が近くの星の光を反射している姿です。このIC4954では、数百万年も前から星が誕生し続けているところらしいですね。ホームページを見てください。20年前のアイラスと比べて、いかにこの分野の観測技術が進歩しているかが、容易に見てとれます。生まれたばかりの星、星の原料となっているガス雲の分布が鮮やかに浮き出ています。

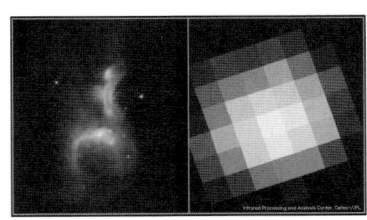

反射星雲 IC4954（左が「あかり」、右がアイラス）

同時に発表された1200万光年彼方の銀河M81の画像も素晴らしいものです。今後この「あかり」によって、赤外線による宇宙の新しい地図が作成され、銀河や星・惑星系の起源や進化の研究に、大きな跳躍台となる成果が得られるでしょう。期待に胸躍る発表でした。

「あかり」がとらえた M81

# 2006年

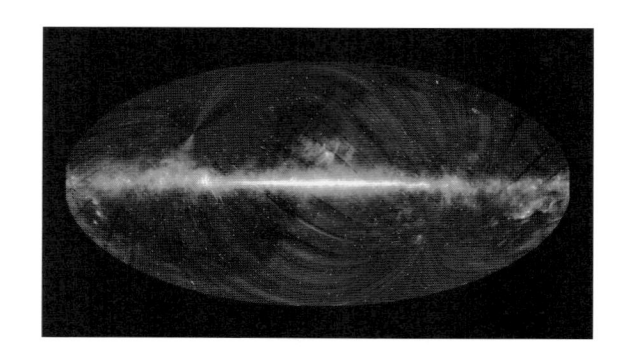

中間赤外線による全天スカイマップ（あかり）

**6月 2日**

## 科学雑誌「サイエンス」が「はやぶさ」を特集！

　日本の惑星探査としては初めて、「サイエンス」に特集号が出ました。イトカワ科学観測特集号（6月2日号）です。

　小惑星探査機「はやぶさ」は昨年9月中旬から11月下旬にかけて、小惑星イトカワの科学観測を行いました。高度20 km～3 kmの距離から4種類の観測機器を用いて、イトカワの形状、地形、表面高度分布、反射率（スペクトル）、鉱物組成、重力、主要元素組成などを観測しましたが、その結果は、小惑星の形成過程を考える上で、まったく新しい知見をもたらしました。最もありふれた小型小惑星の詳細な姿を明らかにしたことは、今後のすべての小惑星探査における重要な指標となるものです。数々の科学成果を挙げ、「サイエンス」の特集号を飾った日本の科学者に乾杯！

　なお、特集号を組むにあたって「サイエンス」編集長ケネディ氏からお礼とお祝いの手紙が届きましたので、合わせてご紹介します。

---

宇宙航空研究開発機構　宇宙科学研究本部
教授　藤原顕　殿

　はやぶさミッションの素晴らしい成果に対し、「サイ

エンス」編集長として藤原教授をはじめ研究者の皆様に敬意を表しますとともにお祝い申し上げます。「サイエンス」ならびにその発行元である米国科学振興協会（AAAS）は、世界に先駆けて同ミッションの成果に関する論文を弊誌上に掲載できますことを光栄に思います。

　また、本日の記者会見を主催し、これらの胸躍る成果の発表にご尽力いただいた宇宙航空研究開発機構（JAXA）の皆様にも御礼申し上げます。

　はやぶさミッションは、深宇宙に旅し、小惑星の試料を持ち帰る（サンプルリターン）という世界初の試みです。はやぶさはパイオニアとして見事な成果を挙げました。2010年に小惑星イトカワの試料を携えて地球への帰還を果たすことができれば、それはさらなる功績となるでしょう。帰還は少し先のこととはいえ、今回の意欲的なミッションから、今後のサンプルリターンミッション計画・実施にとってきわめて重要な数々の教訓を学ぶことができるのです。

　本日、この記者会見の場で発表されるイトカワに関する豊富な科学情報は、太古の昔に誕生した小惑星やそれらが形成された初期太陽系に関する重要な問題を解く助けとなるでしょう。また、これらの情報には実際的な意味合いがあります。なぜなら、小惑星が地球に接近する可能性があるやも知れず、その構造と組成を知る必要が生じるからです。

　子どもから科学者まで、そして言うまでもなく映画監督も、小惑星にその想像力をかき立てられてきました——小惑星は何でできているのか、そしてどのような姿をしているのか。数十年もすれば、はやぶさによって撮影されたイトカワの写真がきっかけになったという宇宙科学者が現れることでしょう。

　今回、このように重要な研究成果を報告する場として*Science*をお選びいただき、世に発表していただくことに対し、重ねて御礼申し上げます。日本の宇宙科学研究のレベルの高さ、ならびに研究全般の質の高さを証明す

# 2006年

る今回の研究を弊誌に掲載できることは光栄の限りです。

「サイエンス」編集長
Donald Kennedy, Ph. D.

## 6月7日

### 歴史と日本文化の町、金沢で国際学会 ISTS 開幕

　ここ金沢市で、ISTS という国際学会が日曜日から開催されています。月曜日に開会式をやりました。私はその組織委員長を務めていますので、その開会の挨拶をここに掲載します。なお、発表論文数も参加人数も、1959年の第1回以来最大規模になりました。金沢という町の魅力も、預かって力になったことは確実です。なおこれは和訳ですので、原文は英語のほうをお読みください。

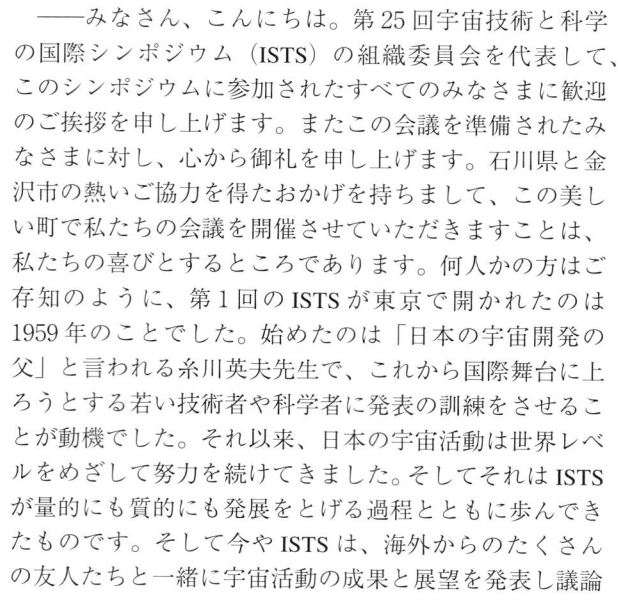

　——みなさん、こんにちは。第25回宇宙技術と科学の国際シンポジウム（ISTS）の組織委員会を代表して、このシンポジウムに参加されたすべてのみなさまに歓迎のご挨拶を申し上げます。またこの会議を準備されたみなさまに対し、心から御礼を申し上げます。石川県と金沢市の熱いご協力を得たおかげを持ちまして、この美しい町で私たちの会議を開催させていただきますことは、私たちの喜びとするところであります。何人かの方はご存知のように、第1回の ISTS が東京で開かれたのは1959年のことでした。始めたのは「日本の宇宙開発の父」と言われる糸川英夫先生で、これから国際舞台に上ろうとする若い技術者や科学者に発表の訓練をさせることが動機でした。それ以来、日本の宇宙活動は世界レベルをめざして努力を続けてきました。そしてそれは ISTS が量的にも質的にも発展をとげる過程とともに歩んできたものです。そして今や ISTS は、海外からのたくさんの友人たちと一緒に宇宙活動の成果と展望を発表し議論

ISTS 会場となった金沢観光会館

しあうための真の交流の場となっています。この場を借りまして、これまでシンポジウムへの協力をしてくださった国内外の多くのみなさんに対し、熱い感謝の気持ちを述べさせていただきます。

　今回のISTS金沢大会は、「平和な惑星地球のための宇宙探査」というスローガンを掲げています。冷戦の終結以後、世界情勢は急激に変わりつつあり、私たちは人類の生活と生命の活力を維持し強化するための新たなパラダイムを求めているように見えます。「宇宙探査」というのは、言葉の真の意味において、この地球に平和をもたらすための最も大切な活動分野です。このシンポジウムでの徹底した議論を通じて、宇宙科学と宇宙工学の緊密な協力のもとで平和な地球を獲得するための新たな枠組みを見つけようではありませんか。実はISTSというのはいつもは5月に開催しているのですが、今回は6月に設定しました。参加者のみなさんに百万石祭りを楽しんでいただくためです。百万石祭りは、私たちの会議が終わる日、今週の金曜日に始まるのです。しかし一つだけその点に関して謝らなくてはなりません。このスケジュールだと、ISTSの開催中に、近くドイツで開幕するサッカーのワールドカップの行方を気にしなければならないことです。みなさん、今朝の情報では、このシンポジウムには600編を越える論文が発表されるそうです。これはこれまでで最高の数です。みなさんとともに、この盛況をお喜びしたいと思います。最後に、このシンポジウムにお集まりいただいたすべてのみなさんにもう一度お礼を申し上げます。どうかこの素晴らしい町での一週間を楽しくお過ごしください。有難うございました。

　以下は実際に挨拶で使った英文です。
——Distinguished guests, ladies and gentlemen：
On behalf of the organizing committee of the 25th International Symposium on Space Technology and Science, I am honored to express our hearty welcome to all the participants in the symposium, and also to express our sincere appreciation to the people who have devoted

themselves to the preparation of this meeting. It is our great pleasure to have this 25th epochmaking meeting in such a beautiful city, thanks to a passionate cooperation of Ishikawa Prefecture and Kanazawa City. As some of you might recall, the first ISTS was held in 1959 in Tokyo. It was established by Dr. Hideo Itokawa, the Father of Japan's space development, to train young engineers and scientists who were to run up onto international stage in those days. Since then, Japan's space activities continued to work toward the aspirations for a world level. It has been, at the same time, the process that the ISTS became bigger in quantity and higher in quality.

Thus the ISTS now has become a real common meeting ground for presenting and discussing the results and perspectives of space activities with many friends from overseas. So taking this opportunity, let me express my deep thanks to a lot of distinguished investigators from foreign countries and from all over Japan who have given continued support to the process. The ISTS-Kanazawa this time embraces a slogan "Space Exploration for a Peaceful Planet Earth". The global status quo is radically changed since the Cold War ended. And we now seem to be seeking a new paradigm to sustain and enhance a vitality of life of humanity. Space Exploration is, in true sense of the word, one of the most important activity spheres to win peace here on our earth. Let's try to have full discussions to find a new framework to contribute much to establishing a peaceful planet earth under the close cooperation between space technology and space science. Though the ISTS is usually held in May, we have set up the schedule in June this year. It is because we would like all of you to enjoy Hyakumangoku Festival which starts on the very day of our closing, that is, on Friday this week. But I must apologize to all of you that, under this timeschedule, you have to worry, during this symposium, about the situation of the World Cup of

Soccer in Germany to come. Distinguished guests, ladies and gentlemen, As of this morning, over 600 papers are to be presented in this symposium. It is the largest number in the history of ISTS. Iwould like to share the pleasure for this achievement with all of you here. Finally, let me express my deepest appreciation again for your joining us, and I would like all participants to have very enjoyable week in this wonderful city Kanazawa.

Thank you very much for your attention.

県知事、市長、金沢実行委員会主催のレセプションにおける私の挨拶：

——まず何よりも、この素敵なレセプションにお招きいただき、有難うございました。美しい町で会議を開かせていただくことは、いつも私たちの喜びですが、それよりも、その町で素晴らしい人々や文化に出会うことははるかに嬉しいことです。午前中の開会式で市長が挨拶されたように、この金沢は、もう400年以上にわたって、市民が戦争を経験していない町です。その間に、ここの人々は独特の日本文化、まさにその名に恥じない文化を維持し、発展させ、育て上げてくれました。それは生活のあらゆる領域に渡っています。聞くところによると、金沢の女性は幼いころから、日本文化の稽古に通います。たとえば、能、琴、お茶、お花、日本舞踊などなど。私たちは、ちょっとその辺を歩くだけで、いやこの部屋でも、そのような優雅な女性を容易に発見できます。私は、一人の若い男の人の話を聞いたことがあります。その男性は金沢生まれでした。高校を卒業後、その男性は札幌にある北海道大学に進学し、そこで金沢生まれでない可愛い女性と恋に落ちました。二人の恋は成就し、やがて二人は結婚の約束をしました。しかしその男性の両親が、その女性との結婚を決して許してくれませんでした。その両親が言ったそうです、「金沢以外で生まれた女性は、金沢女性のようにお行儀がよくないから、駄目だ。」こうしてその男性は恋を失いました。もちろんこんなことがいつも起きるわけではありません。しかし男性諸君、

# 2006年

　もしあなたが金沢生まれの女性に恋をしかかっていたら、どうか気をつけてください。彼女の両親が言うでしょう、「金沢生まれでない男性は、野卑すぎるから、お前には向かない」と。それはともかく、本日はご招待していただき、有難うございました。私たちはこれから一週間、県知事が（さきほどの挨拶で）望まれた宇宙旅行に安価にお連れするような宇宙観光の話も含め、実りある議論をしていきたいと思います。そしてこの金沢の町を、「非常に気をつけながら」満喫したいと思います。

　以下は英文です。
　――Mr. Governor, Mr. Deputy Mayor, and all members of Kanazawa Executive Committee : First of all, I thank you very much for inviting us to this wonderful dinner. It is always our pleasure to have our meeting in a beautiful town, but it is more delightful when we find wonderful people and culture in that town. As Mr Mayor suggested in the morning opening ceremony, Kanazawa is a city where people have not experienced wars for more than 400 years. In the mean time, people here kept, developed and raised special Japanese culture worthy of the name. The aromatic culture of Kanazawa covers food, clothing and shelter. It extends all the area of life. I hear that ladies here take, from their childhood, many cultural lessons such as Noh play, Koto Japanese harp, tea ceremony, flower arrangement, Japanese dancing, and so forth. We can easily find such elegant ladies by just walking a minute around here or even in this room. I have heard about a young guy who was born in Kanazawa. After he graduated from high school, he went onto Hokkaido University in Sapporo, where he fell in love with a lovely girl who was not born in Kanazawa. The lovebore fruit, and they got engaged to marry. But the parents of the guy never gave him a permission to marry her. The parents said, "No. Any lady who was not born in Kanazawa does not behave well-mannered like ladies here." And he

got his heart broken. Of course it does not always occur, but be careful when you are falling in love with a girl in Kanazawa. Her parent coulds say, "No, guys who were not born here are always too boorish for you." Anyway, thank you, Mr. Governor, Mr. Deputy Mayor, and all members of Kanazawa Executive Committee again. We will have fruitful discussions including space tourism that can carry Mr. Governor to space very cheaply, and ofcourse enjoy this wonderful town for a week "very carefully".

　会議の合間には、立川JAXA理事長との楽しく有意義な会食ができ、鈴木大拙、三宅雪嶺、室生犀星などのゆかりの地、芭蕉の足跡なども大急ぎでまわることができました。

立川理事長と会食

　芭蕉の生涯の中でも、平泉を経て日本海へ出、加賀へと入っていた元禄2年（1689年）の5月から7月にかけては、私の最も好きな句が次々と世に現れた大好きな時期です。

　　　　わせの香や　分け入る右は　有磯海

と詠みながら越中富山に芭蕉は、匂い立つ稲穂の中にて幸せ感と「もうじき加賀だ」という期待感でウキウキとしているようです。分け入る向こうには、初秋の日本海が陽光を受けて輝いています。

鈴木大拙生誕の地

　日本橋を発つとき、まずは松島をめざした芭蕉の、次の目的地は（象潟を除けば）ここ金沢でした。この文化の薫り高い街には、蕉風に心を寄せる人がたくさんいるのでした。ここで会いたい人の一人は、製茶の販売業者を営む小杉一笑という人でした。ところが、芭蕉が着いてみると、彼が前年暮れに病死していたのです。

　　　　塚もうごけ　わが泣く声は　秋の風

　颯々と木々の葉を鳴らす秋風の響きに託した芭蕉の悲痛で激しい感情の流出が伝わってくるような気がします。彼にしては珍しく強く熱いものが直接出ていますね。こ

三宅雪嶺生家の跡

*175*

# 2006年

室生犀星が育った雨宝院

一笑塚と句牌

「あかあかと　日はつれなくも　秋の風」の句牌

の句の句碑がポツンとありました。

そこから足を運んでいくと、私の好きな

あかあかと　日はつれなくも　秋の風

の句碑がありました。これは間違いなく夕陽だと思うのですが、秋とはいっても暦の上では7月。残暑の匂いが感じられるのですがいかがですか。この「つれなくも」の言葉に、『奥の細道』では「難面も」の字を充てています。ということは、「秋になったのに知らん振りをしながら、あのお陽さまはあかあかと照っていらっしゃる」というような雰囲気ではないかと思うのです。秋風と烈日の対照、暦の日付と現実の暑さとのギャップが、この句の中で響き合っています。

そして小松では、

むざんやな　かぶとの下の　きりぎりす

で齋藤別当実盛が詠われます。「あなむざんや」と発せられているものもあります。私も昔やった謡曲「実盛」には、実盛の幽霊の話の中に「樋口参り唯一目見て、涙をはらはらと流いて、あなむざんやな、齋藤別当にて候ひけるぞや」とあります。芭蕉は隠れもなくこの謡曲から借りてきているわけです。この地でふと目にしたキリギリスに、虫に化したと伝えられる実盛の姿を見る芭蕉の心には、私たちが現在の時点で想像するよりも切実な思いがあったかもしれません。

などとのんびりしてはいられません。さあ、仕事仕事。

## 6月 15日

### 冥王星は「惑星」か？——9月に決着

2003年11月に、アメリカのマイク・ブラウンらの天文学者が、地球と太陽の距離の90倍離れたところに、一つの天体を発見しました。パロマー天文台の望遠鏡を使って発見されたその天体は、非常に低温らしいので、チームは「セドナ」と命名しました。セドナというのは

セドナの大きさ

イヌイットの海の女神で、すべての海の生き物はセドナから生まれたといいます。

　セドナはこれまで発見された中で最も遠くにある太陽系の天体です。それは冥王星や海王星よりも3倍遠いところにあります。そして面白いのは、太陽にずっと近い惑星たちと比べると、セドナの軌道は非常に長い楕円形であり、太陽を一周するには1万年もかかるのです。「オールトの雲」というのをご存知でしょうか。このセドナという天体は、その太陽系の端にあると考えられている「オールトの雲」という原始彗星の集まりの中で一番太陽に近いものの一つではないかという考え方が、発見者によって報じられたのです。

オールトの雲とセドナの軌道

# 2006年

　私たちの太陽系には、御存知「水金地火木土天海冥」という9つの惑星が知られています。この呪文のような言葉は、私たちが小学校のときから「憶えさせられて」おり、太陽から近い順に惑星の名前の頭文字を並べたものですね。長い間、冥王星の向こうには第10番目の惑星がいるのではないかと、私たちの夢と期待が膨らんでいました。でも不思議なもので、セドナと同じ2003年に、冥王星の彼方に、冥王星に匹敵する大きさの天体（UB313）が発見されてみると、これを本当に「惑星」の仲間に入れていいのかどうか、天文学者の間では喧々諤々の議論が始まることになったのです。

　不思議なのは、こうした用語に責任を持つはずのIAU（国際天文連合）において、これまで「惑星」という言葉について厳密で明確な定義があったわけではないことです。大体のところは、（1）太陽のまわりをまわっていて、（2）丸くて、（3）大きさが冥王星（直径2320km）ぐらいよりも大きい、といった程度の「暗黙の了解」があっただけなのです。

　ところが、人類の探査技術の驚くべき進歩によって、これから先も、上記の3つの条件ぐらいなら満たしている天体が次から次へと見つかりそうな勢いになってきたものですから、大慌て。実は、冥王星が他の8つの惑星と異なっていることは、それが発見されたころから話題になっていました。

（1）水星から火星まで固体惑星、木星から海王星までガス惑星というようにくっきりと分かれているのに、次の冥王星が固い表面を持っていることが奇妙であること。
（2）冥王星の軌道の形が他の8つに比べて極端に長い楕円であること。
（3）冥王星の軌道だけが軌道傾斜角が極端に大きいこと。

　以上の3つが冥王星の異常な点でしょう。なぜ冥王星だけが特殊なのでしょうか。それを判断するには、冥王星よりも外側の様子についての知識がもっと得られなけ

ればなりませんでした。そのデータは、地上からの観測やハッブル宇宙望遠鏡による抜群の解像度の写真などを通じて、急速に増えていきました。そして冥王星以遠の空間には、エッジワースとカイパーが発見した小天体の巣があるらしいことがわかってきました。そして冥王星に匹敵する、あるいはそれより大きな天体まで現れるに至って、ようやくIAUは重い腰を上げたのでした。

　冥王星は、エッジワース・カイパーベルト天体の一つだと考えたほうがいいのではないかと、あちこちで囁かれ始めました。もし冥王星が「惑星」という地位を失うことになると、それは天文学にとどまらず、世界中の学校の教科書を書き換えなければならなくなります。その影響は非常に大きいと言えるでしょうね。そこでIAUは、プロの天文学者だけの委員会を作って、1年以上にわたって議論をしてきました。10人以上の天文学者たちがさまざまな主張をしています——質量の大きさだけで決めるべきだ、軌道の特性で決めればよい、その天体がどのようにできたかが基準だ、などなど。そして議論は暗礁に乗り上げました。

　そしてIAUでは、これまでの議論をもとにして、天文学以外の分野（たとえば歴史家や教育界の人々）の意見もとり入れるよう、新たな「審議会」を立ち上げたのです。現在その審議会で勉強と意見交換が行われており、6月30日に会合が持たれる予定です。その議論の結果がIAU理事会に送られ、今年の9月にプラハで開かれるIAU総会に付されます。ここで何らかの原案ができ、その案をどのように扱っていくかは定かではありませんが、ともかくこの9月には「惑星の定義」について、IAUとしての結論を発表するそうです。

　冥王星を惑星かどうか決めるためには、「惑星」という言葉が厳密に定義されていなければならないわけですが、要はその定義がこれまでなされたことがなかったのですから、これから正式にその「定義」という行為を実施するわけです。もしも冥王星が惑星から「追放」されると、小学校では「水金地火木土天海」という「新しい歌」が歌われることになるのでしょうね。

# 2006年

**6月 21日**

## 道川に立つ

　懐かしい秋田・道川（みちかわ）に来ています。

　糸川英夫先生の一行がロケット実験のために道川に降り立ったのは、今から50年前1955年の夏のことでした。以来1962年に発射場が鹿児島・内之浦に移されるまで、道川海岸は、日本で最初にして唯一のロケット発射場として、この国の宇宙活動の拠点として輝き続けたのでした。のち岩城（いわき）町と名を変え、最近になって町村合併により由利本荘（ゆりほんじょう）市の岩城地区と呼ばれております。今年の秋に「宇宙学校」という催し物を道川でやることになり、現地との打合せに参じたわけです。

　1955年の当時は、私は中学1年でした。今度が、私にとっては初めての道川訪問です。東京から1時間のひとっ飛び、曇天の秋田空港に降り立ち、レンタカーで町役場（正確には、由利本荘市の岩城総合支所）に向かいました。専用自動車道から東北自動車道につながる快適な道なのですが、レンタルしたカローラについているカーナビが見事な年代もので、そのナビゲーションが道路標識とことごとく食い違っているのが見事でした。「次、左です」と言うので注意して見ていたら、標識は「→」ですし、「次、右です」と言うので一層注意していたら、見えてきた標識は「←」です。それからは安心して、「右」と言えば左へ、「左」と言えば右へ曲がればいいので楽でした（まさか！）。

　さて、山あり谷あり、緑濃きなだらかな美しい地形に囲まれながら夢のドライブを楽しみ、高速に乗って15分ほど走ったころでしょうか、「道川トンネル」と称するトンネルをくぐると、そこが「日本の最初のロケット発射場」道川の町でした。その後も右と言えば左、左と言えば右へ進んで岩城総合支所に着きました。岩城地区の岸野区長さんや渡部支所長さんらが、待ち構えていてくださいました。聞けば市議会開会中なのだそうで、そ

由利本荘市の岩城総合支所（道川）

れをさぼってまで我々に付き合ってくださったのです。恐れ多いことです。

「宇宙学校」の相談の後、かつての道川発射場の跡地に連れて行っていただきました。1955年8月、最初にそこから打ち上げられたのは、ペンシル300という名前の、長さ30cmのロケットです。国分寺で同じ年の4月に水平発射されたペンシル・ロケットは、23cmのものです。ここ道川では、ペンシル300とベビー、カッパが打ち上げられたのです。初めは勝手（かって）川という川の南側に発射場があったのですが、より広い場所を求めて、勝手川の北側に発射場が移されました。その移設前の南側の発射場跡に、「日本ロケット発祥之地」と刻まれた記念碑が建てられていました。

潮風に吹かれながらかつての発射場を睥睨する記念碑のもとにたたずんでいると、先達の半世紀も前のご苦労が偲ばれて、何だか誇らしく懐かしく、否応のない叱咤を感じました。そこにしばらく立ち尽くした後に、勝手川の北側に移動しました。南北とも、昔は砂浜がもっとうんと広かったのだそうで、今では浸食を受けて海岸線が狭くなっています。しかしそれでも、やはり北側のほうがゆったりとした浜でした。

国分寺の実験の後に、発射場を求めた糸川先生は、（前にも書きましたが）当時のGHQ支配下の海岸線のうちで、ただちに使えそうなところとして、佐渡と男鹿（おが）半島しか見つけられなかったのだそうです。糸川先生は、高木昇先生とともに、まず佐渡に実地踏査に行ったそうです。折悪しく海が時化て、佐渡に到着したときには、船に弱い糸川先生はもうヘトヘトで、高木先生に「佐渡に発射場を作るのはやめましょうね」と、即座に言い放ったということです（高木先生談）。そして男鹿半島まで行ったときに、そこからほど近い道川海岸を、適地として発見したというわけです。

もちろん当時は列車での移動です。私の手元には、国鉄・道川駅のホームで、着いたばかりの糸川先生が笑っている写真があります。その道川駅の改札口の真ん前に、かつて伊勢屋という旅館がありました。今も建物が残っ

道川海岸の浜辺はこんなに狭くなった

勝手川南の記念碑

道川駅の糸川

# 2006年

かつての伊勢屋旅館

瀟洒な天鷺城

千宗室の設計した茶室「天鷺庵」

坂上田村麻呂に抵抗した天鷺速男の伝説

ています。そこが糸川先生の宿だったそうです。因みにこの旅館は、作曲家・成田為三が泊まって、道川海岸を眺めながら「浜辺の歌」を作曲した旅館として知られています。

　ここ道川は、岩城の殿様の2万石の城下町として栄えたそうです。真田幸村の息女・田（でん）が岩城に嫁入りしたそうで、天鷺（あまさぎ）城とか亀田城というお城がありました。「おでんの方ですか。おいしそうな名前のお姫様ですね」と言ったら、区長さんが嬉しそうな顔をされました。亀田城では千宗室さんの設計になる茶室「天鷺庵」で京都の「里の香」というおいしいお茶（裏千家）を、蓬もちと一緒にご馳走になりました。「センソウシツさんの設計になる茶室で結構なお茶をご馳走になり、有難うございました。あれがなかったら、センイソウシツになるところでした」と言ったら、区長さんが再び嬉しそうな顔をされました。

　天鷺城には、当時の士農工それぞれの階層の人々の住まいが移築されていて興味深かったです。他にもさまざまな伝統の工芸・文化が保存され維持されている様子に、私の胸には道川という場所の持つ歴史的文化的魅力がひしひしと伝わってくる想いでした。今日から道川は、単なるロケットの故郷の町だけではない存在となりました。

　特に興味深い話を見つけました。8世紀末、桓武天皇が蝦夷征討を決意し、坂上田村麻呂を派遣したころ、この地に天鷺速男（あまさぎ・はやお）という豪族がおり、巨大な鷺にまたがって空を飛び、政府軍をさんざん苦しめたという伝説があるのです。最終的には田村麻呂が勝利するわけですが、この地方の人々の抵抗の拠点となった偉大な人物だったらしいですよ。次に来るときは、じっくりと時間をとって、もっとじっくりと落ち着いてまわろうと決心して、帰途につきました。

**7月 5日**

## シャトル、テポドン、サッカー、芭蕉

　6月24日に福井で日本宇宙少年団の合同結団式→27日には東京・駒場でシンポジウムの基調講演→28日から7月初めにかけては宇宙学校のための実地踏査で石垣島と沖縄本島、……次々と日本列島を移っていく木枯紋次郎的生活も、やっと落ち着いたと思ったら、本日日本時間の午前3時38分にスペースシャトル「ディスカバリー」が打ち上げられたニュースが入った直後、北朝鮮のミサイルが発射されたらしいとの速報が飛び込んできました。現在のところは6発と言われています。いずれも発射後10分以内に、ロシア沿海州南の日本海に着水した模様です。発射時刻は、午前3時32分、4時4分、4時59分、7時13分、7時31分、8時17分でした。アメリカの発表では、3番目に打ったのがテポドン2号で、これだけが花台郡舞水端里の射場から、他の5機はもっと南の安辺郡から打たれたと見られています。いずれも10分以内に着水したということは、射程によって異なるから一概には言えませんが、そのすべてが失敗だった可能性が高いですね。まあ、これまでの情報だけでははっきりはわかりませんね。

　シャトルの打上げのわずか6分前に1発目を打っていますね。それもアメリカの独立記念日に。タイミングから見て、目立つ時刻を選んで威嚇の効果を際立たせようという意図が、少なくともその気持ちの上ではあったのでしょう。テレビがそのシャトルと北朝鮮のミサイルのことを交互に報じているころ、ドイツ・ドルトムントではイタリアがドイツを破って、ワールドカップの決勝進出を決めました。その得点は、延長タイムアップ寸前のアッという間の出来事でした。

　かと思えば、竹島沖で韓国の調査船が活動を開始したとか。何だかいろんなニュースが立て続けに入ってきて、寝られないままに布団にもぐっていたら、先週「宇宙学校」がらみで訪れた石垣島の川平湾のことが突如浮かん

石垣島の200センチの
天体望遠鏡

テポドン2号

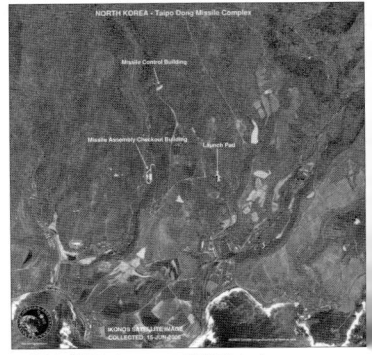

探査衛星イコノスが発表した
テポドンの発射基地

# 2006年

美しい川平湾

できました。湾岸に出る手前に小さな林があり、そこを通り過ぎているときのセミの声がものすごかったのです。一瞬、「閑かさや岩にしみ入る蟬の声」（芭蕉）を思い出しましたが、しかし次の瞬間、「いや待てよ、何か違うなあ。そうだ芭蕉が立石寺を訪れたのは夕暮れどきだった。今は朝だ」と思い至りました。そうなると、いよいよ今のこの空気はあの句と異なることに気づきました。

中学のころ、平昭宣という先生がいました。国語の先生でした。太り気味で名前が「ひら」と読むので「デビラ」とあだ名がついていました。あれはデビラが独身のころで、宿直のときによく学校の宿直室に遊びに行くと、酒の相手をよくさせられました。今なら大問題でしょう。それはともかく、授業はなかなか味がありました。ある日、この芭蕉の句を教わったのです。デビラが言います。

――この句はなあ、初めからこのように詠まれたのではない。まず初めは、「山寺や石にしみつく蟬の声」だったんだなあ。それが次には「寂しさや岩にしみこむ蟬の声」になって、最後に「閑かさや岩に染み入る蟬の声」になって奥の細道におさめられたんだ――

あの得意げに語るデビラの顔を今でも思い出します。中学のころの記憶力はすごいものです。小学校の時代から父の影響で下手な俳句や短歌を詠んではいましたが（いや作ってはいましたが）、この句についてのデビラの授業と、池田亀鑑という人の柿本人麻呂「ひんがしの……」という歌の解釈文によって、私のこの世界への心には火がついたのだと、今でもお二人には感謝しています。

もっとも池田先生のほうは、本物に会ったのは、大学に入ってから本郷の構内でのことでしたが。ところで「閑かさや」の句です。デビラによれば、「しみつく」というのは形あるものの表現であり、セミの声にはふさわしくない。「しみこむ」も何か動的で雰囲気を表現する語となっていない。その点「しみいる」は、セミの声だけが聞こえていて却って辺りの静けさが際立つ様子を見事によみがえらせている、というのです。私は質問しました。このセミは何ゼミですか、と。デビラは「お前はどう思うか」と切り返してきました。教室中の大激論にな

184

りました。

　堀端という苗字の染物屋のせがれが同級生にいて、こいつが「この雰囲気は絶対ニイニイゼミだ」と言ってききません。私もじっと目をつぶって味わうとそのような気がしたので、これに断固として賛成しました。それでニイニイゼミに落ち着いたというわけです。授業の後、デビラが「いい質問をしてくれた。みんなが芭蕉の俳句をじっくり鑑賞できたのはあの質問のおかげだ」とめずらしくお礼を言ったのにはびっくりしました。

　実は私はもう一つ「そのセミはいっぱいいたのか、一匹だったのか」というもう一つ質問したいことがあったのですが……。

　この石垣島のセミはクマゼミであり、しかも夕暮れの静けさはありません。数は無数です。よってたかって私の耳に押し寄せてきます。騒音公害と言ってもいいほどです。ぎらぎらと輝き始める沖縄の海の朝にふさわしいセミではありますね。そして50年ぶりであの疑問が私の心に浮かびました。「立石寺のあのセミは何匹ぐらいだったのだろう？」いつか夕暮れの立石寺を訪れて確かめるほかはありませんね。なんとなく一匹の確かな「声」のニイニイゼミであの句が醸し出せるほどの静寂がいいのだが……と勝手に思いました。そして「おーい、なに突っ立ってるんだ」という友人の声にわれに返った私は海辺に急ぎました。

山形県の宝珠山立石寺

## 7月 12日

### NASA の描く月へのシナリオ

　NASA（米国航空宇宙局）は、ブッシュの「新宇宙探査ビジョン」を支える次世代の宇宙輸送システムを「コンステレーションプログラム」と名づけています。それは、ロケットと宇宙船からなっています。このビジョンは、まず月へ行き、次いで火星をめざすものですが、今日は月への飛行シナリオを紹介しましょう。

　飛行士が乗る宇宙船は CEV（Crew Exploration Vehi-

# 2006年

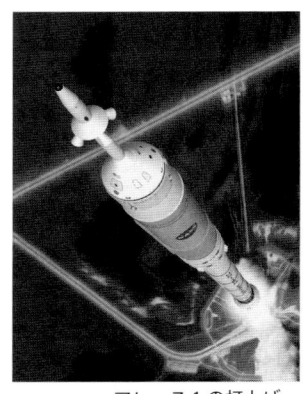

アレース1の打上げ

アレース5の打上げ

cle）と呼ばれていますが、これはまだ最終の形が決まっていません。現在選定の最終段階を迎えています。一方ロケットのほうは、飛行士を運ぶロケットを「アレース1」、貨物を運ぶロケットを「アレース5」と名づけています。これは往年のアポロ計画に登場したロケットのうち、最も栄光ある打上げロケット「サターン1」「サターン5」に因んだ命名です。「アレース」という命名「アレース」はそのむかしトロイア戦争において活躍したトロイア側の神様戦士の名。ただしこれはギリシャ神話での呼び方であり、ローマ神話では「マルス」と呼ばれます。言わずと知れたオリュンポスの12神の一人、火星を象徴する神様です。

英語では「エアリーズ」と読むのでしょうが、日本語表記をマスコミ各社はどうされるでしょうか。たとえば、やはりギリシャの英雄ヘラクレスは、日本ではなかなか英語読みの「ハーキュリーズ」と読んでもらえないのですが、これはヘラクレスがあまりにも有名な名前だからです。その点アレースは、それほど日本人の日常に親しまれていない名なので、なんとなく「エアリーズ」になりそうな予感がします。すると当人からは「エアリーズとはオレのことかとアレース言い」という苦情が寄せられそうですね。私は、どの民族にとっても祖国語が大切との観点から、「アレース」と当面読んでおきましょう。

これまで有人火星飛行の基準とされた「マーズ・ダイレクト」というミッション・プランが1990年にロバート・ズブリン博士によって発表されましたが、そのときの打上げロケットの名前が「アレース」でした。そういえば、あのときにズブリンが描いていたロケットと今回のアレースはよく似ているように思います。

### 有人用「アレース1」

アレース1を構成しているのは、下から、2段式ロケット、飛行士の乗ったCEV、サービス・モジュール、緊急脱出システムの4つです。まず2段式ロケットについて言えば、1段目としては、スペースシャトルの固体ロケットブースター（SRB）を5セグメントに伸ばして使

います。スペースシャトルのSRBは3セグメントです。この1段目は海上で回収して再使用します。2分半で60 kmの高さまで運び、マッハ6.1まで達します。2段目のエンジンは、昔の二つのエンジン技術を改良しました。一つは、サターン1Bとサターン5の2段目に使われたJ-2エンジン。もう一つは、J-2を少しシンプルにすべく1970年代の初めに開発されましたが結局飛ばなかったJ-2Sエンジン。この二つを基にして開発された液体酸素／液体水素のJ-2Xエンジンが、90 kmの高度まで上昇して、ここで切り離されます。後はサービス・モジュールが、4人ないし6人の乗員を乗せたCEVを300キロまで輸送します。ここで国際宇宙ステーション（ISS）またはルナー・モジュールなどにドッキングするというわけです。

このアレース1が最初に使われるのはISSへの運搬でしょうが、それは遅くとも2014年を目標にしています。月へ行くのは早くて2020年ということです。アレース1は、地球低軌道に約25トンのペイロードを運ぶ能力を持ちます。

### 貨物用「アレース5」

貨物用のアレース5は、月面基地を建設する大型の資材から食料や水などの生活必需品まで、飛行士以外のさまざまな物資を運ぶロケットです。地球低軌道へ130トン、月へは65トンを運ぶことができます。アレース5の1段目としては、スペースシャトルの外部燃料タンクを大きくしたものの下に液体酸素/液体水素のRS-68エンジン（デルタⅣロケットに使われているエンジン）を5つ束ね、それの両脇にアレース1の1段目を1基ずつとりつけます。これが海上で回収されて再使用されることはアレース1と同様です。1・2段の分離エンジンを備えた段間部を介して、2段目（地球出発ステージと呼ばれます）には、アレース1の2段目と同じくJ-2Xエンジンを用います。この地球出発ステージの先端のカバーの中には、4人の飛行士が生活することになるクルー・モジュールおよび飛行士を月面に着陸・離陸させ

CEVを搭載した地球出発ステージ

# 2006年

るルナー・モジュールが鎮座しています。

**月へのミッション・シナリオ**

　1段目が燃え尽きると、段間に装備した分離モーターで下段を切り離し、2段目（地球出発ステージと命名されている）の噴射によって人工衛星軌道へ乗せられます。そこで、別途アレース1によって打ち上げられた有人のCEVとのドッキングが敢行されます。ドッキングが成功すると、地球出発ステージに再着火され、月へ向かう軌道に乗せられます。そしてそこで役目を終えた地球脱出ステージは切り離され、クルー・モジュールにいる飛行士とルナー・モジュールだけが孤独な月への旅に出るというわけです。

　月周回軌道に到着すると、4人はルナー・モジュールに移って月面へ降ります。クルー・モジュールは月周回の軌道に残されます。月面での活動を終えた飛行士たちは、月面から打ち上げられ、クルー・モジュールにドッキングし、地球へ帰還します。

　以上が、現在NASAが描いている2020年のシナリオです。日本の飛行士もこれに乗るのでしょうか。それともそのころ、意欲的に日本製の有人宇宙船を開発中でしょうか。それは若者たちが決めなければならない問題ですね。

CEVの月面着陸

月面からの打上げ

## 7月 19日

### 相変わらず東奔西走

　先週、熱海に日本画家の中野嘉之先生を訪ねて、ソラーB（SOLAR-B）打上げのときに実施したい「若手日本画家がロケットを描くコンテスト」への協力を依頼し、渋谷で開かれた「糸川英夫先生を偲ぶ会」に出席した後、打上げ3日前には松山の久万山（くまやま）天文台で済美（さいび）高校の1, 2年生たちの合宿に合流。宇宙教育センターとの連携企画です。今年の講師として、広島大学の長沼毅さん（微生物学が専門）と私。彼らは、

日本画家の中野先生と（熱海）

今回の私たちとのディスカッションを経て、自分の今年の研究課題を「宇宙」「地球」「生命」の中から、合宿の間に決定し、来年2月までその課題に取り組みます。

「スポーツに強い、進学に強い」文武両道の学校ですね。初めはちょっと雰囲気が硬く、質問も滞り勝ちでしたが、慣れてくると非常に活発な好奇心を発揮し始めました。2～6人ぐらいのグループに分かれてテーマを決めたようですが、それぞれの内部での議論も熱心に展開されていきました。講師とのやり取りも大切ですが、このように友人同士で真面目に討論を泊り込みですることは、素晴らしい経験として記憶されることでしょう。

爽やかな印象を胸に、松山観光港からスーパージェット船で広島の宇品港へ。途中懐かしい呉港にも立ち寄りました。広島では私の母校の同窓会「アカシア会」の総会に出席しました。つい先日、私が「東京アカシア会」の会長に選ばれたため、東海、近畿などのアカシア会の新会長のみなさんとともに報告を兼ねて出席したものです。私はこの高校の50回生なのですが、大勢の同期の友人に会えて嬉しかったです。

今朝はこれから（朝6時）ホテルを出て広島空港へ。JAL（日本航空）の一番機で帰京。羽田から国立科学博物館へ直行。フルブライトメモリアル基金主催の「新しい科学教育」シンポジウムに参加します。朝広島を出ると、午前10時に東京・上野で始まる会議に間に合うのですから怖いですね。白川英樹先生にお会いするのが楽しみです。

## 7月 26日

### 今度は南船北馬

土曜日に釧路に行き、二泊して昨日はつくばに一泊。さしずめ南船北馬でしょうか。釧路では、小学校の3・4・5年生への講演（土曜日）と遊学館（科学館）での大人向け講演をし、そこで宇宙教育の中核になってくれそうな人たちと語り合いました。市長さんや教育長さん

糸川先生を偲ぶ会で「ツィゴイネルワイゼン」を弾く中澤きみ子さん

済美高校合宿

日米教育委員会のイベント（科博にて）

# 2006年

釧路で

雄大な釧路湿原

にもお会いすることができました。大変有意義な時間だったと思います。

　小学校では1時間半、大人向けには2時間。たっぷりと語ったのに、一人も席を立たず熱心に聴いてくれるんですから、有難いですね。釧路というと、どうしても出てくるのが、湿原と丹頂鶴と啄木ですね。湿原は、はるか釧路町から眺める細岡展望台まで連れて行っていただきました。溜息の出るような素晴らしい眺めでした。有難いことです。ツルのほうは前に見ました。

　そして何と言っても啄木のことで話がはずみます。井上ひさしさんなどは、啄木のことを「嘘つき・借金王・天才気取り・泣き虫・生意気・貧乏を売り物にした偽善者」などと酷評していますね。啄木は、自己顕示欲が人一倍強く、そういう部分のことを言われると随分腹を立てたということです。子どものときから母親に溺愛されたせいでしょうか、わがままな人だったようですね。短い一生に多額の借金を残しています。

　啄木は釧路にはわずか76日間いただけのようですが、義弟の宮崎郁雨からお金を送ってもらい、釧路ではそれほど貧乏ではなかったようです。それが証拠に、釧路新聞社の三面の担当者として、筆を振るいながら、そのわずかな滞在のうちに女性との艶聞をいっぱい残しています。彼が釧路に到着したのは、1908年（明治41年）1月21日の夜9時半でした。現在の釧路駅より約500m南西にあった釧路駅に降り立った啄木の詠んだ歌

　　　さいはての駅におり立ち雪あかり
　　　　　さびしき町にあゆみ入りにき

　それにしても、いきなり寂しい調子ですね。こんなことだと、東京に帰りたい思いがどんどんつのってきたでしょうね。4月5日にはもう東京へ向かっています。そして東京へ出て4年後、多額の借金と貧困生活の只中で、肺結核で亡くなります。享年26歳。作品が認められ、国民的詩人・歌人となっていくのはその後のことです。

　びっくりしたのですが、釧路市内には通称「啄木通り」という通りがあり、それに沿って25基もの歌碑が

建てられているんですね。5つまでまわりました。あとは時間切れ。5つ目が啄木が勤めていた釧路新聞社の社屋を再建した港文館という建物で、すぐ外に啄木の銅像が建てられていました。

## 8月 2日

### Mロケットが消える日

　来る9月23日、太陽観測衛星ソーラーBを打ち上げる日を、Mロケットの消え去る日にしたいとの「提案」が宇宙開発委員会に提出されたのは、先週の水曜日のことです。Mロケットとともに歩んできた幾多のエンジニアのみなさん、Mロケットを心から支援し愛してくださったみなさんには、呆然とした思いがする提案だったでしょう。その背景となる状況としては、

(1) 1機が約70億円というM–Vロケットが高すぎるという評価があり、
(2) 大型・中型・小型の少なくとも3機体制でこの国の宇宙輸送をやっていきたいとの立川理事長のプランがあり、
(3) 小型衛星、超小型衛星が今後需要を大幅に伸ばすという見込みがあり、そして
(4) 国際情勢に鑑みて今後も固体燃料のロケット技術の維持発展が望まれる

という判断があったのだそうです。もっと複雑な背景があるだろうということは察しがつきますが、それはここでは触れてはならないこと。

　(1)については、すでに100億円の開発費を投じればM–Vのコストを半額以下に抑えられるという青写真が提出されていますが、それが可能か否かについての検討は真剣になされたのか否か、少なくとも私は知りません。数年前に「M–Vの開発は終了した」との認識が政府から示された時点で、この議論は続けられなくなったということなのでしょうか。だから、新しい小型ロケッ

港文館のすぐ外にある
啄木の銅像と歌碑

# 2006年

トの開発費が、M-Vを半額にできる100億円を超える見通しでも一向に構わないという論理になっていくのでしょう。

（2）の立脚点は基本的には立派なことです。この点については、大型はH-2Aでやる、中型はGX（ギャラクシー・エクスプレス）でやる、そこで小型はM-Vをやめた後の小型の新開発ロケットでやる、という論理でしょう。GXがその任に耐えるかどうかは、現時点では不明です。まだこの世に存在しないロケットですから。万国から「世界一」と評判をとっているM-Vロケットを捨てて、その代替ないしそれ以上の役割を期待されるはずのロケットがまだないというのは、宇宙開発史上にない「英断」というべきでしょう。今年の3月、パリで、かなり日本の事情に通じている、ある著名なロケット・エンジニアが言いました——M-Vは最高のペイロード比（衛星重量のロケット全備重量に対する比率）を実現したロケットだ。それを捨て去るとは日本も気前のいい国だね。これからどんな後継機を開発しても、M-Vほど世界に胸を張れる優秀なロケットを完成することはできないだろう。北朝鮮のことがこれほど問題になっている昨今、M-Vを打ち続けるだけで相当な抑止力になると思うがね。——

（3）については、その大きな需要を宇宙科学のグループだけが必死で提供する羽目にならないことが大切ですね。本来需要とは客観的なものであって、供給する本人が必死で需要を創り出すというのは漫画ですからね。小型衛星の需要が世間にいっぱいある——そういうマーケティングがあったのだと信じたいですね。

（4）については、この計画が、政策やマネジメントを職業としている人々ではなく、固体燃料ロケットの技術を情熱的に現実に支えてきた多くのエンジニアの志気を高めることができるかどうかという点を真剣に考えるべきでしょう。そしてこれもマネジメントが優れているかどうかの判断基準となります。固体燃料ロケットにとって最悪のストーリーを書いておきましょう。

これまでの発展としての日本の科学衛星の打上げはし

ばらくは H-2A または外国のロケットで続ける→小型固体打上げ機（X）は完成するが小型衛星の需要はそれほど伸びない→X は先細りになっていく→H-2A は実用衛星等で忙しくなる→科学衛星の打上げは外国のロケットでいいじゃないかということになる。これから先はとても書けません。その筋書きは、宇宙科学だけでなく、日本の宇宙開発の衰退につながっていくからです。

　私の心の中には、これに代わる最良のストーリーも、実はあります。それは各方面に差しさわりがあるので、ここでは述べません。

　先週の土曜日、相模原キャンパスの一般公開がありました。その熱気は凄まじく、開場の1時間以上も前から150人もの人が行列を作るありさまでした。熊本からわざわざこの一般公開のために駆けつけた人がいるほど全国的な注目。若いスタッフによって周到に素敵に準備された数々の実験と演示。7ヘクタールの会場のあちこちで、熱っぽく科学を論じる姿が噴出しました。

　終わってみれば入場者は1万9500人。10年後に振り返ったとき、この国民の「宇宙の知」への熱望が、JAXAの経営陣によって立派に支えられたという結果になることを切望するのみです。その見通しは5年後には出るでしょう。私は、新しい固体燃料ロケットを開発するグループの健闘を心から念じつつ、日本と世界の子どもたちの未来のために、宇宙教育センターに死力を注ぎます。

　夜遅くなって M ロケットの来し方を思っていると、時どき思い出す歌が浮かんできました。

　　　大鵬飛んで　八裔に振い
　　　　たいほう と　　はちえい　ふる
　　　中天に摧けて　力済わず
　　　ちゅうてん くじ　ちからすく
　　　余風は万世に激し
　　　よふう　ばんせい げき
　　　扶桑に遊んで　石袂を挂く
　　　ふそう あそ　　せきべい か
　　　後人　之を得て此を伝うるも
　　　こうじん これ え これ つた
　　　仲尼亡びたるかな　誰か為に涕を出ださん
　　　ちゅうじ ほろ　　　たれ ため なみだ い

ISAS 一般公開で

　李白の辞世ともいうべき詩です。M の業績は、M が滅んでも、後世に残って人々を感動させ続けるだろうことは確実です。

193

# 2006年

**8月 9日**

## たくさんの子どもたちと交わりました

　約一週間の旅路の最終の目的地、福山に着きました。思えば毎日異なる宿で、「遥々も来つるものかな」の感慨があります。宇宙教育の眼目は「宇宙や宇宙活動の成果を素材として、いのちの大切さを基盤とし、日本の子どもたちが好奇心と冒険心と匠の心を豊かに備えた元気な子に成長するよう、手助けをする」ことにあります。しかしその原点は「足を使う」ことにあるということもまた真実ですね。宇宙教育センターは、苦戦しながらも1年余りを懸命に過ごしてきました。今日は、その一端をご理解いただけたらと思います。

　7月29日に宇宙研の一般公開をやりました。実に1万9500人もの人々が殺到し、相模原の7ヘクタールの敷地は大変な賑わいを見せました。宇宙熱は素晴らしいものがあります。遠くは熊本からこのためにいらっしゃった方もおられました。しかも嬉しいことに懐かしい特急列車「はやぶさ」に乗って。

　今年の大きな特徴は、子どもたちの割合が非常に大きかったことです。この毎年「万」の単位で相模原キャンパスを訪れてくださるポテンシャルを、全国の津々浦々で地道な日常の営みにどう活かしたらいいのか、宇宙教育センターには一層の努力が求められています。

　8月3日に「きみがつくる宇宙ミッション（きみッション）」と称する高校生のトレーニング合宿の成果発表を聞き、今年も参加した高校生へのインパクトがまことに大きかったことを確認しました（宇宙科学研究本部のホームページ参照）。この合宿では、Teaching Assistants（TA）としてボランティア参加した大学院生たちも、高校生に対する指導を必死で実践する間に、実に生き生きと成長していきます。兄弟姉妹の少ない世代です。お兄さんやお姉さんのような先輩に微妙なヒントをもらいながら、グループに分かれてそれぞれの宇宙ミッションを企画していく姿は、まさに未来への予行演習ですね。し

楽しい雰囲気で研究入門

かもTAにとっても自分の弟や妹のような後輩のサポートをすることが、実に嬉しそうに見えます。因みに、今年の彼らが取り組んだテーマは「オゾンホールを修復する」「冥王星探査で太陽系の起源を探る」「火星をテラフォーミングする」「Google Planets」でした。もう一日予定を残している「きみッション」に後ろ髪を引かれながら、4日早朝発で札幌へ飛びました。

札幌では子どもたちのためのイベント「こども未来博」に参加。宇宙飛行士の山崎直子さんとからんで1時間ほど宇宙の話をしました。彼女は幼稚園のころから小学校の初めごろまで札幌の真駒内で育ったそうで、雪祭りのことをよく憶えているそうです。そのころに松本零士さんの「宇宙戦艦ヤマト」や「銀河鉄道999」などに親しみ、宇宙への想いがつのったんだそうです。いつも爽やかで素敵な人です。山崎さんとの楽しいひとときを終えると、慌しく千歳空港へ。大好きな町札幌に来て、一泊もしないなんて酷な話です。

その懐かしい町を眼下に眺めながら羽田へ。羽田で60分余り時間待ちをして、小松空港へ飛びました。そこから暮色漂う金沢市内へバスで移動。駅前のホテルに一泊。朝9時に迎えに来ていただいた金沢市の先生方2人とともに、能登の珠洲まで3時間のドライブ。ボーイスカウトの日本ジャンボリーです。珠洲は金沢から行くと輪島の先です。そこで宇宙館の展示があり、皇太子が見えました。テレビでご覧になった方も多いでしょう。いや暑いの何のって、30数度の猛暑のもとで、真っ赤に日焼けしました。宇宙飛行士の野口聡一さんがひょっこり宇宙館を覗きに来てくれました。彼はボーイスカウトの出身ですから、この日の夜の大会で挨拶と激励をするのだそうです。「先生、すっかり溶け込んでいますね」——この彼の言葉に、私がいかに楽しそうだったかがわかっていただけたら幸いです。

さすがにこの年になるとテントは苦しく、輪島までもどって一泊。翌朝ボーイスカウト日本連盟の幹部の方々とお会いし、スカウト活動と宇宙教育の緊密な連携についてお話しました。ボーイスカウトのほうでも積極的な

第5回きみッションに集まった若者たち

こども未来博で

珠洲市の子どもジャンボリーのキャンプ地で

子どもジャンボリーの宇宙館

# 2006年

姿勢を見せておられるので、今後の展開が楽しみです。ライバルとして少年少女を取り合うのではなく、お互いに相乗的な前向きの効果を出そうと誓い合いました。昼ごろに金沢市役所の人が迎えに来てくれ、再び一路金沢にとって返しました。

　6月に金沢で開催したISTS（宇宙技術と科学の国際シンポジウム）の際にお世話になったお礼を言いに、金沢市庁を翌日訪ねるのです。ISTSの事務局長は、金沢から車で1時間ぐらいの山代温泉の宿をとってくれました。運のいいことに、その夜はちょうどこの地の名物である大田楽という祭りの夜にあたりました。野村万之丞さんが創作された大田楽が、美しい笛の音を浴びながらきらびやかに演じられ、さながら夢のような夜になりました。そして翌日、金沢市庁で、助役の糞さんと教育長の石原さんにお会いし、歓談しました。もっとも大部分は助役の闊達な独演でしたが……。楽しいひとときでした。そして小松空港から羽田に飛び、羽田から直接つくばへ。

　つくばの常宿「ニュー鷹」では、現在開催中のコズミックカレッジに講師として来てくださっている先生方と、今後の宇宙教育のあり方についてディスカッションしました。そして昨日の昼ごろまでエクスポセンターでコズミックカレッジの「宇宙と生命」の講義を見て、昼ごろ「つくばエクスプレス」で秋葉原、そして東京駅へ。新幹線で広島県の福山へやって来ました。

　昨晩は、現場の先生方と宇宙と教育のつながりについて大いに語り合いました。現在8月9日の午前6時。今日は広島県全域から選抜されてきた50人の中学校・高校生を相手に、「パイオニアスピリット養成講座」でお話。今晩はやっと自宅で寝られそうです。

大田楽

福山にて

### 8月 16日

## 冥王星は惑星に踏みとどまるか？
### ──国際天文連合が原案を示す

　今週月曜日、チェコのプラハで、75ヵ国から2500人の宇宙科学者たちが集って、国際天文連合（IAU）総会が始められました。熱心な議論が繰り広げられるさまざまな話題の中で、とりわけ注目を浴びているのは、すでに数ヵ月前にも言及した「冥王星は惑星か？」に関するトピックです。

　そもそも1930年、海王星の彼方に太陽をめぐる一つの天体がアメリカのクライド・トンボーによって発見されたとき、地球の月よりも小さく固体の表面を持つこの天体が、一部の反対意見を押し切って「9番目の惑星」の位置を与えられ「冥王星」と命名されたのもこのIAU総会においてでした。ところが近年になって、冥王星の向こうの太陽系空間（いわゆるエッジワース・カイパーベルト）に、結構大きな天体が発見されるようになり、そしてついに冥王星に勝るとも劣らないでっかい天体が見つけられるに及んで、この話題はプロの科学者だけでなく一般の人々を含んで注目の度合いを強めてきました。そして2年以上にわたって、関係者の間で議論が積み重ねられてきたのでした。

冥王星とその以遠を探査する
「ニューホライズン」

　この問題に「学問的な」責任を持つとすれば、それはもちろんIAUです。折しもチェコで開かれるIAU総会が、議論のための絶好の場として想定されたのは、驚くべきことではありません。この冥王星問題につき、エッカーIAU会長は、オーウェン・ジンジェリンを議長とする7人の天文学者、作家、歴史学者などの国際メンバーからなるPDC（惑星定義委員会）を構成し、今年の6月末から7月初めにかけて、この2年間のさまざまな議論について総括を試みました。

　なかなか合意には至らなかったらしいのですが、7月初めの会議で突如全員一致に達したと言われています。そして本日（8月16日）、PDCが原案を提出したのです。

*197*

# 2006年

　PDCが提出した「惑星」の一般的な定義の本質的な部分は二つです。

1. それ自身が恒星ではなくて、ある恒星を中心として公転していること。
2. 自身の重力によって球形に近い形になるくらい十分に大きい（もっと適確には質量が大きい）こと。

　2のほうの一つの基準としては、質量として5×(10の20乗) kg以上、直径で800 kmという数字が挙げられています。ただし境界線にある天体については具体的な観測によるとされています。さて、この基準を私たちの太陽系に適用すると、わが太陽系の「惑星」なるものには、どんな天体が合格するでしょうか。以下がそのリストです。

　母なる太陽から近い順に列挙しますと、水星、金星、地球、火星、セレス、木星、土星、天王星、海王星、冥王星、カロン、それにもう一つ2003UB313ということです。計12個ですね。新たに仲間入りをすることになるのは、1800年に初の小惑星として発見されたセレス、これまで冥王星の衛星と見られてきたカロン、それと冥王星並みの大きさを持つカイパーベルト天体である2003UB313の3つということです。2003UB313については仮の名前がいろいろと取り沙汰されていますが、いずれ正式に認定されるでしょう。

　そしてPDCは、私たちの「惑星」について、新たに「冥王族」というカテゴリーを設定することを提案し、冥王星以外の従来の8つの惑星を「古典的な惑星」と名づけようと呼びかけています。「冥王族」は、太陽をまわる公転周期が200年以上（つまり海王星よりも太陽から遠い天体）であることを条件としています。とすると、冥王星もカロンも2003UB313も、またこれからどんどん見つかるかもしれない新しい「惑星」候補たちも、すべてこの「冥王族」に分類されることになります。これらはいずれも軌道傾斜角が大きく、円軌道から大幅にずれたいびつな公転をしているので、「冥王族」と一つのグループにまとめることで、他の「古典的な8つの惑星」

とは異なる起源を持つという暗示もパックにした感じですね。

　残るは、形がいびつな小惑星や彗星を「小天体」として一つのグループに入れるらしいのですが、ここのところは多少乱暴に片付けた印象があります。この PDC の提案が認められると、私たちの太陽系には、

（1）固体表面を持つ地球型惑星、
（2）ガスでできた巨大な木星型惑星、
（3）冥王族とセレス、
（4）彗星、小惑星、カイパーベルト天体を一緒にした「小天体」、
（5）惑星をまわる衛星、

というほぼ五種類の天体が存在することになりますね。

　それにしても「水金地火木……」の歌はどうなるのでしょうね。鉄道唱歌みたいに長いものにならなければいいですが。この「惑星の定義」に関する提案を受けて、IAU に集った人々が議論を重ね、8 月 24 日の総会の第二セッションで投票にかける段取りとなっています。「丸いと言ったって、どれくらい丸ければいいんだ？」とか大きさや質量の限界についてもいろいろと活発な反論が出そうな予感がしますね。もうしばらく、楽しみに待つことにしましょう。

## 8月 30日

### 星の「誕生と死」
#### ——日本の赤外線天文衛星「あかり」が華々しい成果

　日本が X 線天文学の分野で華々しい成果を挙げつつあった 1980 年代前半、米・英・蘭の三国が、お互いの得意な分野を提供し合って製作した世界初の赤外線天文衛星アイラス（IRAS：Infrared Astronomical Satellite）が、バンデンバーグからデルタロケットで打ち上げられました。当時の日本から見れば破格の 1 トンを越す重い衛星でした。1983 年のことです。ほどなくアイラスが

# 2006年

発表した宇宙の赤外線地図は、極めて感動的なイメージでした。

あれから20年以上経って、今年2月に内之浦から名機M-Vロケットによって打ち上げられた日本の赤外線天文衛星「あかり」が、アイラスに比べてどれぐらいすぐれているのか、私は非常に楽しみにしていました。宇宙の赤外線源は非常に冷たいものなので、それらを観測する機器は、それ自体を猛烈に冷やさなければなりません。日本は従来の液体ヘリウムに加え日本が独自に開発した機械式冷凍機を装備して、液体ヘリウムの蒸発に起因するミッション寿命の大幅な延長を目論んでいます。

先月発表した二つの搭載機器(遠赤外線サーベイヤーFISと近・中間赤外線カメラIRC)による小手調べの画像は、見てすぐ「ああ、アイラスどころではないな」とその素晴らしさを確認できるほどの出来栄えでした。あのときの反射星雲IC4954(6000万光年)では、数百万年前から星の形成が続いています。その生まれたばかりの星たちは、ガスや塵の雲に囲まれているので、可視光では見えません。そこは赤外線の活躍する場所です。厚いガスを通して向こうを見透かすことのできる赤外線は、それらの生まれたばかりの星や、星の原料であるガス雲の分布を明るく浮き出させて見ています。「あかり」がアイラス衛星に比べて、はるかに高い解像度での観測に成功したことがわかります。星の生まれている現場は極めて正確にとらえられたのです。

あの発表では、もう一つ、近・中間赤外線カメラ(IRC)による渦巻き銀河M81(1200万光年)の赤外線画像も公表されました。さまざまな波長でとらえた「あかり」の画像は、塵に遮られることなくM81内の星の分布をきれいに映し出しており、M81内の星間ガスに含まれる有機物からの赤外線もとらえています。また若い星により暖められた星間空間の塵の分布もよくわかり、渦巻きの腕に沿って、星が作られる領域が分布していることがよくわかりました。

この最初の成果に気をよくした観測陣は、その後も、赤外線を放射する天体を全天にわたって観測し宇宙の赤

外線地図を作成するミッションを順調に続けていました。そしてこのたび、「あかり」は、「星の誕生と死」に関する新たな画像の取得に成功しました。まずは「星の誕生」です。ケフェウス座の散光星雲 IC1396 は、私たちの太陽系から 3000 光年弱の距離にあり、太陽の数十倍の質量を持つ重い星が生まれている領域です。「あかり」の近・中間赤外線画像によれば、生まれた大質量の星が周囲の星間ガスを吹き払っており、それによって周囲に掃き寄せられ圧縮された星間ガスから、それをきっかけに次の世代の星が誕生するという典型的な星形成の連鎖が起きています。「あかり」は、その掃き寄せられた星間ガスの分布や、そこで星が生まれつつある様子を、世界で初めてこの星雲全体にわたって鮮明にとらえました。「あかり」の画像にはこれまで詳しく観測されていない若い星も多く含まれ、この領域における星形成の全体像が明らかになると期待されます。厳粛な「星の誕生のドラマ」は、今後の解析によってますます詳細な筋書きが描かれていくことでしょう。

第二の画像は、私たちから約 500 光年の距離にある赤色巨星「うみへび座 U 星」の遠赤外線画像です。太陽と同程度の質量の星は、その生涯の終わりに大きく膨れ上がって赤色巨星と呼ばれる星となり、表面からは星を構成していたガスが宇宙空間に吹き出すことはご存知の方も多いことでしょう。赤色巨星から吹き出すガスの中では塵が作られ、ガスと一緒に拡がっていきます。「あかり」は、これまでにない高い解像度でうみへび座 U 星を観測し、そのまわりを約 0.3 光年離れて取り囲む塵の雲をとらえました。これはこの星が約 1 万年前の一時期、現在よりもずっと激しくガスを吹き出したことを示しています。星の終末期を知る上で重要な成果ですね。これまた厳粛な「星の最期のドラマ」も同時につづられていきます。ヒトも星も「生と死のドラマ」を持っています。「あかり」の成果も素材にしながら、子どもたちと「生と死」というテーマについてじっくりと話し合いたいと思っています。

「あかり」がとらえたケフェウス座の散光星雲 IC1396

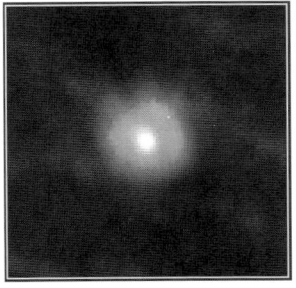

「あかり」がとらえた赤色巨星「うみへび座 U 星」

# 2006年

**9月 6日**

## 冥王星、惑星から「降格」
### ——国際天文連合総会で決定

　去る8月24日、チェコのプラハで開かれていた国際天文連合（IAU）総会で、冥王星を惑星から外し、太陽系の惑星を8つとする決議が可決されました。このことはすでにみなさんご存知のことと思います。これに伴い、この総会にもともと提出されていた原案の中で新たな惑星候補とされていた3つの天体のうち、小惑星セレスと2003UB313（カイパーベルト天体）は、冥王星とともに「惑星」ではなく"Dwarf Planets"という新たに設けられたカテゴリーに入れられることになったのです。

　またもう一つの冥王星の衛星カロンは、最後は話題にも上りませんでした。つまり"Dwarf Planets"である冥王星の衛星ということですね。今回のIAUで決められた「惑星の定義」には、

- 太陽を中心として公転する、
- 自分の重力で球形になるほど大きい、
- その軌道の近くに他に目立つ天体がない、

小惑星セレスとヴェスタを探査するDAWN

太陽系の新しい主役たち

という3つの条件が課せられました。

　これで、海王星よりも遠い天体は、よほどのことがない限り「TNO（海王星以遠の天体）」に分類され、そのうち大きいものだけが"Dwarf Planets"に仲間入りしていくことになるのでしょう。惑星の条件として少しわかりにくいのが3番目の条件ですね。冥王星（直径2300 km）もセレス（910 km）もこの条件を満たしていないことを理由に、「惑星」から落とされたわけです。

　カロン（1200 km）について言えば（もちろん今までは冥王星の衛星と位置づけられてきたのですが）、惑星に昇格させてもいいのではないかと主張していた人たちの根拠は、その軌道にあります。カロンが冥王星のまわりをまわっているということは、正しく表現すれば、冥王星とカロンはともにその共通の重心の周りをまわっていることになります。そういう意味では地球（3500 km）と月だって、共通の重心のまわりをまわっていることは、言うまでもありません。冥王星とカロンの場合の特徴は、その共通重心が冥王星の外にはみ出していることです。

　地球と月の関係においては、共通重心が地球の内部にあるので、「月を惑星にしろ」ということはちょっと主張しづらいようです。3つの条件のうち、大きさだけで言えば、月だって立派なものですけどね。2003UB313（半径2400 km）の場合も、近日点距離が冥王星に近いから3番目の条件に合致しなかったのでしょう。

　これでしばらくは惑星の仲間入りをする天体は現れない可能性が高いと予測されます。それにしても「水金地火木……」の歌が鉄道唱歌みたいに長いものにならなくて結構でした。聞くところによると、世界中にはまだグズグズと冥王星の復権を唱えている人たちが結構いるそうです。私個人は、定義だけの問題ならば、まあまあこれぐらいの基準でいいような気がしますが、みなさんはいかがですか？　やがていつの日か、「かつて冥王星が惑星だったころ、……」なんて書き出しの随筆が現れることは必至ですね。そう考えると何となく侘しさもやってくる気がして、「ああ、天文学者の中にはそういう情緒で今回の決定に反対している人たちもいるだろうな

# 2006年

あ」というような実感も、私の心には湧いてきています。気だるい「もののあはれ」を乗り越えて、ともあれ、惑星の新しい時代が始まったのです。

## 9月 13日

### マン島にて

　水の音がかすかに聞こえています。眠りの浅くなった身を呪いながら目を開くと、何か雫の気配がするようでもあります。このホテルの部屋で「水」といえばトイレ兼風呂しかありません。急行して調べましたが、異状ありません。「あれ、まだ5時だぞ。隣の部屋で水を使っているせいで叩き起こされる、立て付けの悪い宿だな」とばかり、もうひと眠りを決め込んでベッドへ。再びポツンと水滴の気配。隣の住人を勝手に恨みながら悶々とすること30分。突如として水の垂れる音がひときわ大きくなりました。枕もとのスウィッチで灯りをつけると、否定しようもありません。部屋の真ん中あたりに、鉛直方向に落ちている力強い水の粒——ありゃ、やはり自分の部屋だ。上から来てる。部屋中央のカーペットには、そのポトリポトリに攻められ続けた痕跡で、真っ黒な染みが窺われます。

　フロントへ電話しました。ここはイギリスとアイルランドの間にポツンと浮かぶ小さな島です。「マン島」と聞いてみなさんが最初に思い浮かべるのは、かの有名なバイクレースでしょう。5月から6月にかけて行われるレースでは、ここの公道を驀進します。バイクレースの最高峰ですね。

　先週7日には、今月23日に打上げ予定の太陽物理学衛星「ソーラーB」を報道公開するため、鹿児島・内之浦の発射場に向かいました。翌8日のスケジュールを組んでいたところ、雷の影響で作業が遅れ、9日の午後に衛星の公開がずれ込んだため、その日の最終便で羽田に到着したのは、もう夜の10時近い時刻でした。帰宅してから旅支度を整え、この僻遠の島をめざして小さな

美しいマン島の海岸線

ソーラーBのイメージ

スーツケース1個を手に家を出たのが11日の午前7時。昼前には成田で機上の人になっていました。ロンドン・ヒースロー空港まで直行の12時間、そこからバスで移動して待つこと久し、ロンドン・ガトウィック空港からマン島に向けて飛び立ったのは、すでに午後8時をまわっていましたね。そしてマン島の首都ダグラスでホテルに入り、そのホテルでの翌日の会議を終えて眠りに就いたのは、2時でした。

「え？ 何のためにそこにいるのかって？」実は、私が理事を務める国際宇宙大学（ISU：International Space University）の理事会が、ここで開かれているのです。ここマン島は、ヴァイキングとケルトの影響を受け、独自の文化を育てた結果、現在でも独自の憲法と議会を保持しているユニークな島です。イギリスの領土でありながら「自治区」の様相なのですね。初日の会議での懐かしい友との再会、その夜、キャッスルタウン（19世紀半ばまで首都だった港町）の中世の城を会場にした歓迎カクテルパーティ、南端の由緒あるレストランでの楽しいディナー——それらをすべて忘れさせてくれる「価値」を持つ水漏れ事件ではありました。

集まった ISU の理事たち

私のすぐ上の住人の部屋でトイレだか風呂だかの水が溢れて、当人の熟睡をよそに洪水を起こしたことが原因だと知ったのは、朝食を済ませた8時前のことでした。2日目の会議は、ダグラス市内の銀行のご厚意でその一室を使わせていただきました。ISU の会議は、財政難のおかげで金の話ばかりしているのですが、今回は多少はカリキュラムの話など「アカデミック」なテーマも混じっていて期待をしていたところ、新たな提案もことごとくが財政難払拭のための手立てということが見え見えの試みだったので、ISU の未来を憂う数人の人たちと（偶然に）不満を鳴らして継続審議に持ち込みました。

キャッスルタウンの中世の城

今は、「水も漏らさぬ」陣を敷いたホテルの一室で、午前5時にこの原稿を書いています。これから一風呂浴びてから朝食→出立→マン島の空港→ガトウィック空港→ヒースロー空港→成田空港→自宅という漂泊に移ります。しかしこの旅の矢印は翌朝から、→羽田空港→鹿児

# 2006年

島空港→内之浦……と続いていきます。

　シャトルも上がった、情報収集衛星も上がった。いよいよ「ソーラーB」の番です。M-Vロケットへの複雑な想いを胸に、すでに心は内之浦にあります。そういえば、衛星の名前は、今回は実験班の中での募集で決めますが、何かいい案はないでしょうかねえ。私は「3〜4文字、ひらがな、大和言葉」という組合せがいいと決め込んでいるのですが、閃いたらメールをください。

## 9月 20日

### あれから51年目の秋

　マン島から帰国した次の日、私は再び羽田から機上の人となりました。内之浦にとって返したのです。イギリスからの帰途で心の整理をしてきました。ペンシルの轟音が国分寺に響いてから50年目の節目だった昨年は、日本の宇宙活動開始から半世紀ということで、さまざまな想いが飛来しました。そして51年目の今年に、M-Vロケットが息の根を止められる展開になったことは、ある意味で天から与えられた「時」なのだと、自分に無理やり思うように仕向けてきたような気がしています。

　M-Vは1997年の「はるか」打上げが1代目、2000年の「アストロE」の苦い経験を経て、2003年の「はやぶさ」打上げで2代目となり、このたびその2代目最後の打上げを「ソーラーB」で迎えたわけです。日本の固体燃料ロケットの本流を継ごうとしている若者たちの心意気を正直に述べれば、それは、このM-Vロケット7号機の打上げを、新しい50年に向けた祝砲にしたいと、ある意味で悲壮な居直りを図りつつあるのだと、私は感じています。

　私自身も、この打上げに当面は気合を入れ、報道のみなさんとも、全国の子どもたちとも、新たな21世紀の関係を築いていけるよう、10月からは猛チャージしようと考えています。あちこちで今回の打上げに際しての私の写真が散見されているようですが、「疲れて見える」

とのお便りをみなさんからいただいています。さにあらず。無精ひげは毎回の打上げのコウレイ（恒例＋高齢）であります。決して疲れているわけではありません。念のため。

ではまた打上げ後に速報をお届けしたいと思います。

## 9月 27日

### ありがとうM-Vロケット、また会う日まで

1990年代に人類の太陽像を塗り替えたと言っても過言ではない「ようこう」衛星の後継機が誕生しました。

2006年9月23日6時36分に、M-Vロケット7号機に搭載されて内之浦宇宙空間観測所を後にした太陽観測衛星ソーラーBは、かつてない多数の人々の見送る中を、轟音を残しながら地球周回軌道に投入され、「ひので」と命名されました。プロジェクトマネジャーを務めた小杉健郎教授「シンプルで外国人にも説明しやすく、これから新しい日本を築いていく」という意味を込めたいという意図が尊重され、この名前が選ばれたわけです。

すでに私もこのコラムで述べましたが、この打上げをもってM-Vロケットに別れを告げることを、JAXA（宇宙航空研究開発機構）は決めています。「世界で最も素晴らしい固体燃料ロケット」の名に恥じない有終の美を飾ったM-Vに、見学者からも報道関係者からも惜しみない拍手が送られたこと、その見事な飛行に対し、関係者はあらためて「惚れ惚れするようないいロケット」との印象を強く持ったことを、まずはご報告しておきます。

時代時代の宇宙科学の要求に応じて成長しながら、ペンシルから約40年の後、ミュー（M）の5代目として誕生したM-Vロケットは、電波天文衛星「はるか」（1997）、火星探査機「のぞみ」（1998）、小惑星探査機「はやぶさ」（2003）、X線天文衛星「すざく」（2004）、赤外線天文衛星「あかり」（2005）、そして今回の「ひので」と、6機の探査機を軌道に送り出しました。おそらくは巨大な太陽フレアの襲撃を受けた「のぞみ」も含めて、

上昇するM-Vロケット7号機

「ひので」

「ひので」からの初めての電波を待ち受ける

# 2006年

　技術的に科学的に世界の舞台で偉大な達成をなしとげつつあるこれらの探査機のことごとくが、この名機M-Vを産婆役にしたことを思うとき、深い感謝の気持ちで心がいっぱいになります。

　「なぜこんなに優秀なM-Vロケットを廃止するの？」という、たびたび浴びせられる質問に対しては、「コストが高いそうです。でも、コストダウンのシナリオはあるんですがね……」としか答えられません。確かに100億円くらいを投じれば、制作費63億円のM-Vロケットは30億円代にまで安くすることは可能です。それは1段目のロケットモーターを「削りだし」から「フィラメントワインディング」に代えることを軸としているプランです。しかしそのプランが技術的な観点から真面目に顧られることは一度もありませんでした。「高価」という論理から一度も迂回することなく一直線に「終焉」までつなげられたことに、長年Mロケットの開発に携わってきた私自身は、切なく無念との思いを禁じ得ません。

　背景にある複雑な政治的な状況は、ついにマスコミによっても直截には明らかにされていません。とにかく「経営判断」ということなのでしょうが、その判断が正しかったかどうかが、歴史的に検証されるまでに、どれぐらいの年月がかかるのでしょうか。それは誰にもわかりません。「経営」とは、げに難しいものですね。

　今回のフライト・オペレーション中、来年の3月に定年を迎える3人のエンジニアの送別会が内之浦の町で開催されました。宇宙科学研究本部のメンバーを中心にJAXAから打上げに参加した技術者たち、そしてもちろんかけがえのない同志であるメーカーの面々も交えて、国民宿舎「コスモピア」の大宴会場を溢れ出る数の人が出席し、爆発的な雰囲気に終始しました。

　「宇宙開発に30年以上にわたって従事していますが、こんなに一体感のある宇宙関係のパーティは初めてです」――内之浦のパーティに初めて参加した何人ものエンジニアが語った言葉です。3人の退職予定者のスピーチには、すべて「素晴らしい仲間と過ごせた幸せ」とい

う言葉が現れ、会場の涙を誘いました。

　すでに M-V の廃止は JAXA 自ら宇宙開発委員会に提案し、すでにより小型の後継の固体燃料ロケットの開発が、若いエンジニアたちによって検討され始めている現在、事の是非はともかく、私のような立場と年齢の者が、ノスタルジックに過去にしがみつくことは許されないでしょう。しかし忘れてはならないことは、この打上げを実際に見た多くの関係者の頬をぽろぽろと涙が流れ落ちた事実です。それは感傷だけではないものがあったのだと、私にはよくわかります。誤解を避けるために言えば、これは JAXA 内の固体燃料ロケット開発の志気を低下させないための、私の一種の「演技」です。

　ロケット開発を志す JAXA 内部の内発性については、さまざまなレベルの人々が存在しています。それらの人々の心の中には、ミューないし M-V ロケットへの関わりの程度に応じて、色合いの違いがあります。そうした部隊を率いて未来に向かって驀進するためには、信念と忍耐と学習が求められます。だからこそ、その後継機の開発をリードすることになっている森田泰弘教授は、「世界に冠たる固体燃料ロケットを、これまで世界一の M ロケットを作り上げてきた先輩たちの成果を確実に踏まえて作り上げる」決意を、悲壮にも表明したのでした。

　発射準備作業が長すぎることなど、これまでの M ロケットにあった課題を克服しながら、新たな世代の固体燃料ロケットの時代を築こうとの意思の吐露からは、痛々しさとは裏腹に力強さにあふれた響きを感じ取ることができました。予算の問題もふくめて、現実にのしかかってくる重圧と困難が、チームを鍛え続けていくことでしょう。

　世界にはロケット設計のプロフェッショナルたちがたくさんいます。国際会議などで出会う友人もいっぱいいます。たとえこの開発にどんなに厳しい外部的な制約があっても、彼らに「粗末な設計だ」と軽蔑されないくらいのロケットに仕上げることが、最低限の任務でしょう。歴史の歯車は逆転しません。「一歩後退、二歩前進」の

森田泰弘（左から2人目）

# 2006年

精神を掲げて頑張ってほしいと思います。願わくは、立派に決意を実行し、後継機がいつの日か M–V を超える「新しい M」と呼ぶにふさわしい雄姿を見せてくれることを期待しています。私は、前を向いて歩こうとする若者たちの姿勢に大きなエールを送ろうと思います。

## 10月 6日

### 曇りのち毎日晴れ──はるかバレンシアから

先週の金曜日に成田を発ち、ロンドン経由でスペインのバレンシアに来ています。ロンドンまで12時間、ヒースロー空港で待ち合わせること2時20分、さらに2時間15分を乗ってここバレンシアへ。毎年所を変えて開催される国際宇宙会議（IAC：International Space Conference）に出席しています。土曜日にその理事会が開かれた時点で、すでに参加者登録が2100人を超えていました。盛況と言っていいでしょう。

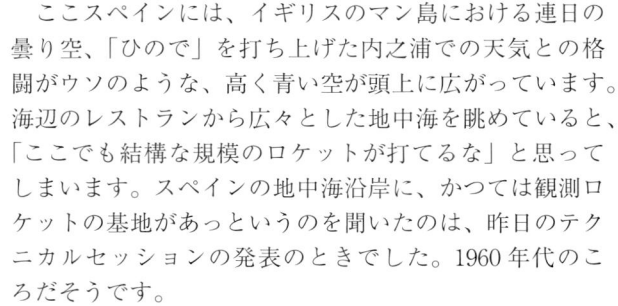

ここスペインには、イギリスのマン島における連日の曇り空、「ひので」を打ち上げた内之浦での天気との格闘がウソのような、高く青い空が頭上に広がっています。海辺のレストランから広々とした地中海を眺めていると、「ここでも結構な規模のロケットが打てるな」と思ってしまいます。スペインの地中海沿岸に、かつては観測ロケットの基地があっというのを聞いたのは、昨日のテクニカルセッションの発表のときでした。1960年代のころだそうです。

私にとっての悩みは、暑くて乾燥していることです。ホテルから会場までは、歩いて20分あまり。流しのタクシーがあまりいないので、歩くと気持ちのいい公園をついつい歩くことになります。すると会場に着くころには滝のような汗が流れているので、大量の水を飲みながら生活しています。それを友人に言っても、誰も同情してくれません。異口同音に「それは運動にいいね」だと。

来てすぐ、日本のご一行の中にちょっとした椿事が起こりました。全日空でヒースロー経由でバレンシアまで

*IACバレンシアの開会式*

*シンポジウム会場となったコンベンションセンター*

来た人たちの荷物が届いていなかったのです。待ち合わせが75分という短時間だったので、荷物の積み替えが間に合わなかったのです。私は英国航空でヒースローまで来たので、待ち時間が十分あり、難を免れました。最近固体ロケットで有名になった某教授の場合、下着がその届かなかった荷物の中にあったので、まさに「一張羅のパンツ」。寝る前にそのパンツを脱ぎ、洗濯をして干しておくと、明朝乾いているという生活になっているそうです。え？　それではどうやって寝ているのかって？

それは方法は一つしかないですね。まあ近所のスーパーで買えばいいわけですが、気にすることはありません。そんな毎日を楽しんでいるわけだし、それに、東京でも履いて寝ているかどうか、知れたことではありませんから……。

そろそろ疲労がピークにさしかかっています。若いころの海外出張は雑用から解放されて「いのちの洗濯」ができたのですが、年をとると、出張先での雑用が山のようにあって、初めから終わりまで気が抜けません。ここでも、テクニカルセッションへの最低限の出席はもちろんですが、IAF（国際宇宙航行連盟）副会長としてのこまごまとした打ち合わせへの出席とか、宇宙教育に関連した国際的な動向についての情報収集とか、年に一回この会議でしか会えないさまざまな国の友人との情報交換とかで、連日しっかりと動きまわっています。

会場の付近で半日ぐらいを過ごすために、広い日本では会えない日本人にいっぱい会うのも一興ですね。ここでも、中国とインドの代表の生き生きとした姿が印象的です。日本の宇宙活動も、官僚主義を脱して、一刻も早く「宇宙を好きでやる」宇宙活動を取り戻さなければ、早晩勝負にはならなくなるでしょうね。こちらでは、ヒシヒシとそのことを感じる毎日です。ライバルの加速度はすごいです。問題意識が旺盛なのですね。吾がほうの肝腎の人々が、そういった世界の現場の雰囲気を感じることのできる場には少ししか姿を見せていないことが気になります。世界の最前線の状況を肌で感じないで、世界と競争はできないでしょう。

ESAのロケット展示

パーティーで（真中がIAF会長のジンマーマン）

# 2006年

　全身麻酔をかけて手術をすれば、目が覚めたときには、知らないうちにすっかり様子が変わっていることになるのですがね。相手と直接体を合わせて組んでみないと、相手の強さがわからない——あ、それは相撲の世界でしたか。

## 10月 13日

### 「地の果て」に想う

　北緯38度47分、西経9度30分、ここがユーラシア大陸のいちばん西です。
　スペインのバレンシアで行われた国際宇宙会議（IAC）を終えて、リスボンの大学で友人と会い、半日の合間の行き先として選んだのが、その西端の地ロカ岬。その前の晩、リスボン市内の料理屋で隣り合わせたご婦人から、「ロカ岬に行く方法はいくつかありますが、私はいつもカスカイスまで行きます。それもバスよりも電車で行くのがいいですね。海岸沿いを走りますから、とっても綺麗な景色を楽しめますわよ。カスカイスからは、バスも出ていますけど、時間が限られているときはタクシーのほうが便利かもしれませんね」と教えられました。
　見知らぬ土地を旅するときは、そこに詳しい人の意見を聞くに限りますよね。その日の昼過ぎに友人の教授殿と別れた後、ホテルに余計な書類を置き、カメラとタオルだけをコンビニの袋に入れて、早速リスボンの南にあるカイス・ド・ソドレ駅から西へ向かうカスカイス線の電車に乗り込みました。太陽はすでに南中を過ぎています。急がねばの思いがありました。久方ぶりで胸の高鳴りを覚えていました。
　かのご婦人のおっしゃるとおり、その途中は素晴らしい眺めでした。ただし、ふと一つだけ気がついたのは、それは彼女の言った「海岸沿い」ではなく、正確には「初め川沿い、ついで海沿い」なのでした。リスボンから西へ向かう電車は、初めテージョ川に沿って進みます。河口に向かう流れはまさしく大河になり、対岸は見えませ

ん。「海岸」と間違えるのもむべなるかな。そしてカジノで有名なエストリルの少し手前で大西洋に流れ入ります。

　終点カスカイスで下車、教えられたようにタクシーを拾って15分ほど飛ばしたところで、左手の向こうのほうに、ニョキッと突き出た地形が現れました。先端は霞んでいて実に神秘的です。見とれていると運転席から「あれですよ」と声がかかりました。「やっぱり」とうなずいて左の眼下に目を移すと、美しくビーチが広がっています。サーフィンを楽しむ姿もあります。波はかなり高いようです。一瞬「荒海や」の句が浮かんだのを、胸に飲み込みました。「うーん、あそこまで行くとするとまだまだ遠いな」と思ったとおり、その先はクネクネと曲がりくねる上り坂になりました。

カスカイスの町並み

　カーブをかなりのスピードで走りながら、左下に先ほどの海岸が見え隠れするかと思うと、右手にはポルトガルの赤色屋根の群れが目に飛び込んできます。ビッシリと密集する赤色屋根を「セカンドハウスですか」と訊ねると「1年に1回か2回しか来ないんだろうけどね」と、間接的に肯定する返事が、忌々しそうな響きで返ってきました。路肩に色とりどりの花が咲いていますが、日本ではお目にかからない花も多いようです。ルームミラーで私の視線に気がついたのでしょう。「夏はもっといっぱい花が咲いてきれいですよ」と誇らしげに語りかけてきました。

　やがて体の傾きで、道が登りきって平坦な道になったのを知りました。かの「西端の地」ロカ岬に着いたのです。ポルトガルの誇る詩人ルイス・デ・カモンエスは、その『ウズ・ルジアダス』で、この地を「ここに地が果て、海が始まる」と詠みました。ロカ岬の先端にある大きな十字架のモニュメントのもとには、その一節が刻まれています。その想いは、この詩集に詠み込まれた数々の冒険者たちの心でした。エンリケ航海王、ベルトロメオ・ディアス、ヴァスコ・ダ・ガマをはじめとする冒険者たちは、15世紀から16世紀にかけて次々と「まだ見ぬ土地」へ船出していったのです。

見えてきたロカ岬

地の果てに立つ

# 2006年

地の果てに立つ十字架

通りすがりのドイツ人が撮ってくれた。そばにカモンエスの詩の一節が刻まれている。

地の果てから真西を見る

　その十字架を背にして、茫漠とした無限の水の広がりしかない真西の方角を睨みながら、冒険者たちの心を思いやっているときに、ふと思いました——「いのちを捨てるかもしれない」という思いが共有されていなければ、「現代の冒険」もあり得ないな、と。「民族が栄えたとすれば、それはその息子たちが冒険を愛したからである。そして民族が衰えたとすれば、それはその息子たちが危険への喜びを失ったからに過ぎない」——登山家ヘンリー・ヘークの身にしみる言葉です。

　現代の宇宙飛行士たちの活動は、無人の探査を先行させます。科学者たち、技術者たちが十分に調査をし、彼らが「無謀な行動」に走らなくてもいいようにお膳立てを整えます。もしハードウェアもソフトウェアも予想と異なることが起きなければ、そして宇宙飛行士たちが地上で想定練習のとおりに仕事をすれば、「たいていは」無事に任務を果たして帰還できることになっています。しかしそれでも「何か」は起きるでしょう。現代の飛行士たちにも、確かに「冒険者」の心の糸はつながっていることは間違いありません。

　私がここで言っているのは宇宙飛行士たちのことではありません。人生のいつの時点でも、自分が一生の仕事として選んだテーマであれば、「いのちを賭してやる覚悟」がなければ、それは所詮次元の低い処世に終わってしまうということです。大航海時代に新世界をめざして船出した人々の中には、確かに単に投機的な動機しか持ち合わせていなかった輩もいたことはすでに知られています。にもかかわらず彼らの所業が私たちの胸を打つのは、彼らが「いのちを賭けた」からです。

　そのとき突然、私の心に、太陽系の全容が髣髴と浮かび上がってきました。そして、これから世界の人々が何世紀もかかって進出するであろう目覚しい旅の船出が、ほかならぬこの大地であることが思い起こされました——ここに地果て、宇宙（そら）始まる。「はやぶさ」で火がついた日本の月・惑星探査の青春時代が華々しい実をつけ始めるのも、もうすぐです。

　リスボンを去る直前に大急ぎで走りまわった港には、

かつての冒険者たちのモニュメントがまぶしかったことを告白しなければなりません。私なんぞ、ここまで生きてきて何をやっていたんだろうと、反省の念しきりでした。

## 10月 18日

### 精密観測時代に入ったブラックホール ——「すざく」の快挙

先週は沖縄でコズミックカレッジをやりました。沖縄のうるま市には、喜友名一（きゆな・はじめ）さんという素晴らしい宇宙教育の推進者がいます。この人の力で実現したコズミックカレッジは、活発な雰囲気に終始しました。楽しい2日間でした。

ところで話は変わります。巨大ブラックホールは、ほとんどの銀河の中心にある、太陽の数百万倍から数十億倍もの質量が太陽系ほどの大きさに詰め込まれたもので、JAXAが昨年打ち上げたX線天文衛星「すざく」にとって最も重要な観測対象の一つです。

このたび、「すざく」が、これまでにない精度で巨大ブラックホールのまわりの時空のゆがみを示すと考えられるデータを獲得しました。この観測に使われたのは、「幅の広い鉄輝線」というブラックホールのごく近くから放たれた光です。ブラックホールの凄まじい重力の強さが明瞭に観測されました。データの解析に用いられた手法は将来のX線天文衛星による観測にも応用が期待されます。

「すざく」は鉄輝線のエネルギー付近で他のX線望遠鏡よりも高い感度を持つとともに、軟X線だけでなく、鉄輝線よりもさらに高いエネルギーの硬X線までを感度よく測定できます。「すざく」はこうしたブラックホールからの特徴的なX線をとらえるために必要な性能を備えた唯一のX線天文衛星で、ブラックホールまわりで起こっている激しい現象を初めて統一的にとらえるこ

数多くのヨットの向こうに発見のモニュメント（リスボン）

コズミックカレッジの教室

太陽系を作る

# 2006年

闘い終えた講師陣

喜名友さんの授業

とを可能にしました。

英国ケンブリッジ大学のアンドリュー・ファビアン（Andrew Fabian）教授に率いられた日米欧の国際共同チームは、MCG-6-30-15と呼ばれる銀河の中心にある巨大ブラックホールが、まわりの時空を引きずりながら高速で回転していることを確認し、さらに、ブラックホールの近くで発せられたX線が、ブラックホールの重力を逃れようとしながらも、ブラックホールまわりの円盤の中へ強い重力によって進路が曲げられている証拠をつかみました。

このように進路が曲げられることはアインシュタインの一般相対性理論が予言していましたが、過去の観測ではその気配を見ることすら難しかったのです。今回「すざく」によって、それを示す観測結果が初めて得られました。

ジェイムズ・リーブズ（James Reeves）博士（NASAゴダード宇宙飛行センターとジョンズ・ホプキンス大学に所属、ともに米国メリーランド州）がリードする日米欧の国際共同チームは、MCG-5-23-16と呼ばれる銀河で、ブラックホールへ物質を落とし込んでいる円盤（降着円盤と呼ばれています）が私たちから見て45度の角度を向いていることを明らかにしました。このような精密な観測はこれまでは不可能でした。今や「すざく」によって、ブラックホールは精密観測の時代に突入したのですね。内之浦から旅立ったM-Vロケットの勲章が、また一つ増えました。

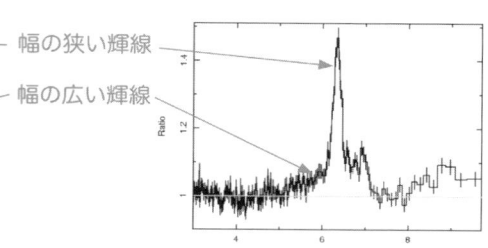

「すざく」がとらえたブラックホールによる時空の歪み

216

## 11月 1日

### 山古志村で授業再開

　新潟の山古志村（現在は長岡市山古志地区）の小学校では、中越地震*で校舎が大きな被害を受けて以来、近くの阪之上小学校に教室を間借りしていました。このたびやっと新校舎も完成し、懐かしい山古志の地での授業が10月30日（月）に再開されました。嬉しいニュースです。間借り先の児童ともすっかり仲良しになったらしい様子もテレビで報道されました。この苦労の多かった間借り生活を、これからの彼らの人生の途上で幾度も思い出すことがあるでしょう。そして、生きていく上で大きな力になるような数々の友情が育まれたことでしょう。頑張ってほしいものです。

　さてその授業再開を記念する講演会に、どこでどうしたものやら私が招かれました。明日です。今から気の引き締まる思いです。タイトルを「いのちを育む」としました。第三者的で無責任にならぬよう、また高踏的で不遜にならないためにはどうしたらいいのでしょうか。あの子どもたちと溶け込みながらその未来を祝福したいと、心から願っています。

　まず、私が彼らの年齢だったころに戻ることにしました。あの日本中に物資が不足していた時代。私の育った広島・呉の町では、進駐軍の兵士のジープが我が物顔に市内を走り、チョコレートやチューインガムを傍若無人に撒き散らしていました。バラックの校舎で細々とした授業を受けていた時代――あのころのことは、私の心の奥深くに杭で打ち込まれたかのように根を張って、決して忘れられない記憶になっています。そうした話から始めようと思います。

　あの時代を経て、奇跡の高度経済成長をなしとげた日本人たちがいたことも話すでしょう。でもその「成長の帰結」としての現在が、多くの日本人にとって好ましい現実ではないみたいだということも話します。ということは、これを「帰結」として受け入れてはいけないとい

*：2004年10月23日午後5時56分、新潟県中越地方を震源として発生したM6.8、震源の深さ13kmの直下型地震。最大震度7を観測。死者68名、重軽傷者4,800名以上、避難した住民約10万3千人。山崩れ等で鉄道や道路が至る所で分断され、また台風等による二次被害も深刻だった。

新装なった山古志の小学校

明るい山古志小の子どもたち

この山古志で見かけた地形が火星のガリーと呼ばれる地形に似ているのには驚いた

# 2006年

うことです。その「幸せとは言えない日本」にも、中越地震でひどい目に会った人たちに寄せられた熱い支援がたくさん存在しました。あの子どもたちがエネルギーにしなければならない事柄を、真正面から見つめてほしいと思います。

　講演は、自問自答になりそうですね。空まわりしないようにしなければね。

　さて、先日のスペイン・ヴァレンシアでのIAU（国際宇宙会議）で会った中国の友人は、文化大革命のころの苦労を話してくれました。「国が大規模に間違っている場合は、個人としてできる最高のことは、ひたすら耐え忍ぶことです」と、かすかに笑顔を浮かべて語った彼の表情を、私は今でも忘れることができません。「宇宙の仕事にはいろいろな側面があります。その中で、人々と夢を共有する分野こそ、強い内発性に支えられているべきです」と私が言ったとき、彼は少し驚きを浮かべてじっと私を凝視した後、破顔一笑大きくうなずきました。その直後に彼の差し出した掌は熱のこもったものでした。

　帰途、ユーラシア大陸の最西端（ロカ岬）で立ち尽くしながら感じた、おぼろげながら身の震えるような興奮の中身が、次第に私の体内で形を整えつつあります。太陽系の中にポッカリと浮かんだ地球の姿。それは無防備に全球の表面を太陽系に晒しています。それは視座を変えれば、どこからでも宇宙へ旅立てる情景でもあります。

太陽系でひときわ輝く地球
（イラスト：KAGAYA）

コロンブスもヴァスコ・ダ・ガマもベルトロメオ・ディアスも訪れたと言われる、あの岬で見つけたルイス・デ・カモンエスの詩の一説「ここに地果て、海始まる」の二次元の響きは、数百年を経て、確かに次元を一つ増やしています——「ここに地果て、宇宙（そら）始まる、と。人間同士が信じ合い手をとり合って、暖かくて規模の大きな事業に乗り出さなくてはならない世代に、そのような思いも伝えたいと考えています。

## 11月 9日

### 東奔と西走の狭間——北九州のシンポにて

　今来ているのは北九州（小倉）です。毎年この時期に日本のどこかで開催されている宇宙科学技術連合講演会です。今日は、宇宙教育センターがこの1年半の間に連携をしてきた学校や科学館、地方行政組織、教育委員会などの方々に集まっていただき、その経験を赤裸々に語りつつ、今後の宇宙教育のあり方と方向性を探ろうというセッションを設けたのです。

　直前にあの「はやぶさ」の川口淳一郎プロマネが特別講演をしたので、そのとき500人くらい入る会場がほぼいっぱいだったのですが、彼の講演が終わった途端に潮が引くように人がいなくなりました。川口プロマネは、次に教育セッションのあることを知ってか知らずか、講演の最後に「結局大切なのは教育ですよねえ」という最高の言葉を吐いたのですがね。

宇宙科学技術連合講演会
（北九州）

　それでも一番多いときで70人くらいの人が出席してくれました。各地の連携組織の人たちは、実に20人くらい、ウィークデイにもかかわらず、わざわざ駆けつけてくれました。嬉しい限りです。その生の経験を、こうして一堂に会して披露してもらうと実に壮観で、宇宙教育センターの活動の現況や課題がしっかりと見えてきます。思い切ってこのようなセッションにトライしてよかったと、しみじみと思っています。

　明日は「有人飛行の是非」をめぐるパネルがあります。

# 2006年

「なあなあ」の議論にならないよう、一つ悪役を務めてみようかと、ひそかに考えています。明後日は鹿児島に向かいます。小学校で話をします。その後は山口県だったかな。もう自分でスケジュールを管理することをあきらめてはいるのですが、東奔も西走もしなくて済む時期はいつやって来るのでしょうか。丈夫に生んでくれた母に感謝しつつ、複雑な気持ちになることもあります。一昨日は一睡もしなかったのに、今日なんか結構元気でしたからね。

## 11月 15日

### 私の読書

11月11日には、山口の周南市のロボットコンテストに行ってきました。小さなときから複雑なロボットに慣れている子どもたちが、将来どんな独創的な想像力を発揮してくれるか、大変楽しみです。順調に育ってくれるために、大人が気をつけなければならないことがいっぱいありそうです。

ところでJAXAの理事長は、立川敬二さんと言います。言わずと知れたドコモの王様ですね。果断の人です。(このメールをご本人がお読みにならないことを願っていますが)私はこのタイプの人が大好きです。彼の最大の趣味は読書のようです。1年に100冊の本を読むことを目標としているそうです。いつか一緒に食事をしたときに「どんな本をお読みになるんですか?」と質問したところ、たくさん読む本の中に推理小説というジャンルも含まれているという答えが返ってきました。立川さんの好きな作家のうちに内田康夫が含まれていたので、私は嬉しくなってしまいました。

内田康夫の本は、私も実は100％読んでいます。最初に読んだのは『遠野殺人事件』。ついで処女作の『死者の霊』。いずれも力作で、以後愛読しているというわけです。立川さんがそのときに言われたように、私たちの限られた活動範囲と生活経験を、読書は補ってくれます。

周南市のロボットコンテスト

立川敬二 JAXA 理事長

私ほど旅をしている者でも、内田康夫の「旅情ミステリー」と呼ばれている作品群からは、大いに旅情をくすぐられます。
　ほかに私の好きな作家を2、3挙げれば、大沢在昌、逢坂剛、船戸与一。彼らの作品も100％読んでいます。以前、私が子どものころに読んだ作家で印象に残った人を内外5人ずつ挙げてくれと言われて、外国人は、アミーチス、ロマン・ローラン、トルストイ、トゥルゲーネフ、ツヴァイクなど、日本人では、松尾芭蕉、森鴎外、夏目漱石、司馬遼太郎、中島敦を並べました。文芸評論では、メレジュコフスキーの『神々の復活』が最高ですね。これはもう驚くべき作品でした。これによく読んだ推理小説を5人ずつ付け加えると、外国では、ドイル、ルブラン、アガサ・クリスティ、チャンドラー、クィーン、日本では、松本清張、内田康夫、赤川次郎、西村京太郎、伴野朗あたりでしょうか。
　私の読書傾向は、ひどく一般的ですね。非常に特殊なオタク的な趣味はありません。新書も文庫もハードカバーも何でもよく読みます。東京近辺の人は、通勤時間が長いので、どうしても読書は多くなりますね。風呂に入って本を読むのもいい気分なのですが、いつか2000円以上もした本を風呂で読んでいて、気がついたら湯に浮かんでいたことがありました。買ったばかりの本のページが豪勢に波打っているのを悲しく見つめた私は、それからは、文庫本しか風呂に持ち込まなくなったことは言うまでもありません。
　というわけで私の読書も、結果として年間100冊を優に超えていることを確認しました。

## 11月 22日

### 再びの「マン島」

　初めにちょっと筋の違う話から。先月初めの本コラムの記事「マン島にて」について、どこかで誤りの指摘をした人がいると、数学者の吉田武さんが教えてくれまし

# 2006年

た。その指摘によれば、間違っているのは、まず、「1957年に始まったこのバイクレースの最高峰は、来年で半世紀を迎える」という記述です。その「指摘氏」いわく、——「どこでどう聞き違えたのだろう。マン島 TT レースがはじまったのは 1907 年のことなので、来年で一世紀を迎える。的川氏がマン島を訪れたのは 9 月 11 日とのことなので、おそらく 8 月下旬〜9 月上旬に行われているアマチュア対象のマンクス・グランプリ（MANXGP）と勘違いしたのだと思う。それにしても、MGP の前身、MARRC は 1923 年から 1929 年まで、MGP が始まったのは 1930 年のことだから、なぜ 1957 年という数字が出てきたのだろう？？ ちなみに、1957 年はマン島 TT レース 50 周年で、ボブ・マッキンタイアが初めてオーバー・ザ・トン（平均時速 100 マイル超）を達成した年だ。」この私の出どころは、空港からホテルまでのタクシーの運転手さんの言った言葉を素直に信じたわけです。ただ不思議なのは、ISU の会議で出会った何人かのイギリス人に、「マン島のレースは始まってからもう半世紀にもなるんだって？」と訊ねたところ、異口同音に "Yes." とニコニコしながら答えてくれたため、もう一分の疑いもしなかったという事情があります。

次の私の間違いは、「イギリスの領土でありながら『自治国家』の様相を呈している」というところ。「指摘氏」は、次のように訂正してくれています。——マン島はイギリス領土ではない。英国王室に属しているだけである。また、「自治国家の様相を呈している」のではなく、自治国家である——だそうです。これは、私は持っていた旅行ガイドブックの表現にならったわけです。

次の間違いは、「『ル・マン』さながらのスピードでぶっ飛ばし」というところ。続いて「指摘氏」の言葉：——よくある誤解だが、いわゆるル・マンはフランスの Le Mans のことであって、マン島＝Isle of Man とは違う。ル・マン 24 時間耐久レースは、自動車やオートバイのクローズドサーキットで行うレースである。「ぶっ飛ばし」とあるが、空港からダグラスの間はほとんど制限速度があり（マン島は基本的に制限速度がない）、それも

50マイル（80キロ）から60マイル（96キロ）という、日本の一般公道では考えられないハイスピードである。マン島では決して飛ばしている範疇にはない。日本人からすれば飛ばしているような感覚になるのはわかるが――

　やれやれ、こういうのを「カタナシ」というのでしょうねえ。ここの私の間違いは、日本に帰ってから、「マン島に行ってきたよ」とある友人に告げたところ、常々物知りとして尊敬している彼が「ああ、ル・マンのマンね」と当たり前のように言ったので、「そうなのか」と後追いで信じたのです。ただし、スピードについては、制限速度を守っていたように「指摘氏」は思っておられるようですが、それがあやしいこと。加えてあの道が細かったせいもあり、たとえ時速96キロの制限を守っていても、結構スリリングであったことは付け加えておきます。こう見てくると、3つとも、誰かの発言内容を私が耳にした簡単に信じたことに間違いの原点があるように見えます。信じやすいことは悪いことではありませんが、やはり事実関係はきちんと調べなければいけないと、遅ればせながら反省した次第です。どなたかは知りませんが、御指摘有難うございました。これからは気をつけます――と言ったそばから、私の悪い癖が出てきているわけです。この「指摘氏」の言葉をすべて信じているわけです。でもずいぶんと調べていらっしゃるようですから、私にはそれを再び調べなおす必要がないと考えているのです。これもやっぱりまずいかな？

　それでは本題です。来る11月28日に、幻冬舎という出版社から、探査機「はやぶさ」の挑戦のストーリーを描いた名著が発売されます。著者は、その「マン島」の記事の存在を教えてくれた吉田武さんです。著書のタイトルは『はやぶさ――不死身の探査機と宇宙研の物語』です。実に素敵な本です。ワクワクとした気分で読み進んでいくことができます。ぜひご一読を！

　11月18日から数日、イギリスのレスターに行ってきました。そこでJapan Dayという催しがあって、講演を頼まれたのと、ついでにロンドンのクラブでの講演も依

『はやぶさ』（吉田武）

レスターのJapan Dayの一幕

# 2006年

頼されたので。レスターには、National Space Centre という展示館もあり、なかなか面白いのです。私は三度目の訪問になります。旧交も温めてきました。

## 11月 29日

### 小杉健郎さんのご冥福をお祈りします&セレーネ・キャンペーン

　なんということでしょう。JAXA宇宙科学研究本部の小杉健郎さんが、去る2006年11月26日12時58分、脳梗塞により急逝しました。享年57歳。あまりに早い死でした。

　先週の水曜日、私が鈴鹿に発つ前の日に、相模原の私のオフィスに来て、にこやかに「じゃあ、来週水曜日にね」と言って手を振って出ていって、それきり会えないなんて……。翌日の新聞に一斉に報道された「ひので」衛星の鮮やかな太陽表面の画像が、痛々しいほど私の目を射ました。彼が中心となって精魂込めて作り上げたこの衛星の成果は、今後も次々と世界の太陽像を塗り替えてくれるでしょう。しかし、そのたびに私の心にずしんずしんと彼の笑顔が浮かんでくるでしょう。

　体力に自信を持っていた彼は、夜を日に継いで働き続けました。お酒もずいぶん飲みました。太陽物理学だけでなく、宇宙科学研究本部の将来、今後のJAXAの改革にもなくてはならない人だっただけに、今後のさまざまな困難が、今から心配でなりません。みんなで力を合わせて、一つひとつ難関を切り抜けることを決意しています。彼との思い出を私自身の生きるパワーに変える努力を、しばらくは続けようと思っています。合掌。

　来年の夏に打ち上げる月探査オービターSELENE（セレーネ）のキャンペーンが、いよいよ始まります。火星探査機「のぞみ」の「あなたの名前を火星へ」キャンペーンのときは27万人の名前が寄せられ、小惑星探査機「はやぶさ」の「星の王子さまに会いに行きませんか」キャ

ありし日の小杉健郎さん

飛行前の勢ぞろい

ンペーンのときは 88 万人の名前が寄せられました。あのアポロ計画以来の最大の月ミッションである「セレーネ」の打上げに先立って行う今回のキャンペーンにも、大いにみなさんの声を寄せていただきたいと思います。

詳しくは来週のプレスリリースで。宇宙開発史上空前のキャンペーンを展開したいものです。

11 月 24 日に、名古屋のダイアモンド・エア・サービス社の安来さんのご好意で、航空機による無重力体験をしてきました。以前から何度か誘われていながら、いろいろと用事が重なって実現に至らなかった無重力の体験——ガルフストリーム II という少し大きめの機体に、何人かの友人たちと乗り込んで、上昇→エンジンカット→約 20 秒間の無重力→引き起こし→上昇→エンジンカット→約 20 秒間の無重力→……という繰り返しで、10 回足らずの無重力が作られるわけです。何しろ生まれて初めてのことなので、航空機の前に勢ぞろいした人たちは、みんな興味津々のいい顔をしています。

搭乗するとまずはシートベルトをして、いくぶん気持ちを整えてから、さあ出発。名古屋から日本海に出てやる場合が多いらしいのですが、今回はそちらが天候不良とのことで太平洋にいきなり出ました。引き起こしの最中にグーンと重力が大きくなっていって、両腕が重くなったと感じられるとき（約 1.8 G）を経て、ガクンと無重力になります。フワッと浮いたかと思うと、途端に体が制御不能になりました。その制御不能さがどれぐらいのレベルかが最初はわからないので、若干慌てました。そして 20 秒間はアッという間に経って、いきなりガクンと 1.8 G くらいの世界に放り込まれます。

そして何度か 20 秒くらいの無重力を繰り返すうちに、いくぶんは慣れてきました。なかなか自由には動けませんが、かろうじて「天井を歩く」くらいの意識的な体の動かし方はできるようにはなります。もう二度とできないだろう貴重な機会を与えてくださった安来さんを中心とするみなさま、そしてパイロットの景山さん、有難うございました。

気持ちを調える

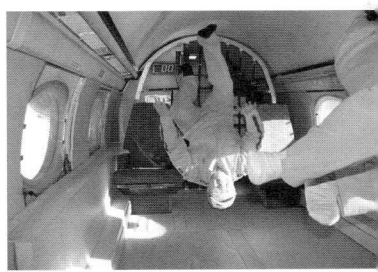

無重力を泳ぐ

# 2006年

**12月 6日**

## あなたは何を願いますか
## ――「月に願いを」セレーネ打上げキャンペーン

　無重力の体験の後で、道川の宇宙学校、千葉サイエンスの会での講演会に参加しました。前者は、たくさんのいい質問が出て、道川の子どもたちの健全さが浮き彫りになりました。後者では、フォン・ブラウンを軸とする初期のロケット開発を演劇化したものが演じられ、特別出演の鷹野先生（千葉大）の迫力ある演技が目を引きました。どちらも非常に明るい雰囲気に終始した素晴らしいものでした。

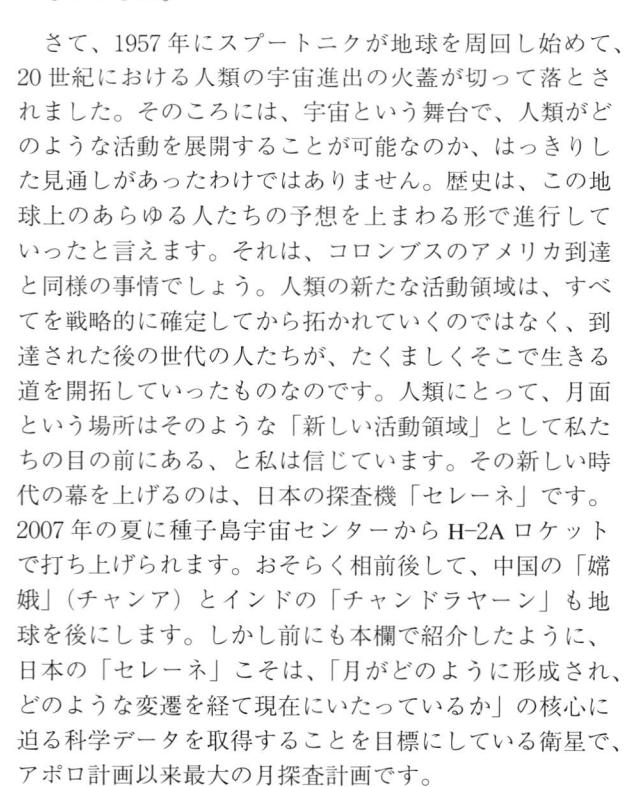

　さて、1957年にスプートニクが地球を周回し始めて、20世紀における人類の宇宙進出の火蓋が切って落とされました。そのころには、宇宙という舞台で、人類がどのような活動を展開することが可能なのか、はっきりした見通しがあったわけではありません。歴史は、この地球上のあらゆる人たちの予想を上まわる形で進行していったと言えます。それは、コロンブスのアメリカ到達と同様の事情でしょう。人類の新たな活動領域は、すべてを戦略的に確定してから拓かれていくのではなく、到達された後の世代の人たちが、たくましくそこで生きる道を開拓していったものなのです。人類にとって、月面という場所はそのような「新しい活動領域」として私たちの目の前にある、と私は信じています。その新しい時代の幕を上げるのは、日本の探査機「セレーネ」です。2007年の夏に種子島宇宙センターからH-2Aロケットで打ち上げられます。おそらく相前後して、中国の「嫦娥」（チャンア）とインドの「チャンドラヤーン」も地球を後にします。しかし前にも本欄で紹介したように、日本の「セレーネ」こそは、「月がどのように形成され、どのような変遷を経て現在にいたっているか」の核心に迫る科学データを取得することを目標にしている衛星で、アポロ計画以来最大の月探査計画です。

道川の宇宙学校

千葉サイエンスの会のロケット劇

日本の月探査機セレーネ

この快挙を記念して、JAXA（宇宙航空研究開発機構）では、「セレーネ」に載せて月へ送る「あなたの名前」と「メッセージ」の募集を、去る12月1日から開始しました。このような、衛星・探査機打上げに際しての名前募集のキャンペーンの歴史は古いですね。

　私が初めて思いついたのは、1980年代の半ばに取り組んだハレー彗星探査のときです。1985年の初めに、日本初の地球脱出ミッション「さきがけ」の打上げが予定されていました。その2年前ぐらいに、宇宙科学研究所の偉い先生に、ある飲み会の席で、「日本中の人たちから、ご自分の名前を寄せてもらって、それをいっぱい載せてハレー彗星へ旅するって趣向はどうでしょう？」と提案したことがあります。しばらく考えたその先生が言うには、「ちょっと無理だね。第一、打上げに失敗したら、その名前は海に落ちるわけだからね。そのときに、なんて言い訳をしたらいいかわからないよ。」——私のそのときの感想は、「へえ、年をとるといろんなことを考えなくちゃいけないから大変なんだなあ」というものでした。つまりは、私のアイディアは体よく握りつぶされたのです。

　1998年に打上げを予定した火星探査機「のぞみ」の前、私の頭にあの10年以上前のキャンペーンのことが突然浮かんできました。そして展開した「あなたの名前を火星へ」というキャンペーンには、葉書で27万人の名前が寄せられてきました。私はその名前と、葉書の余白に書き添えられているメッセージを残らず読みました。数々の感動的なメッセージに涙したことが、昨日のように思い出されます。

　続いて2003年の「はやぶさ」に先駆ける「星の王子さまに会いに行きませんか」キャンペーン。世界の149ヵ国から寄せられたのは、実に88万人。ここにも、夢を求めるたくさんのメッセージが添えられました。

　月は、とりわけ日本人がいにしえから愛してきた天体です。喜びも悲しみも、歌に託して月に向かって訴えてきたのが日本人です。この、誰よりも月を愛する国民が月探査機を打上げるのです。日本人が大好きなこの天

# 2006年

体に、みんなで未来へのメッセージを送ることは、古来月を愛で続けてきた人々から受け継ぐべき責任ですらあります。今回の募集の詳細については、JAXAのホームページ（http://www.jaxa.jp）をご覧いただきたいのですが、「みなさんの名前」と「月に寄せるメッセージ」をメールまたは葉書で送ってもらい、「セレーネ」に乗せて月周回軌道に運ぶのです。その名前とメッセージはすべて薄いフィルムに刻みますが、制作費が結構かかるため、寄せていただく字数を制限せざるを得なかったのが、私としては気がかりです。名前は10文字以内（英語の場合は20文字以内）、メッセージは20文字以内（英語の場合40文字以内）。「はやぶさ」のときは、日本人からの名前は31万。実はアメリカ人のほうが多かったのですね。今回は、ぜひ月を愛する日本人が最高位を占めてほしいものです。

　「セレーネ」そのものが21世紀の人類の新しい活動領域を拓く先導的ミッションです。それは日本という一国の国威を発揚するがごとき小さなスケールと考えてはいけません。「月に願いを」キャンペーンも、堂々としたものでありたいですね。そのためには、日本の国が生まれ変わらなければならないと思います。毎日毎日、ウソをつく「偉い」人たち。ウソがばれても逮捕されてもシラを切る大人たち。そんな大人たちの陰でどんどん不幸な人生を強いられていく子どもたち。私たちは、どうすれば子どもたちの個性を輝かせることができるのでしょうか。理科が好きになれば幸せになれるか？　勉強が好きになれば人生が生き生きとするか？　宇宙が好きになれば夢いっぱいの人生が送れるか？　私たちは、もっと深い掘り下げが必要になっています。

　世田谷の一家惨殺事件で幕を切った21世紀の日本を、ぜひとも私たちは小異を捨てて大同につく方向転換をしなければなりません。「教育」という2字が毎日紙面に頻出する今日、少しずつベクトルの異なる青少年教育組織が、別々に活動していたのでは効果が薄いですね。もちろん少しずつ活動の重点が違うから「別々」なのでしょうが、少なくとも「宇宙」を標榜する組織ぐらいは統合

してもいいのではないか——私の心にはそのような思いが沸々とこみ上げてきます。

　宇宙が好きになれば、君たちは幸せだよ——そのように呼びかける人も多いのですが、それは根本的に違います。むしろ、宇宙や宇宙活動の成果のどの部分が、子どもたちの心に潜在する推進剤に火をつけることができるのか。私たちが何をどのように素材として提供すれば、子どもたちの心に、強く生きようという決意を内発させることができるのか。一緒に真剣に考え吟味し取り組むことが求められていると思います。そのような大同団結の組織作りをしたら、あなたは参加されますか？

　教育再生会議などのトップダウンの取り組みも始まっていますが、私は巷の人々の真剣な心が日常的に合流する草の根の動きを選びます。そのような決意のときが迫っていると、最近しみじみと感じています。「月に願いを」のメッセージの字数は20字なので、言葉を選び抜かなければなりませんが、私は以上のような思いを、このキャンペーンに託します。みなさんは、どんなメッセージですか。メッセージには、一人ひとりの日常の喜怒哀楽を表すものから、未来にかける大きな心意気のものまで、「さまざまな現代」を前向きに映していただきたいと切に願ってやみません。

## 12月 13日

### 「月に願いを」キャンペーン

　12月9日には、沖縄の恩納村で宇宙学校をやりました。小さな村なのでそれほど人は集まらなかったものの、出席した子どもたちの興味・関心の度は非常に高く、素朴な質問が相次ぎました。私自身にとっては、はからずも同僚の小杉健郎さんの追悼キャンペーンになってしまった「セレーネ」打上げへの加速。平均すると1日1000人ぐらいの方々からお名前やメッセージが送られてきています。家族や友人への想い、住みよい地球や世界平和への願い、人生への決意、恋心の告白、……さまざまな

沖縄の宇宙学校の一風景

# 2006年

色合いのメッセージが「セレーネ」を彩りそうですね。それにしても、応募数のほうは私たちの期待を大きく下まわっているようです。家族全員、教室全員、会社全員など、みなさんの足場の人たちの祈りをすべて運びたいと考えています。

奈良の都の昔から、人々は喜びと悲しみを「お月さま」に託してきました。過去の人々に負けないスケールで、「月が大好きな日本人」を実証したいものです。先日は、東京・丸の内の展示室JAXA iに中日ドラゴンズの川相コーチが訪れて、このキャンペーンへの参加を表明してくれました。嬉しいことです。「セレーネ」は、アポロ以来最大の月ミッションであり、中国・インド・アメリカと続いていきます。先日はロシアも新たな月ミッションに名乗りをあげました。来年夏に打ち上げられる「セレーネ」は、世界のこれからの月への挑戦に、大きな探査の資料的基礎を提供する歴史的なミッションとなることは疑いがありません。

人類の月への知的欲求を満たそうという「セレーネ」に、多くの人々の想いを根こそぎ持って行きたいので、どうかお誘い合わせの上、もっともっとご参加ください。キャンペーンは1月末までです。寄せられたメッセージを現在大急ぎで読みながら分析しています。いずれ近いうちにその傾向などをお知らせできるでしょう。

「月に願いを」キャンペーンに駆けつけてくれた川相コーチ

## 12月20日

### ロケット打上げの「遊び心」

リングに上るボクシングの選手のように、打上げを前にした科学衛星は、発射場の内之浦に着いてから最後の計量を済ませます。できるだけ新しい重量データを使いたいために、ロケットと衛星の軌道計算（性能計算書）は、他のシステムの「実験計画書」よりも一足遅れて独立の小冊子として編集されます。

もう40年も昔のことになります。東京大学宇宙航空研究所は、来る12月に、鹿児島の内之浦にあるロケッ

ト発射場から、L-4Sロケットの1号機によって、日本最初の人工衛星の打上げに挑戦しようとしていました。その1966年の夏の日、目黒区駒場の糸川研究室で、綴じ上がったばかりの性能計算書の表紙を軽く叩きながら、大学院生の松尾弘毅が、後輩たちに語りかけました。

――性能計算書のタイトルは"Satellite"でいいな。

ちょっと間をおいて的川。「どうですかね。"Hatellite"ぐらいじゃないですかね。」

かくて、松尾の高笑いとともに、日本最初の性能計算書は、"Hatellite"と命名されました。「ハテ？」の意を込めた軌道への挑戦が、それから3年半に及ぶ「ハテ（果て）」の見えにくい苦闘になることを、そのとき誰が予想したでしょうか。

臥薪嘗胆の3年半を経た1970年2月11日、雲一つない日本晴れの日に、L-4Sロケットの5号機は打ち上げられました。このロケットには、過去の苦い経験に対するあらゆる対策が講じられており、第4段モーターの燃え殻とそれにつけた8.9 kgの計器部を併せた23.8 kgの物体が、わが国最初の人工衛星「おおすみ」となり、科学衛星時代の幕開けを高らかに告げました。日本は、旧ソ連、アメリカ、フランスに次いで、4番目の衛星自力打上げ国になったのです。

性能計算書の表紙に、その衛星ミッションの内容を象徴させる習慣は、"Hatellite"以降も受け継がれました。因みに、「おおすみ」打上げのときの性能計算書の表紙には、シンプルに"hi-lite"と記されています。この日本最初の衛星誕生は、1955年以来の血の滲むような努力の集積の、まさに「ハイライト」なのでした。その後次々と性能計算書の表紙を飾り続けた「打上げチーム」のささやかな遊び心は、毎回チームの笑いを誘いながら、厳しいチームの雰囲気を和らげてきました。

2003年5月、内之浦に集った「ミューゼスC」探査機の打上げチームが受け取った性能計算書には、清酒「虎之児」のラベルが生々しく貼ってありました。「ミューゼスC」は、小惑星探査の技術を確立することを目的としていました。「太陽系の化石」とも言われる小惑星は、

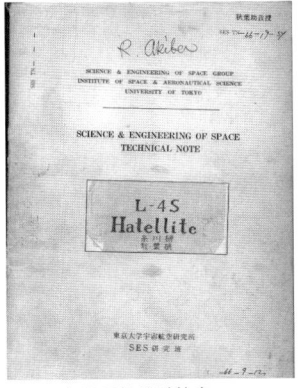

人工衛星用性能計算書
Hatellite（L-4S-1）

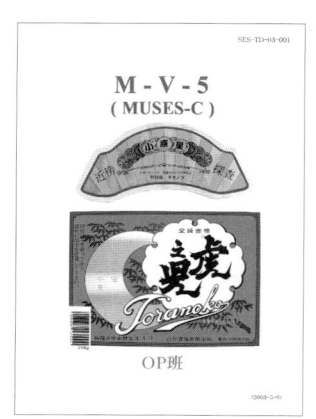

# 2006年

私たちのルーツを探るための絶好の素材と言われます。いわば太陽系の誕生の秘密を探る「虎の児」なのです。そのためには高い技術が必要とされます。そのような技術を習得するためのミッションは、まさに「虎穴に入って虎児を得る」挑戦となりました。私がたまたま見ていた日本酒のリストに、佐賀県嬉野温泉の清酒「虎の児」を発見したときには、ドキリとしたものです。天の配剤でした。「ミューゼスＣ」の性能計算書のラベルをオリジナルのラベルと比較すると、性能計算書では、醸造元とその住所が、プロジェクトマネジャーの名（川口）と宇宙科学研究所のものになっているのをはじめ、あらゆる文字が「ミューゼスＣ」ミッションに即した表現と置き換えられています。

「ミューゼスＣ」を打ち上げた 2003 年というのは、手塚治虫さんがあの鉄腕アトムの誕生年に設定した年であり、自律探査ロボットとしての「ミューゼスＣ」の性格を考慮して、愛称の投票では「あとむ」の人気は高かったのです。しかし選考委員会で誰かが「アトムって原爆を思い出さない？」と問いかけたことからチョンとなり、最後には「はやぶさ」に落ち着いたのでした。

その醸造元の社長さんに、書き換え・掲載の許可を求めるお手紙をお出ししたところ、快諾された上、実は、たくさんの清酒「虎の児」を送っていただき、打上げ成功後は、研究所のニュースのエッセイ欄「いも焼酎」への玉稿も頂戴しました。有難い限りです。

その後も、この楽しい試みは続けられてきました。「はやぶさ」の後で打ち上げられたミュー衛星たちの性能計算書にも、次のような酒のラベルが、改竄された姿で貼られています。

- X 線天文衛星「すざく」：一どん（オリジナルは「いっどん」と読むが、プロジェクトマネジャーが井上一なので、「はじめどん」とルビ。鹿児島の芋焼酎）
- 赤外線天文衛星「あかり」：初陣（日本初の赤外線天文衛星であることから。島根県津和野の清酒）
- 太陽観測衛星「ひので」：炎（ほむら。沖縄県石垣島の泡盛）

「はやぶさ」の性能計算書「虎之児」（M-V-5）

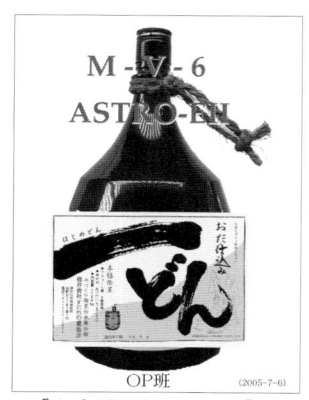

「すざく」の性能計算書「一（はじめ）どん」（M-V-6）

私もJAXAを去る日が近づいています。宇宙開発の現場に、このような遊び心を持った若者が絶えることなく輩出してくれることを願わずにはいられません。

## 12月 27日

### よいお年を！

　先日NHKの視点・論点の収録がありました。約10分という時間をしゃべりっぱなしなのですが、喉を痛めていて、何しろ数分おきに激しく咳込む状態で、どうなることやらと気をもみました。収録前の打合せでは、プロデューサーの舘野さんが、「まあ今回に限り後で私が編集をしましょう」と言ってくれたので、随分と気が楽になったのは確かです。来年以降の「月の艦隊」の話をしたのですが、最初と最後に、セレーネ「月に願いを」キャンペーンのお願いをしました。何と、一度も咳が出なかったのです。その「視点・論点」が放映されたのが12月25日で、ちょうどその日はBSの生出演があって、これまた咳込むことを覚悟で行ったのですが、これも何とか持ちました。不思議ですねえ。緊張していたんでしょうかね。唾を飲み込めば耳鳴りがするし、一度出始めると喉の通りがすっきりするまでなかなか治まらない咳なのですが、しばらくは意志の力で抑え込むことができるんですねえ。

　というわけで、不調な年の暮れを迎えています。日本の子どもたちを根こそぎ明るく元気に育てたいと、宇宙教育センターを設立して1年半、来年こそはその目的に向かって驀進する勢いを獲得したいと思います。みなさま、よろしくお願いします。よいお年を！

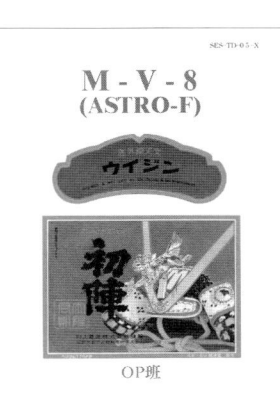

「あかり」の性能計算書
「初陣」（M–V–8）

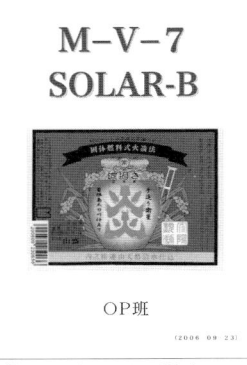

「ひので」の性能計算書
「炎（ほむら）」（M–V–7）

## この年の主な出来事

# 2007年

- 記録の消滅や未払いなどで深まる年金不信
- 赤ちゃんポストに相談相次ぐ
- 食品偽装事件が相次ぎ「食の安心」が揺らぐ
- 能登半島や新潟中越沖で大地震発生
- 安倍自民が参院選で歴史的大敗を喫し「ねじれ国会」に
- 人の皮膚から万能細胞
- 安倍首相、突然の辞任
- 守屋前事務次官と山田洋行による防衛汚職事件が発覚

# 2007年

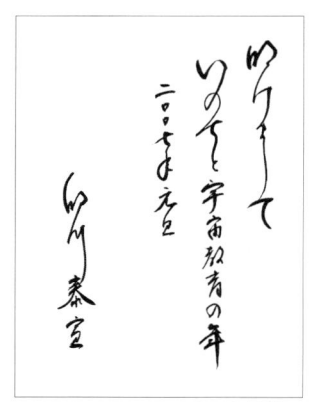

2007年の年賀状

皇太子夫妻のISAS訪問

アストロEを見学する
皇太子夫妻

## 1月 10日

### 月と太陽——その性

　あけましておめでとうございます。今年もみなさん、元気で頑張りましょうね。

　もうだいぶ前のことになりますが、皇太子夫妻が相模原の宇宙科学研究所に来られたとき、本館にある展示物をご案内したことがありました。ちょうど開発中のローバーの前を通りかかり、お二人とも興味を持たれました。私の心にムクムクと悪戯心が頭を擡げてきたのはそのときです。抑えようとしても、この種のことについては大体においてこらえ性がないのが私の常。「これはDNAがうずいているのであって、親の所為だ」と罪を親になすりつけておいて、仕掛けにかかりました。

　「雅子さまは外務省にいらっしゃったわけですのでお詳しいことと思いますが、このローバーという名詞は、ドイツ語などでは男性・女性・中性のどれか、ご存知ですか？」雅子さんはちょっと首をかしげて「さあ？　でもspaceshipなどは女性で受けますから、roverも同じように女性かしら？」——

　私が間髪を入れず言い切ったのはもちろんです。「やあ、素晴らしい。ローバ（老婆）は女性に決まっているんです」。

　次の瞬間、お二人は実に愉快そうに天井を見上げながらニッコリ。さすがに下品に爆笑とまではいきませんでしたが、皇室でも日本人の古式豊かな駄洒落は健在と確認して安心した瞬間でした。

　それにしても残念なのは、あのときお二人に御覧いただいたX線天文衛星アストロEが、あえなくも太平洋の藻屑と消えたことです。そのニュースを果たして御覧になったかどうか、定かではありません。

　前置きが長すぎたようですが、東洋の言葉にはない名詞の性が、西洋では当たり前となっていて、私たちを困らせます。その中にあって英語だけは性を持たないことは周知のとおりです。調べてみると、大抵のヨーロッパ

語で、太陽は男性、月は女性と相場が決まっているのに、ドイツ語だけは太陽が女性、月が男性なのは、どういう感じ方から来ているのでしょうか。日本は「ベニスからカサブランカまで」と言われるように、緯度で言えばほぼ地中海地域にあたる「南の国」です。だから私なども、ゲーテの『イタリア紀行』を高校生のころに読んだとき、その中に展開されている明るさへの感動が実感できなかったのですが、実際にドイツへ行ってそこでの太陽の高度の低さを感じると、ゲーテのイメージの根拠にはうなずけるものがあります。フランクフルト・アム・マインのゲーテが住んだ家の庭で、「ああなるほど。北の国の人は太陽の光に限りない憧れがあるから、女性になるんだ」と納得したのですが、後にもっと北にあるスウェーデン語でもノルウェー語でもデンマーク語でも、太陽と月はともに中性になっていると聞いて、再びわからなくなってしまいました。とはいえ、フランス語、イタリア語、スペイン語、ロシア語など他のヨーロッパ言語のほとんどでは、太陽が男性、月が女性です。なぜドイツ語だけが反対なのでしょう。もうこの疑問は墓場まで持っていくことになりそうな予感があります。

　もっとも、大学時代にかの小田島雄志先生の英語の授業で、英語にも昔は性があって、太陽（sunne）は女性、月（mona）は男性だったと教わった記憶があります。ついでに、そのころは wife が中性、woman が男性だったと小田島先生は笑いました。あの格調高いシェークスピアについての講義は何も憶えていないのに、こんなジョークだけが頭に残っているのはどうしたことでしょう。

　私の父はずいぶんと和歌を詠みました。確か『青炎』という雑誌に投稿していました。父がもうじき88歳というときに、東京から呉に電話して、「お父さんの詠んだ歌の中でボクの好きなものを数百首選んで、お父さんの筆跡のまま編集して送るからね。表紙はどんな色がいい？」と訊ねました。しばらく沈黙の後「うん、ありがと。表紙はどんな色でもええよ」と言うので、いつもの悪い癖が出て「じゃあ米寿（べーじゅ）のお祝いだから

**父の歌集『詠草・桑の実』**

# 2007年

表紙はベージュにするね」と冗談を言ったところ、意外なことに笑いは返って来ず、「そうかそうか、そうしてくれ」という言葉だけが「さびしく」戻ってきました。こりゃあいつもの親父と違うと思い、すぐに兄貴に別途電話をして次第を報告すると、「そうなんだ、そろそろ困ったことになりそうな気配があるんだ」ということでした。

　それから5年間、父はどんどん子どもになりながら天寿を全うしました。中学生のころに、その父に私が感動して国語の教科書を見せたことがありました。そこには池田亀鑑先生の和歌評論がありました。素材は柿本人麻呂の

　　　ひむがしのぬにかぎろひの立つ見えて
　　　　　　かへり見すれば月かたぶきぬ

でした。あの教科書をもう一度読みたいですねえ。その亀鑑先生の解説はもうとても素晴らしいもので、「日本人に生まれてよかった」と言ってもいいほど、私の心を打ったのです。

　この歌から想像するに、人麻呂のイメージでは、太陽が男性、月が女性であることは、ほぼ間違いないところだと思いますが、いかがですか。本郷の構内でその亀鑑先生を初めて垣間見たときは驚きました。なんだかヨレヨレの服を着て、靴からは親指がはみ出しているのでした。私の結論。「亀鑑先生は男だなあ。」

　なお、1月7日には、TBSの子供電話の収録スタジオに出かけていって、出演者に「月に願いを」キャンペーンへのメッセージをお願いしました。本日の回答者は、俳人の黒田杏子さん。快く引き受けてくださいました。実は永六輔さんも今日の出演者だったのですが、私の到着がちょっと遅れたので、急ぎの用があるとかで早めにお帰りになった後でした。また別途お願いしようと思います。

池田亀鑑先生

俳人の黒田杏子さん

## 1月 17日

### 漁業問題に抜本的なメスを！

　1月13日には、日本画家の中野嘉之さんが丸の内のJAXAの展示室「JAXA i」にわざわざ来てくださいました。「月に願いを」キャンペーンにご協力いただいたのです。これは数学者の吉田武さんの導きのおかげです。

　内之浦へ行ってきました。1月16日午前11時20分にS-310ロケットの37号機を打ち上げました。朝晩が驚くほど寒い南国でしたが、ロケットは美しい航跡を残して南東の空へ吸い込まれていきました。そろそろ寒桜も紅い花をつけ始めています。

　今度のS-310は、高度100 kmをちょっと超えたあたりに、冬の午前11時ごろに限って異常高温が見られる現象が相手です。その現象が起きているまさにその時間帯を狙ってロケットを現場に打ち込むのです。だから現象が出なければロケットを打ち上げられないのです。すると延期になりますね。ずるずると延期というのは、落下予想区域あたりで操業している漁師さんたちにとっては苦痛以外の何物でもないそうです。当然いざこざが生じます。宇宙開発が新しい時代に入り、宇宙へ人類が進出するための玄関がもっともっと広く開かれなければならない現在、この漁業の問題を何とか解決しなければ、将来長い間にわたって禍根を残すことになるでしょう。

　私は1980年代の後半から、その漁業交渉の担当もしていたので、難しさはよくわかりますが、逃げていては駄目です。もちろん最近サカナが獲れなくなっていることは事実なので、漁業側も態度が厳しくなっていくのは当たり前としても、大胆な解決策をめざす必要があるでしょうね。一回一回生じた鍔迫り合いを解決していくことは、もちろん担当者の仕事ですし、腕の見せどころでもあるわけですが、そろそろ抜本的な仕事をしてくれないかなあという実感が、宇宙の現場にいるとヒシヒシと伝わってきますね。今のままの枠組みでは、そのうちややこしい事態がH-2Aをめぐっても生じることは必至で

日本画家の中野嘉之さん

S-310-37 ロケットの打上げ（内之浦）

# 2007年

周東三和子さん（中）と
下村和隆さん

前田行雄さん（左）と
下村和隆さん

秒読み2代
（下村和隆さんと餅原義孝さん）

す。頑張ってください。心から応援しています。

　そんな思いを抱きながら羽田に着いたら、国立天文台で働いていた古くからの友人の訃報を電話で知らされました。悲しいことながら、もう会えないかと思うと、どこからかムクムクと力が湧いてきました。その友人が後押しをしてくれているのかも。

　団塊の世代が続々と職場から去っていきます。長年にわたって内之浦での打上げの秒読みを支え続けてきた下村和隆さんもその一人です。記念写真を撮っておきました。

## 1月 24日

### セレーネ「月に願いを」キャンペーン

　前にも書きましたが、今年の夏にアポロ以来最大の月ミッション「セレーネ」が、H-2Aロケットに搭載されて種子島宇宙センターを後にします。それに備えて、JAXA（宇宙航空研究開発機構）と日本惑星協会の共同で、12月1日から1月31日まで、セレーネ「月に願いを」キャンペーンを張っています。みなさんの名前（10字以内）とメッセージ（20字以内）をJAXAに寄せてもらえれば、「セレーネ」に載せて月へ運びます、というキャンペーンです。もちろん無料。

　夜に中天に浮かぶ月を見ながら、あらためて考えてみると、あんなに遠くにある天体に手紙を出すなんてことは、個人の力ではとても叶うことではないので、驚くべきことではあります。どうやらスケジュール的にもう少し余裕がありそうなので、締め切りを延ばしたいと考えているのですが、目下その可能性を慎重に検討しています。外国からの応募ももちろん歓迎ですし、ペットの名前でもいいです。

　これまで来たものにも、ちょっと読んだだけではわけのわからない名前があって、括弧をして「へび」と書かれたものがあります。先祖のみなさまの名前を連ねてもらってもいいですよ。ある都下の市では、教育長さんが

このキャンペーンに全面的に賛同の意を表せられ、市内の7000名の小学生に全員応募するよう呼びかけるとのことです。JAXAホームページ（http://www.jaxa.jp/）を参照の上、どうか家族ごと，クラスごと、学校ごと、会社ごとの応募をお願いします。

　1998年に日本初の探査機「のぞみ」打上げの前に行った「あなたの名前を火星へ」キャンペーンでは、葉書による応募だったにもかかわらず27万人の人々が名前を応募してくれました。また、2003年の「はやぶさ」の際の「星の王子さまに会いに行きませんか」キャンペーンには88万人の名前が寄せられました。あの「はやぶさ」フィーバーを考えると当然とも感じますが、キャンペーンそのものはまだ「はやぶさ」という一世を風靡した愛称のつく前のことで、ミューゼスCと呼ばれていた時代のことだったのですから、まさしく驚天動地の数でした。

　その点、今回の「月に願いを」への応募者は実に少ないです。それも一桁ぐらい違うのです。キャンペーン中とのこととて、まだきちんとした総括はできてはいませんが、応募の少ない原因の第一は、何といっても、名前だけの募集ではなく、月に願いを託す「メッセージ」を寄せてもらうというところにあるようです。というのは、前2回のときと比べて、私の周囲では遜色ない取組みをやっているように見えるからです。メッセージなしで名前だけ寄せてもらってもいい仕組みにはなっているのですが……。しかし宇宙教育における連携のために訪れるあちこちの地域でキャンペーンについて訴えると、まずこのキャンペーンそのものを知らない人が圧倒的に多いのです。いくらやっても広報活動というのはきりがないものではありますが、あまり金をかけないで広めようと思っても、一筋縄ではいかないのです。だから、もっと頑張ろうと思います。

　日本人がここ数年の間に、夢と希望を失ってしまったとは考えたくありませんからね。そもそもこのキャンペーンの趣旨として、JAXAの広報活動と位置づける人もいるようですが、私の意図は圧倒的に「鼓舞」です。

# 2007年

　新聞・テレビで悲惨な事件が報じられるたびに、「なにくそ、負けられるか」と宇宙教育による国づくり・人づくりへの思いを新たにするのですが、教育活動には締め切りがありません。目を覆い、耳を疑うような出来事が相次ぐ中で、「お月さまにみんなで願いを送り、七夕式に未来を見つめようではないか」との呼びかけ自体は、決してよこしまなものではないと思います。気持ちを一つにしてこれからの国づくりに備えようというベクトル揃えの嫌いな御仁もいるやに聞いていますが、あまり人の心の裏を悪く悪く見ないで、力を合わせたいものです。

　さてこれまでにも、各界の著名な方々から応募をいただいています。応募だけでなく、積極的にもっと広めるための協力をしていただいている人もたくさん存在しています。ご存知、松本零士さんからは、熱烈な支持の表明をもらいましたし、永六輔さん、日本画家の中野嘉之さん、タレントの近堂かおりさん、俳人の黒田杏子さん、中日ドラゴンズの川相昌弘コーチ、サッカーの岡田武史監督、体操の森末慎二さん、オカリナの宗次郎さんなどなど、丸の内のJAXAの展示ルームを訪れ、激励をしていただいたり、ご自身の出演される番組、各地での講演などで訴えかけていただいている人も大勢。忙しい中を「これは日本にとっても大切な意味がある」と感じたからこそ、わざわざ訪ねてくれたに違いありません。著名なイラストレータの大高郁子さんなどは、このキャンペーンのために、特別にイラストを描き、「キャンペーンのためにどうぞお使いください」というので泣きました。本当に有難いことです。実はこのような地道な心の通い合いこそが、日本の明日を確かなものにしていくのです。

大高郁子さんのイラスト

### 2月 1日

### セレーネ・キャンペーン、締め切りを延長

　1月20日を過ぎてから、セレーネ「月に願いを」キャンペーンに応募する人たちの数が急上昇しつつあります。

1日に数百だったものが1000〜4000/dayという感じになってきています。いろいろな方々がキャンペーンの盛り上げに力を貸してくれているのです。どこに行っても「初めて聞いた」と言われるので、これではもったいないということで、セレーネのチームの了解をもらった上で、締め切りを2月末まで延長しました。加速をこのまま続けていきたいと思います。一人でも多くの方の「願い」を月へ届けたいですね。何しろ自分一人で月に届くロケットを打ち上げることは不可能ですからね。このチャンスを利用しない手はないわけです。

　一昨日は丸の内のOAZOビルにあるJAXA iに、あの宗次郎さんが来てくれました。突如響くオカリナの澄んだ音色に、みなさんうっとりと聞き惚れ、涙を流しながら耳を傾ける女性の姿も見えました。

　宗次郎さんは茨城の北のほうに住んでいるとのことですが、電気を消すと辺りは全くの暗闇になり、月の光だけが心を慰めてくれるそうです。「月を見ているといのちの素晴らしさ、大切さをしみじみ感じます。セレーネが大活躍することを祈っています」と語ってくれました。

宗次郎さん（OAZOにて）

　みなさん、まだの人は、友人、同僚、ペットを誘って、一人でも多くの名前と願いをお寄せください。願いがまとまらない場合は名前だけでも結構です。

　なお、しばらくご無沙汰していた「はやぶさ」運用チームは、昨春の通信回復後に故障が発覚したバッテリーの再充電を昨秋から今月まで継続したのち、去る1月17〜18日には探査機内の試料採取容器を地球帰還カプセルに搬送、収納し、外蓋を密閉する運用を実施しました。その結果、バッテリーを使った形状記憶合金などの稼動部品は、すべて正常に動作したことが確認されました。今後は、今春に電気推進エンジンを再点火し、地球への帰路に旅立つ準備として、探査機の姿勢制御プログラムの書き換えを行うことになります。

# 2007年

**2月 7日**

## 日本画がロケットを描いた！

　昨年の夏、太陽観測衛星「ひので」を打ち上げた際、日本画家の「卵」たちに内之浦に来ていただき、実験場や発射の瞬間を見学してもらいました。数学者の吉田武さんの提案に基づくものです。その体験をもとに描いて応募された10点あまりの日本画の中から、審査の結果、今川教子さんの「光」をはじめとする4点が優秀作に選ばれ、このたび東京・丸の内OAZOのJAXA iで表彰式が行われました。審査委員長を務めていただいた本江邦夫さん（多摩美大教授、府中市美術館長）にも出席していただきました。内之浦にもご足労いただいた中野嘉之さん（多摩美大教授）が体調を崩されてご欠席だったのは残念ですが、表彰式では、描いたときの心のうちがリアルに語られ、今さらながら素晴らしい作品群だとの感を深くしました。作品は今月いっぱい、JAXA iに展示してありますし、次のホームページに掲載してありますので、ご一覧ください。いずれおとらぬ力作です。

　http://edu.jaxa.jp/news/20070203.html

　名古屋における愛・地球博の際には、宇宙をテーマにした音楽を募集し、素敵な曲がいっぱい寄せられました。「ペンシル50年記念のフェスティバル」のときには、谷川俊太郎・賢作さん父子というゴールデン・コンビに「鉛筆の歌」を作っていただきました。その後これらの音楽を最大限有効に使わせていただいていないという反省はありますが、今後はぜひもっと活用させていただきたいと思っています。

　今年暮れには、いよいよ日本の実験モジュール「きぼう」の国際宇宙ステーションへの輸送が始まります。私には、日本の宇宙飛行士が活動する空間は、日本という国を象徴するムードでいっぱいにしたい想いがあります。それはインテリア・デザインなどの技はもちろんですが、芸術の力を借りる必要があるでしょう。日本を暗い雲が覆いつつあるように感じるのは私だけではない証拠が、

日本画コンテスト最優秀作品
「光」（今川教子さん）

あちこちにあります。芸術と組んで宇宙の評価を高めようというのではなく、宇宙という分野の持つ「生きるための動機付けの豊かさ」を多くの人々と共有することによって、溌剌とした社会を築いていきたい——宇宙にしかできない大切な貢献であると信じています。そのような道筋に沿ったさまざまな提案があれば歓迎します。

## 2月 14日

### はるかメルボルンの空から

　メルボルンに着いたらすぐに原稿を打つつもりで旅立ったところ、メルボルン空港の Baggage Claim でスーツケースが出てこなかったのです。そしてその中に私のパソコンも入っていたのでした。空港の係員の事情説明によると、どうやら成田で積み残したいくつかの荷物のうちの一つが私のものだったようです。遅くなりました。たった今ホテルに届いたばかりのパソコンに向かいました。

　先週末には、和歌山のみなべ町に行ってきました。YAC（日本宇宙少年団）のリーダーズセミナーでの講演のためです。実は私は和歌山県に行ったのは、生まれて初めてだったのです。これまで何回か行くチャンスがあり、準備をしているときにいつも急な用事ができて訪問は実現できなかったのです。全国都道府県の中で未訪問は和歌山だけだったので、今度も直前まで半信半疑だったのですが、やっと実現して感慨一入なるものがありました。

みなべ町の梅は満開

　みなべ町は、今まさに梅が満開で、町を車で移動すると、周りが梅だらけという雰囲気が立ち込めています。私がここを訪れるきっかけとなった赤松宗典さん（和尚さん）によれば、私が訪れた前の日に雨が降ったらしく、梅を観賞するには、この雨上がりが最高らしいですよ。スケジュールが混んでいて「観賞」というほどの時間はなかったのですが、赤松和尚が言うには、「雨で水気を帯びると、しっとりとして梅の花に勢いがつく」のだそうで、いいタイミングだったようです。

# 2007年

西山さんのフリーズドライ工場

多摩六都科学館

VSSECの火星体験室で

　今回のリーダーズセミナーの中心テーマが「真空」だったので、地元の西山さんの「フリーズドライ」工場を見学させていただいたことが、とても印象深かったですね。将来宇宙食を開発するための拠点が見つかったな、とも思いました。受講したリーダーの人たちの熱心さも素晴らしいセミナーでした。

　リーダーズセミナーから帰った翌日は、高柳雄一さんが館長を務める多摩六都科学館へ。スペースダンスのデモとパネルに出席。白いチューブの中を楽しそうにはしゃぐ子どもたちを見るのは、その親御さんならずとも嬉しい気分いっぱいになります。またダンサーたちの妖しくも力強い舞いが私の胸に何か強いものを訴えてくれました。その正体を十分に見極めることのないまま帰ってきたことが、いささか心残りでした。「科学と芸術の結合」に「スポーツ」の仲間入りも必要と感じた一日でした。

　そしてメルボルンへ。「ヴィクトリア宇宙科学教育センター」との意見交換です。荷物のドタバタがあったために、昨日の訪問が延期になり、やっと今日行けることになったわけですが、実態をしっかりと視察し、協力の糸口でもつかめればいいけどなと考えています。メルボルンは今、夏の終わりです。空港から降り立ったときの野外の温度はセ氏34度というすごさ。湿度の低いのが救いですね。せっかく抜けるような青空だったのに、夜になると雲が頭上をいっぱいに覆って、南十字もマゼラン雲も見ずじまい。今夜に期待をかけることになりました。

## 2月 24日

### 再び「はるかな」バンガロールの空から

　メルボルンではスーツケースが出てこなくて配信が遅れ、今回はインターネットが接続できなくて、2週連続の遅れとなってしまいました。申し訳ありません。

　十数年ぶりのインドのことを語る前に、メルボルンで

の思い出を一つだけ。みなさん、オーストラリアの航空会社が QANTAS という名であることはご存知と思いますが、ずっと以前から Q の次になぜ u がないんだろうと疑問を持っていました。"Scrabble"というゲームを知っていますか？ クロスワードみたいなものを4人で楽しむように作られたゲームです。結構面白くて、内之浦に出張したときなんかに、コントロールセンターで昔よく遊んだものです。英語の単語を縦横に作っていくのですが、アルファベットの一つひとつに点数があります。よく使われる文字、たとえば e なんかは「安い」文字で1点、反対にあまり使われない Q や X は「高価な」文字で10点になります。でも同じ10点でも X に比べて Q は実に使いづらいのです。それは必ずといっていいくらい Q の次には U が来るからです。プレーヤーはいつも7枚の札を持っているのですが、Q を持っていて U を持っていないことが多く、そんな場合は嘆くわけです──「Q 見てせざるは U 無きなり」とか何とか言って……。

"Scrabble"に「毒された」目で見ると、QANTAS は不自然なのです。迎えに来てくれた VSSEC（ビクトリア宇宙科学教育センター）の人に思い切って訊ねました。「ねえ、QANTAS ってどうして U がないんですか？」答えは簡単でした。特に調べることもせずに今まで来たのがいけなかったのですが、実は QANTAS ってのは略語だったんですね。Queensland And Northern Territory Air Service というのがフルネームらしいですよ。えっ？ 知ってたって？ それは参りました。でもその後また「では QATAR（カタール）という国も略語なのかなあ？」という新たな疑問が浮かび上がってきました。このままいくと、また調べないで長い時間が経つかもしれませんね。どなたかわかる方がいらっしゃったらご一報いただけませんか。

さて、インドです。インドという国は私にとって「五感すべてがエキゾチックな国」です。町を歩けば日本と全く異なる様子に目を見張ります。今日も ISRO（インド宇宙機関）の本部で会議を終え、車に乗ってすぐ、目

メルボルンの環境教育
センター ECOLink

QANTAS 航空のロゴ

# 2007年

ISROの玄関ホール

マイソールの夏の離宮

の前を牛が「一人で」散歩風に歩いているのには驚きました。野良犬ならぬ野良牛っているんですかねえ。

これが一感。町のどこへ行っても独特の匂いがします。敢えて言うなら「カレーっぽい」匂いかな？ これが二感目。

それからインドの道はものすごく混んでいて、車のクラクションの音が凄まじいですね。これが三感目。

もちろん食べ物は大いに辛いことはご承知のとおり。それもインド固有の味ですね。東京のインド料理の店に行くときは、私はバスタオルを持って行きます。もちろん流れる汗を拭うためです。この味の部分が四感目。

最後に織物や彫刻など美しい工芸品の数々が、思わず触りたくなるような趣なのです。これが五感目です。

昼間にISROで立食をご馳走になったときに、うっかり置いてあった水を口にしたのですが、数時間過ぎた今でも何ともないので、さすがISROの水は本物のミネラル・ウォーターだったみたいです。どうしてこんなことを言うかというと、前にインドに来たときに、ホテルの冷蔵庫の中のミネラル・ウォーターの蓋が一度開けられたものだったことがあるんです。飲んで空になったペットボトルに水道の水を入れて、本人は澄ました顔をしていたんでしょうね。今となっては懐かしい思い出ですが。

昨日は、もう少し南のマイソールという町へ行きました。マイソールにまつわる話をしておきましょう。11世紀〜13世紀に中国（宋）で発明された原始的なロケットは「火箭」（かせん）と呼ばれ、弓矢に取り付けた竹の筒に火薬を入れる程度の簡単なものだったことは御存知でしょう。ただし鉄砲の出現によってロケットがヨーロッパでは兵器の脇役にまわってしまった16世紀の半ばころから、インドが大変素朴なロケットを武器として用い始めました。それは基本的には中国の火箭を大型化したもので、ロケットとは言っても、せいぜい2m足らずの竹製の安定棒に火薬筒を縛り付けたものでした。射程も1kmはなく、主として敵の歩兵を威嚇するためのものでした。18世紀後半にインドを侵略したイギリス軍は、インド南部のセーリンガパタムの戦いにおいて、

ハイダル・アーリー王子（1722-1782）率いるロケット軍団の反撃にあって、たいへんな辛酸をなめたのですが、その王子の国こそ、マイソール王国だったのです。

その苦い経験を聞いたイギリス軍の砲兵部隊のウィリアム・コングレーヴが、イギリスに持ち帰られたインドのロケットを徹底的に研究して改良し「ロケット中興の祖」となったというのは後日談。その王子がロケット攻撃をやる基地になったあたりに連れて行ってもらいました。

マイソールのロケット発射基地

あとは、真夜中の飛行機に乗って、シンガポール乗換えで、金曜日の夕方に成田に到着します。メルボルンのときは、『嬉遊曲鳴りやまず――齋藤秀雄の生涯』、今回は『不都合な真実』を読んでいます。二つとも異なる意味の力作ですね。たくさん教えられることがあります。

## 3月 7日

### 品川の小中一貫校

品川区に日野学園という小中一貫校があります。以前は日野第二小学校と日野中学校だったのが、昨年3月末に新校舎が竣工し、4月から施設一体型の一貫校になったものです。一般に品川区では、昨年4月からすべての区立の小・中学校で小中一貫教育を実施しているとのことで、義務教育9年間にわたって、非常に系統性を持たせながら学習計画が組めるのではないかと思います。

3月6日（火）にその日野学園にお邪魔したのですが、その校舎の斬新な設計に驚き入りました。各教室が開放的で、廊下が広く、何よりも子どもたちが明るく楽しそうなのが、こちらの体にびんびん響いてくるようでした。中学に入っていろいろと精神的に難しい年ごろの子どもたちが、小学校の可愛らしい子どもたちと同じ校舎で過ごすことで、妙なツッパリが消えていくみたいですよ。もちろん、中学生に小学校低学年のクラスの出席をとらせたり、先生方のご苦労もあることは事実ですが、それ

品川区の日野学園で

# 2007年

呉のタウンミーティング
（松本零士さんと）

盛況だった呉のタウンミーティング

にしても、むかし放課後に近所のお兄ちゃんたちと一緒に草野球をやっていたころの雰囲気が蘇ったみたいで、実に気に入りました。

品川区では、来年度から施設一体型の小中一貫校が次々と誕生する予定らしく、これは画期的と言うべきでしょう。そして聞けば、私の出身中学（呉市立の二河中学校）が、近所の小学校と一体になって、やはり小中一貫教育を追及しているそうで、日野学園と「ライバル」だとのことで、私は楽しくなってしまいました。

実は来る3月17日に呉市の「大和ミュージアム」でJAXAタウンミーティングが行われるので、帰呉することになっているのです。ぜひ母校を訪ねて日野学園とのライバル関係にある実態を眺めてこようと思っています。宇宙教育センターと全国の現場の先生方との人間的なつながりだけを細い絆と思っていたけれど、この小中一貫教育のような試験的な試みが成功しつつあることは、力強いですね。こんな素敵な「研究開発学校」が、全国にどんどん広がるよう、私たちもサポートしなければと考えながら、広い校庭を後にしました。

## 3月 14日

### 人々の心をつなぐ宇宙でありたい

いたいけな子どもたちが自らの命を断つという事件が相次ぎます。大人ならば、いろいろな事態に追いつめられて自殺に至るプロセスを少なくとも感じ取るくらいはできないこともないのですが、子どもの場合は想像に絶します。親とも兄弟姉妹とも友人とも別れを告げるカーテンを、一人でひっそりと閉じてしまう心の闇をたどろうとするだけで、涙が溢れてきてしまいます。

どんな世にもそれはあるのでしょう。でも日本では、現在ほどそれが広がっていたことは過去に例がないのではないでしょうか。自分が過ごしてきた宇宙の分野の抱えているさまざまな素材が、そのような危機的状況に貢献できる要素がないものだろうか――と考え始めてから

ずいぶんと時間がたったような気がします。

「宇宙教育」という概念は、終始一貫して私の中ではそのようなものです。しかし多くの人にとっては、少し異なるものに変貌していきます。それは、ある場合は"1.宇宙分野の後継者を育てること"であり、またもう少し社会貢献の度合いの大きいとらえ方の場合は"2.いわゆる「理科嫌い」の風潮からの脱却への寄与"です。2と同一線上にあるのは、"3.低下傾向が憂慮され始めた日本の子どもたちの学力を向上させるための武器"という考え方です。多分1〜3のいずれもがもっともな動機だと、私も思います。

しかし具体的にとられていく措置は、1〜3にとどまる限りは、所詮「理科好きの子どもたちをもっと理科好きにさせる」取組みにとどまります。今の日本にとって最も大切なことは、1〜3にも増して、理科にも勉強にも世の中にも、そして家族にさえも興味を失いつつある子どもたちの心の回復であるように思えてなりません。そしてJAXAの宇宙教育センターが日々行っているいろいろな取組みが、1〜3への貢献と同時に、何とか子どもたちの心に、他者とのつながりを、紐帯を、強化する方向性を持ったものになってほしいと願ってきました。

たとえば「コズミックカレッジ」という親子で参加する公募方式のスクーリングがあります。一番年齢の低いのは、その「キッズ・コース」で、親子で参加してもらいます。親子そろって工作をしたりして楽しんでもらうのですが、眼目は、普段あまり「協力して何かを完成していくプロセス」のない親子が、小さいながらも一緒に喜びを共有する瞬間を持ってもらうことにあります。小さいながらもそうした感動が自覚され、親子の心のつながりが強くなる動機が作れれば——という願いを教材に託しています。それが単に「ものづくり」という動機付けだけでは、意味が半減するでしょう。

宇宙を楽しみ、ものづくりを楽しみながらも、親子の心のつながりという、子どもが親とともに生きていくという最も本質的な部分が豊かになればという思いがあります。そのような宇宙教材はどんなものだろうか——工

# 2007年

ファンダメンタル・コースの一情景から

夫し続けなければなりません。

　小学校も高学年になってくると、「ファンダメンタル・コース」というものになります。ここではもう親子ということだけではなく、友人という、より社会的なつながりが大切になってきます。個人個人の人生を輝かせるために、しかしそれだけでなく、みんなと力を合わせながら何かを達成していくことの喜びを感じてほしいということです。それがその子の生きていく道にとって重要だというだけでなく、そのことが知らず知らず子どもを心の孤独、心の闇から解放していく役割を持っていることが大切だと考えています。

　もちろん中学生や高校生、大学生にも、発達段階に応じた「こころを育てる」要素が重視されなくてはなりません。問題は、子どもを募集すると、比較的理科の好きな子、宇宙の好きな子しか集まってこないというところにあります。応募してこない圧倒的に多くの子どもたちが、私はいつも気になるのです。広報を強め、より広範な層の子どもたちに来てほしい。1ヵ所で何回も「コズミックカレッジ」が行われることで、その目的には少しだけれど近づけるでしょう。そしてこれは社会教育としてしか実施できない性質のものなのでしょう。社会教育が学校教育に対して持てる優越性の一つは、その繰り返し可能なところだと思います。

　でも学校教育では、必ずしも宇宙や理科が好きな子ばかりではありません。「仕方なく」そこに座っている子もいるわけで、そうしたチャンスを逃す手はありません。そのような子どもたちの心の中に、何とか自然や生き物や宇宙や、そしてできる限りにおいて、家族や友人への思いを燃え上がらせたい。それは社会教育の現場では接することのできない子どもたちを含んでいるという点で、とても意義があります。学校教育の社会教育に対する圧倒的な価値はそこにあります。でも現実の実践はとても難しいですけどね。

　この社会教育と学校教育のそれぞれの現場で直面している最も奥深い課題に対して、宇宙という分野の素材は、とても大切な役割を果たすことのできる要素を持ってい

ることは、これまでの多くの実践が証明しています。しかし、それでも足りないのです。それは一つの宇宙機関の限られたマンパワーでは足りないという面もありますし、その中で「業務としてこなしていく」ことでは限界があるということでもあります。世の中のすべての大人が、ご自分のこれまでの教養や知識や経験を活かして、その地域の「すべての」子どもたちのために何らかの働きかけができるといいですね。特に、高齢化社会を迎えた日本で、第二の人生、第三の人生を歩んでいる方々が、連携して、宇宙や自然や生命を軸にして「こころをつなぐ」流れを興していくことは、とても意義のあることだと思うのです。

　そのような太いベクトルを作り上げていく輪を、宇宙教育センターのまわりに築いていきたいものです。毎日毎日報じられる子どもたちにまつわる痛ましい事件の連鎖の一つひとつが、多くの人々の力を必死で求めています。それは「理科嫌いの解消」などとは違う世界のことであると、私には思えてなりません。

### 3月 21日

## パリの空の下で

　河の匂いがします。セーヌがすぐそばにあるホテルで、この原稿を打っています。秋に開催される国際宇宙会議（IAC）の国際プログラム委員会のために、1年のこの時期に必ずパリを訪れるようになってから、幾星霜が経ったでしょうか。毎年国際会議のほうは、世界を経巡るのですが、このプログラム編成のための会議は、主催団体であるIAF（国際宇宙航行連盟）の本部があるパリで開かれるのです。

　今年のIACは、インドのハイデラバードで開かれることになっています。今年は、人類の宇宙活動にとって特別の年です。50年前の10月4日、世界最初の人工の星「スプートニク」が地球周回軌道に投入されたのです。同じ年、世界中の科学者たちの協力によって地球のこと

パリの桜とエッフェル塔

IGYの記念切手
（太陽フレアが描かれている）

# 2007年

チェルトークと（2004.2）

アーサー・C・クラーク
＊：2008年3月19日、心肺機能不全にて死去。享年90歳。

ニール・タイソン

をもっと知ろうという国際地球観測年（IGY）が翌年にかけて実施されました。太平洋を横断することを当初の目的に掲げていた東京大学生産技術研究所のロケットグループが、目的をこのIGYのサポートに戦略的に切り替えたことは、人口に膾炙していますね。

昨日、忙しい日程の一部を割いて、スプートニク50年を祝賀するシンポジウムが行われました。YMコラムが遅れたのも、例によってコンピュータのトラブル以外に、一つにはこの行事の様子をお知らせしたかったからです。冒頭の一連の歓迎の挨拶に続いて、人目をひいたのは、かのコロリョフの僚友、チェルトークのビデオ出演でした。背景にアメリカが常に後塵を拝し続けた時代のソ連の輝かしい映像があり、ツィオルコフスキーからコロリョフへと受け継がれていった栄光の歴史を、90歳を超える淡々とした口調で語り続ける様子が、実に印象的でした。私が一昨年モスクワで会ったときに、「あなた、何キロ？」と訊かれて「93キロ」と答えたところ、「あ、私の年と同じ数字だ」と切り返したチェルトーク。一瞬（本当かな？）と思えるほど元気だった彼ですが、多少体調が思わしくないとのことです。

アーサー・C・クラークもビデオで直接会場に話しかけました。彼はすでに10年前にコロンボで会ったときから車椅子の生活で、「もう外国には行かない」と言っていましたが、画面で見る限りは、実に闊達で、スリ・ランカで元気な日々を送っているようですよ＊。

それから登場した、有名な人たちではあるけれどいくつかの退屈な講演のあとでしんがりに登場したニューヨークのニール・タイソンの話は見事でした。熱くて、説得力があって、とても魅力的でした。宇宙への想いのこもった展開が、多くの聴衆を魅了しました。ところで、今回こちらに持参した本は、『東京に暮す――1928－1936』（キャサリン・サンソム著、岩波文庫）です。1930年代の日本を温かく理解しようとしたイングランド出身の夫人の優しい筆致で、当時の日本人、とりわけ庶民の様子が生き生きと描かれていて、日本語訳が出版された1990年代半ばに手に入れて以来、私の大好きな本です。

「日本は子どもの天国である。……イギリスの子どもは気性が激しくわがままで、厳しい躾けが必要なのに、日本の子どもはおっとりしておとなしく、甘やかされても駄目にならないのは不思議」、「日本の二大長所は、落ち着きがあって、穏やかで、自然を愛する国民であること、並びに、日常生活が洗練された文化環境の中で営まれていること」と述べたサンソム夫人は、1930年代に世界から孤立の道を歩みつつあった日本人に、次の言葉を贈っています。「20世紀の東洋人と西洋人は、一緒に笑い、語り、学ぶことで、半世紀前に出会って親しくなった、進取の気象に富んだ先輩たちの努力の仕上げをしなくてはならない」。

そして20世紀は去りました。昨日シンポジウムの後、UNESCOの7階ホールで立席のレセプションが行われました。立錐の余地もないほどごった返す人の波の中で、世界の友人たちと、楽しげに笑い、語り、学んでいる日本人の姿はありました。が、まだまだサンソム夫人の注文のような段階にはなっていない実感があります。
第一に、こうして世界の多くの人々が作り上げていく舞台で、誠実に国際的な責務を一人ひとりが果たしていくこと、第二に、日本の国が未来をめざす大きな夢を内外に宣言できるほど「進取の気性」を発揮することが必要です。

このパリで、ほかならぬ日本の未来に向かう力をもらったような気がします。「宇宙を基盤に据えたいのちの大切さ」をすでに世界に発信し始めた日本の宇宙教育を、さらに強力に大規模に前へ推し進めることを、何人もの外国の友人には語りました。また新しい旅が始まります。いま木曜日の朝7時です。さあこれから朝飯を食って、終日プログラム委員会です。UNESCOの7階まで行ってきます。明日の夕方はエール・フランスの機上ですね。

# 2007年

**4月 4日**

### みんなで前へ

　前にも書きましたが、中学のころ国語の教師で平昭宣（ひら・あきのぶ）という先生がいました。すでに物故されたと聞いています。（アンタには言われたくない、と言われそうですが）かなり太っていたので、苗字の「ひら」を活かして「でびら」と呼んでいました。この先生の国語の授業は実に見事なものでした。島崎藤村の「椰子の実」の詩が教科書に出てきたときには、それを読むだけでなく、自分で歌を歌い、生徒にも次々に歌わせるのです。雰囲気作りのうまかったことが生々しく記憶にあります。何であったか「桜」が話題になったときの授業では、突飛なことに児島高徳の故事を話してくれました。児島高徳は、皇国史観華やかなりしころにもてはやされた14世紀の備前（岡山）出身の武将で、今ではほとんど忘れ去られています。「でびら」先生はかなり右寄りの先生でしたから児島高徳に愛着があったのでしょう。

　その児島高徳に興味がおありならインターネットで調べていただくことにして、彼が隠岐配流途上の後醍醐天皇の救出に失敗し、津山の天皇の宿所付近の桜の木に彫り付けたという漢詩を、かの「でびら」先生は国語の授業中に朗々と吟じてくれたのでした。天莫空勾践時非無范蠡（天勾践を空しうする莫れ、時に范蠡無きにしも非ず）、その意は、「天は古代中国の越王・勾践に対するように、決して帝をお見捨てにはなりません。きっと范蠡（はんれい）の如き忠臣が現れ、必ずや帝をお助けすることでしょう」というものです。

　前置きが長くなりました。その故事が少年時代の私にどういう影響を与えたかはひとまず措くとして、本題は、春秋時代にその越王・勾践が都とした紹興という町のことです。いやそこから生まれた紹興酒の話です。そこは現在は浙江省紹興市ですが、その昔、越王・勾践が戦いで軍糧が尽き全軍飢えていたとき、ある人から米をもら

紹興は水の都

いました。今の北朝鮮ならそのような米がどこに行くのかは定かではありませんが、勾践はその米を数百倍の水に放り込み、兵士とともにそれを啜ったということです。また酒をもらったときには、それを川の上流に注いで、みんなと一緒に下流でそれを飲んだと伝えられます。酒の匂いすらなくなっていたでしょうが、兵士の士気はいやが上にも奮い立ったと記録されています。

　私は訪れたことはありませんが、紹興一帯には酒の気が満ち満ちているという噂です。糖尿の身にはよくありませんがね。因みに、紹興はあの魯迅や周恩来の故郷でもあります。10年ぐらい前に北京で行われた会議のとき、この紹興出身のロケット・エンジニアと出会いました。彼から聞いた面白い話。紹興では、女の子が生まれると酒の入った甕を土に深く埋めるそうです。そしてその子が嫁ぐときに取り出して華やかな花模様を甕の表に刻んで持たせるとのこと。「花彫」というらしいですよ。そういえば紹興酒の中に「花彫酒」と書いてある種類がありますね。もともと紹興酒は5年以上経たないと蔵出しをしないそうですが、女の子が嫁に行く日が遅ければ遅いほど、酒は土に埋もれてますます絶品になっていくというわけです。

　その友人の弁によると、紹興酒の中でも上等のものは中国の大都市ないしは外国に運ばれ、中国の東北部にはかなり下等なものしか行き渡らないのだそうです。だからかつての満州国時代、この砂糖でも入れなければ呑めたものではない下等な紹興酒と付き合った日本人が、習い性になって、現在日本に届く最上級の紹興酒に、したり顔して砂糖を入れるのだそうです。それにしても越王・勾践の残した逸話には、傾聴に値するものがたくさんあります。昔の人から現代への教訓をいっぱい得ることを、私たちは心がけたいと思いますね。

　それはさておき、3月26日には、コズミックカレッジの高校生コースが相模原の宇宙研キャンパスで行われ、東京大学の佐藤勝彦さんが駆けつけてくれました。第一人者の口から直接宇宙論の話を聞ける高校生たちは幸せ

花彫酒

コズミックカレッジで講義をする佐藤勝彦さん

懇親会で

## 2007年

ですね。勝彦さんは懇親会まで付き合ってくれ、熱心に高校生と語り合っていただきました。

それから昨日は、向井千秋さんと一緒に国分寺市にある早実学園に、宇宙講演会に行ってきました。私はやはり国分寺ゆかりのロケットと科学観測と宇宙教育の話をしました。それにしても向井さんの話は面白いなあ。宇宙での彼女の体験がビンビン伝わってくる迫力ある講演でした。

講演の後で質問を受ける二人

### 4月 5日

### 「はやぶさ」の現状について

ここで「はやぶさ」の状況報告をしておきましょう。「はやぶさ」は、2005年12月に生じた燃料漏れと姿勢の喪失により、7週間にわたって交信が途絶していましたが、2006年1月に通信が復旧し、以来、現在までに、探査機の機内昇温、太陽指向の姿勢制御（太陽光圧による新姿勢制御の実施）、イオンエンジンの試験運転などを実施してきました。

現在までの間、2006年11月には、たぶん燃料漏洩事故に関連するものなのでしょう、スラスターのヒーターに故障が発生し、上面スラスターに異常な温度低下を生じて、一部残存の燃料が凍結した可能性が認められました。このため、2006年12月、不測のガス噴出を未然に防止するため、スラスターの昇温運用を実施しました。この昇温運用では、残存燃料ガスの噴出に起因すると思われる微小なスピン変動が確認されましたが、無事、この運用を終了しました。

また、リチウムイオン電池は、2005年12月の姿勢喪失時に、過放電のため、セル11基のうち4基が短絡故障していました。このバッテリーの機能は、帰還カプセルの蓋閉めに必要であり、機能回復のために再充電する必要がありました。残る7セルの充電を、充電電流を最小限に保ちつつ慎重に実施し、2006年秋までにこれを無事完了しました。2007年1月には、探査機内の試料

採取容器を帰還カプセル内に搬送、収納し、カプセルの蓋閉め、密封作業（ラッチとシール）を実施、無事にこれを完了しました。

「はやぶさ」の運用は、依然、厳しい状況ですが、2010年6月（予定）の地球帰還に向けて最大限の努力を続けることになります。

## 4月 11日

### 日本宇宙少年団について

日本宇宙少年団（YAC：Young Astronauts Club）という組織があります。あのつくば万博*の後に創設されました。東京に「本部」を置き、日本の津々浦々に「分団」があります。近くに分団の存在しない子どもは「サテライト団員」として直接本部との連絡のもとにYACに所属しています。各分団は、大人のリーダーたちの指導の下に、さまざまな分団活動を行っています。日本の子どもたちの将来を考えるとき、このYACとりわけ分団のあり方が、非常に大切な要素になってくると考えています。

私の頭の中にあるのは、別の本業を持ちながらも献身的に子どもたちの元気な顔を見るために活動を続けている素晴らしいリーダーの人たちです。この人たちは、自分のさまざまな経験や知見を活かしながら、その地域の子どもたちのために努力を傾注しています。ボランティアが基本ですから、これらのリーダーたちの動機は内発的です。この「内発性」こそは、YACが誇るべき大切な性格です。しかしYACの全体は"Peace through Space"というスローガンを共有する全国団体ですから、YAC全体のめざす方向があるべきです。そうでなければ、たまたま同じ名前の組織に属しているだけということになりますからね。

3000人以上の少年少女団員を抱える組織ですから、これが一つのベクトルを獲得して一斉に動き始めれば、ある程度の流れを起こすことができます。実はアメリカ

*：1985年3月17日〜9月16日まで、主に茨城県筑波郡谷田部町（現・つくば市御幸が丘）で筑波研究学園都市のお披露目をかねて開催された国際科学技術博覧会。テーマは「人間・居住・環境と科学技術」。

# 2007年

にも宇宙少年団があって、一時は20万人にも及ぶ組織でした。今はかなり凋落傾向にあると聞いています。

　個々の特殊な動機でリーダーの役を買って出た大人たちは、しばらく活動を続けるとマンネリになり、活動の質をそれ以上向上させるのにどうしたらいいのか途方に暮れてしまいます。そこから脱却できるよう高い見地から示唆することのできる本部がどうしても必要になります。この個別と全体の弁証法を現実に展開できるような働きかけを、私自身はこれから精力的にやっていきたいと心に決めています。そのターゲットになっているのは、あくまで日本と世界とりわけアジアの子どもたちです。それは「宇宙教育」という枠組みで進めていくつもりです。そこでは、これまでの数多くの子どもや大人に接する中で芽生えてきた友情や尊敬や論議が基礎としてあります。

　「宇宙は子どもたちを元気にできるか？」――これを、宇宙教育に携わってきた人たちと思い切り話し合いたいと考えています。そこに確信が持てるようになれば、大きな太いベクトルを日本やアジアの国々の多くの人々と「共闘」できるのだと考えています。全国のあちこちに出張が多いことを逆手にとって、その機会を最大限に活かしながら未来への足がかりを築きたいと思います。その方法については、みなさんのご協力を得るべく、近いうちに具体的なご相談をさせてください。

## 4月 18日

### 凶弾

　昨夜家に帰り着いた途端、長崎の伊藤一長市長が暴力団員に銃撃され重体との報に接しました。今朝になって、伊藤さんが亡くなったとニュースで知りました。反核平和の旗手としてまだまだ働いてほしかった人でした。これまでに得た情報では、犯人が「自動車事故を起こしたときの市の対応に不満があった」ということが理由だというのですが、真相はわかりません。

伊藤一長市長が狙撃された
Web ニュース

世界全体にきな臭さが立ち込めている今日、一人ひとりの貴重な人材に大いに力を発揮していただかなければならない時代です。伊藤さんのご冥福をお祈りするとともに、頑張らなければという思いが一層強くなった事件でした。

　それからついでと言っては何ですけれども、ちょっと前に「私もそろそろJAXAを辞めるとき」という文章を書いたことがあったためでしょうか、大勢の人から「いつ辞めるんですか？」というお問合せをいただき、いちいちお答えしているのですが、面倒なのでここに事情を書いておきます。私の役職は、去る3月末までJAXA（宇宙航空研究開発機構）の技術参与にして宇宙教育センター長、宇宙科学研究本部の対外協力室長・教授、広報委員長といったところだったのですが、4月1日からは、技術参与と宇宙教育センター長だけが残りました。

　対外協力室長はX線天文学の高橋忠幸さん、対外協力室教授は阪本成一さん（国立天文台からやって来た）が引き継いでくれることになりました。お二人とも大変なファイトマンで、斬新な切り口の対外協力と広報を展開してくれるでしょう。私のことは、詳しくはGoogle検索で「的川泰宣」と入れて、Wikipediaを見ていただければ、どなたかが完璧な情報を流してくれていますので、ご参考までに。

　というわけで私はこれで（これまでの行きがかり上のことはしっかり処理しますが）広報の第一線から退き、宇宙教育に全身全霊を注ぐ覚悟でおります。人生全体から引退するのは、もうちょっと待ってください。好きな酒と糖尿との闘いが私の体内で激しくもみ合っていますが、実はね、最近は朝1時間ばかり歩いているんです。とは言っても今日で10日ぐらいかな。ソメイヨシノが散り、八重桜がその重い美しさを際立たせている散歩道が、とっても爽やかなんです。

　これから宮崎への出張です。天気予報はよくありません。いま少しよろしくお願いします。宇宙教育に興味をお持ちのみなさんとは、必ずどこかでじかにお会いして語り合いたいものですね。日本と世界とその未来を担う

桜の散歩道

# 2007年

質疑応答の時間

会場を埋めつくした参加者

子どもたちのことを。

　そうそう、それから、先週の間の土曜日には、例によって新宿の安田生命ホールで「宇宙科学講演と映画の会」をやりました。藤原顕さんが「はやぶさ」の科学的成果を話してくれ、あとは今飛んでいる「すざく」「あかり」「ひので」という3つの天文衛星のこれまでの成果を3人でリレー形式で話してもらいました。「はやぶさ」効果でしょうかねえ、席はすっかり埋まってしまい、補助椅子を出しても足りなくて、階段に座っている人もいましたよ。

## 4月 25日

### 「はやぶさ」地球帰還に向けた本格巡航運転開始！

　「はやぶさ」は、地球帰還に向けた本格巡航運転を開始するため、2007年2月から現在まで、イオンエンジンとリアクションホイール1基を用いた巡航運転のための姿勢制御方式を確立し、慎重に準備を進めてきました。

　準備を進めていく際には、イオンエンジン運転の推力方向のアライメントを維持する姿勢制御機能の確立に時間を要したことや、イオンエンジンの経年劣化を踏まえた運転方法の確立に十分な検討が必要であったことなどの課題がありましたが、それらに対する方策に目処がつきました。

　これにより、4月25日14：30から実施した「はやぶさ」運用をもって、地球帰還に向けた本格的巡航運転段階に移行しました。

　なお、「はやぶさ」運用は、残り1基のリアクションホイール、イオンエンジンおよび各搭載機器の状態に注意を払いながらの厳しい運用状況にあります。はやぶさプロジェクトチームは引き続き、細心の注意と最大限の努力をもって運用に取り組んでいきます。

**5月** **2日**

## 友の母の死に世阿弥を想う

　畏友、渡辺勝巳さんのお母さんが亡くなりました。佐渡で長い闘病の末のことでした。当然のように私も自分の母の死（60歳）、父の死（93歳）を思い出しました。お能の師匠だった父は、私が小学校のとき、よく寝物語で世阿弥のことを語ってくれました。今になって考えてみると、わずかなアルコールの香りとともに聴いたその毎夜の話は、世阿弥その人のことというよりは、その著『風姿花伝』や『花鏡』からの引用だったようです。そんなものかと聴いていた私ですが、幼いころの感受性は非常に不思議で、特に「年来稽古条々」のくだりなどは、今でも時どきどこからともなく心の中に現れて、私を驚かせます。

　7歳になったばかりの私に父が謡の稽古をつけ始めたのも、またそのころの稽古のつけ方も、思い起こせば、『風姿花伝』の記述に従ったものに相違ありません。——このころの能の稽古、……うちまかせて、心のままにせさすべし。……あまりにいたく諫むれば、童は気を失ひて、能物くさく成たちぬれば、やがて能は止まる也。——さて世阿弥によれば、12～13歳になると声も張りが出てきて、謡も調子が良くなってくるので、みんなからもてはやされるようになる、とあります。せっかくのそのころ、私はテニスの魅力に取り憑かれて、能の世界からの訣別を願い出たのでした。そのときの父の寂しそうな表情を、今でも思い出すことができます。

　ただし、この12～13歳のころの「もてはやされ」は、世阿弥によれば「まことの花」ではないのです。17～18歳で人間は難関を迎えます。声変わりが襲い、立ち居振る舞いからも落ち着きが消えて、周りからも見苦しいと思われがちです。ここが生涯の分かれ目だと世阿弥は断言しています。——このごろの稽古には、ただ、指をさして人に笑はるるとも、それをばかへりみず、内にては、……一期の堺ここなりと、生涯をかけて能を捨てぬより

父と

世阿弥が1434年から移り住んだ
正法寺（佐渡）

*263*

# 2007年

外は、稽古あるべからず。ここにて捨つれば、そのまま能は止まるべし。──

24〜25歳で、花の盛りが訪れます。──よそ目にも、「すは上手出で来たり」とて人も目に立つるなり。……主も上手と思ひしむるなり。これ、返す返す主のため仇なり。これもまことの花にはあらず。──このころの人気に溺れていると、やがては肉体的な花が散ってしまうのに気がつかない。このころこそが、本当の「初心」だ、と世阿弥は喝破しています。

続いて34〜35歳のころを、世阿弥が評価します。──このころの能、盛りの極みなり。……もし極めずば、四十より能は下るべし。──日本人の平均寿命が、当時の50歳くらいから80歳くらいに延びたことを勘案しても、これは厳しい言い方ですね。そして44〜45歳という歳を迎えて、肉体の限界が襲います。もちろん「人間五十年」といわれた時代のことですが。──能は下がらねども、力なく、やうやう年たけゆけば、身の花もよそ目の花も失するなり。……このころよりは、さのみに細かなる物まねをばすまじきなり。大かた似合ひたる風体を、やすやすと、骨を折らで、脇の為手に花を持たせて、あひしらひのように、少な少なとすべし。──後継者として育てている助演者に花を持たせて、地味に演じるのが、年老いてわが身を知ることだと世阿弥は説いているわけです。

現在の年齢のいくつぐらいが、世阿弥の言うそれぞれの段階なのかは、大いに議論のあるところながら、分をわきまえながら残りの人生を歩いていくことを、そろそろ私も考え始めています。とはいえ、宇宙を軸に日本中の子どもたちを元気にしていく事業は、現在のわが国にとって最も大切な潜在的な国づくりと信じています。この分野における私の肉体年齢は、さまざまな状況証拠から、世阿弥の言う40歳くらいと私は解釈しています。世阿弥が示唆した44〜45歳まで、現在の実年齢の座標軸であと何年あるのか、理性を持って見極めながら、驀進していこうと考えている今日このごろです。

私と同じように、世の中のためにいいことをしながら、

残された人生を有意義に過ごしたいと願っているみなさん、一緒にそういう大規模な社会貢献組織を作りませんか。宇宙と宇宙活動の成果が持つ魅力溢れる素材を最大限活用しながら。

5月3日には、渡辺さんのお母さんの告別式が成田で挙行されます。心からご冥福をお祈りします。合掌。

## 5月 9日

### 長友信人先生を惜しむ

先月、突如として糸川研究室の先輩、長友信人先生の訃報に接し、驚愕しました。すでに7年ほど前に定年退官され、研究会か何かで相模原の宇宙研キャンパスに来られたときに一瞬お会いするぐらいのお付き合いになってしまっていました。私は、大学院で糸川英夫先生のご指導を受けるべく、1965年（昭和40年）春に、当時六本木にあった東京大学生産技術研究所に糸川先生を訪ねたとき、長友先生（当時は講師だったと思います）、松尾弘毅先生（当時は博士課程の大学院生）、小林康徳先生（当時は修士課程の大学院生）などの先輩たちに初めてお会いしたのでした。

長友さんとは、その年の5月に内之浦に初めて出張したとき、K-9Mロケットの打上げ前にコンビを組まされたのが、懐かしい思い出です。打上げの2時間ほど前あたりに、長友さんの「さあ、行くぞ」の声に促されて、（どうしてか二人ともランニングシャツだったと記憶しています）コントロールセンターを出ました。内之浦の発射場はまだ十分には整備されていなかった時代で、私たちの持ち場である「第三監視所」までは徒歩で15分くらい、道でもないような道を草をかき分けかき分けしながら進みました。しばらく歩いてから、長友さんが「おい、そこの棒切れを拾って持っていけ」といった理由がわかりました。「ストップ」と言われて長友さんの指さすほうを見ると、マムシでした。

ヘビなんて幼いころから扱いなれていますから、私が

ヨットを愛した長友信人先生

# 2007年

　近づこうとすると、「動くな」と鋭い声。「じっとしていれば向こうから逃げる」と短いコメント。そうでないと「アオダイショウ」のようには行かないのだそうで、その場はおとなしく従いました。

　到着した第三監視所は、実験場全体を見渡す素晴らしい眺望の場所で、大きな岩に二人で並んで座りながら、「コチラ、ダイサンカンシジョー」と叫びながら、トランシーバーを通じて、海上の船の様子や実験場に不審の人影がないことの確認を、本部に報告していました。のんびりしたものです。

　長友さんは、ロケットエンジンの専門家でしたから、その後のラムダ、ミューと進んで地球周回軌道に挑戦していった宇宙研の大仕事の初期に大変大きな役割を果たしたことは当然です。ただ、1970年代の半ばごろだったか、NASAのラングレーに1年ばかり滞在したことが、彼の生き方をすっかり変えてしまいました。「カルチャーショック」を受けたのです。当時のアメリカは、アポロ計画が終わり、ポストアポロの計画を精力的に検討していたときだっただけに、「行け行けドンドン」の1960年代よりもむしろNASAのあらゆる方面の底力が一挙に噴き出したような時代でした。それだけに、やっと人工衛星をよちよち打ち上げたばかりの日本に比べると、目のまわるような気がしたのは仕方のないところでしょう。

　加えて長友さんには、「何であれ、男として取り組むなら日本でナンバーワンにならなければ、生きている意味がない」という気概が溢れていましたから、チマチマしたプロジェクトではなく、日本で誰もやっていないようなプロジェクトを立ち上げるほうに気持ちが向いたのは、無理からぬことと推察します。

　その後、長友さんは、液酸/液水ロケット、原子力ロケット、太陽発電衛星、SEPAC、SFU、宇宙旅行、宇宙農業など、次から次へと未来に向けた研究に着手し、多くの夢と同志と後輩を育てました。そのこともあって、ミューを中心として現実に進行していた宇宙研の仕事からは足を洗ってしまいました。このことは、長友さんのエンジニアとしての素晴らしい力を知る私たち後輩には、

宇宙ホテルに向かう観光丸
（想像図）

とても寂しいことでした。折に触れて、エンジニアとしての心構えを皮肉っぽい箴言として聞くだけで我慢し続けたのです。

　日本の宇宙開発から「内発性」が失われつつあることを実感している人々が多い中で、長友さんの爆発的な内発性に基づいた強烈な生き方は、大切な示唆を与えてくれていると思います。それは宇宙分野だけではなく、「没落しつつある日本」という刻印を押されかねない昨今の情勢に貴重な警告を発しています。私自身への自戒の念もこめながら、長友さんの御冥福を心からお祈りします。

## 5月 16日

### 内之浦にて

　久しぶりで内之浦に行っていたので、コラムの原稿を仕上げるのが遅くなりました。内之浦という町は、今では高山（こうやま）町と合併して肝付（きもつき）町になりましたが、その合併は必ずしも内之浦にとってハッピーというわけではないように見受けました。昨年のM-Vロケットの取りやめが、町の沈鬱な雰囲気にさらに拍車をかけたようです。誰に会っても口をついて出るのは愚痴ばかり。M-Vに鉄槌をくだした人たちの耳には、一つの町の数千人の人々を悲嘆のどん底に陥れた事実などは届かないことでしょう。しかし歴史はまさにそのように動いていくものなのでしょう。

　かつて内之浦は、倭寇の根拠地として華やかな盛りの時代を迎えていました。その後も、薩英戦争その他の歴史的な事件でたびたび姿を現していますが、やはり「陸の孤島」という悪条件は克服しがたく、大いに名をあげるのは、糸川英夫先生がロケット発射場の候補地としてこの地を訪れた1960年秋以降のことになりました。東京大学のロケットグループの偉業の多くは、ここ内之浦を表舞台として、日本の右肩上がりの時代になしとげられました。

　今回の出張時の合間に、内之浦の実験場で働いている

# 2007年

内之浦の「おおすみ」記念碑

若い人たちや種子島から転勤してきた人たちに、これまで内之浦で過ごした楽しくも有意義な日々を語りながら、結局私の心が行きついた先は、初めてここに出張してきた42年前の5月の経験でした。内之浦の海岸で満天の星を仰ぎながら、星座の見分けもつかない降るような光の大海を、茫然と眺めていました。内之浦にもやがて新しい時代がやって来るに違いありません。何とかそれまで、他人任せにしないで立派に跡継ぎを育ててほしいと念願しています。おそらく日本全体が、そのような問題を抱えています。これからは、地道な津々浦々での地域の教育活動が何よりも大切になってくる時期に入っていくに違いありません。私自身の努力もそちらに大きくシフトしていくでしょう。みんなで日本を蘇らせましょう。宇宙という存在や宇宙活動そのものの魅力が、子どもの心の多面性に能動的に触れたとき、日本の夜明けをリードしていく雄弁な証拠が続々と現れるでしょう。

## 5月 24日

### キリストは何歳で昇天したか？

　本日は疲労困憊のゆえ、軽いクイズを一つ。私の持っているキリスト教の事典によれば、イエス・キリストの生まれたのは、B.C. 7年12月25日で、十字架にかけられたのは、A.D. 30年4月7日であるといいます。さて、キリストが昇天したのは何歳のときでしょう？頓智の問題ではありません。答えは満35歳です。もし納得のいかない向きがありましたら、種明かしは来週。

## 6月 6日

### 野村民也先生を悼む

　去る5月31日、日本の科学衛星の恩人である野村民也先生が亡くなりました。83歳でした。野村先生は、1923年、関東大震災の年に東京に生まれ、東京大学大

学院を修了の後、28歳の若さで、当時六本木にあった東京大学生産技術研究所（生研）に助教授として着任しました。糸川英夫先生が生研内にAVSA研究班を結成したとき、ほどなくそれに参加し、以来一貫して日本の宇宙開発の中枢で活躍しました。1964年に駒場に東京大学宇宙航空研究所（宇宙研）が創設されたときに、生研からここへ移り、1966年から始まった日本初の人工衛星への挑戦では、1970年までの五度のL-4Sロケットの打上げではずっと実験主任を務めました。初の試みとあって、思いもかけない事故ばかりが起きた5年間でしたが、打上げ失敗のたびごとに、その責を一身に負って苦悩のど真ん中にあるはずの野村先生が終始毅然とした態度であったことが、どれほど実験班の気持ちを再起させるのに役立ったことか。

「悲劇の実験主任」と言われた野村先生ですが、やがて宇宙研の所長となり、定年後には富士通顧問・芝浦工業大学教授を経て、宇宙開発委員になり、その後そのトップ（宇宙開発委員長代理）として、日本の宇宙活動を果敢に引っ張ったのでした。1995年に宇宙開発政策大綱の議論があったとき、大綱に「日本は月を重点目標の一つとする」と力強い表現が躍ったのも、野村先生の力あってこそです。1999年暮れにNPO日本惑星協会（TPSJ）を設立するにあたって、その理事長への就任を快諾し、以後8年間にわたってTPSJをリードしてくれました。

宇宙研の工学には、その専門によって「電気」「非電気」という区別をする慣わしがありました。推進とか軌道とか構造などは、いわば「非電気」であり、通信やネットワークなどは「電気」でした。だから電気の野村先生は、私のような「非電気」とは、いわばグループが異なるわけで、それほど親しくさせていただいたわけではありませんが、領袖として実に頼りになる親分でした。

発言に軽々しいところがないのですね。駒場の時代、私たち若い人間はアフターファイヴで毎日テニスを楽しんでいました。昔テニスをやっていた野村先生も、よく観に来ていました。あるとき、野村先生が所長だったこ

「ぎんが」打上げの年、野村民也先生を送る

初の人工衛星誕生で花束を受ける野村先生

# 2007年

ろのことです。テニスコートに野村先生がやって来て、「的川くん、ちょっと話があるので部屋に来てくれませんか」との言葉に、「このままでいいですか」と了解を得て、テニスウェアのままですぐ近くの15号館という建物にある所長室に向かいました。「まあ、すぐ堅い話というのも何だから」と、酒が大好きな野村先生はロッカーからウィスキーのボトルを持ち出して、ちびちびやり始めました。話は多方面に及びました。めずらしく呂律がまわらなくなっている野村先生を眺めながら、「ああ、先生はずいぶん疲れがたまっているんだなあ」と感じながら、ふと時計を見ると10時をまわっていました。

野村先生は、やがて時計に目をやると、「あ、もう10時だ。今日はテニスの邪魔をして悪かったね」と言って、そのまま帰る運びになりました。帰途につきながら「今日のあの"はなし"というのは何だったんだろう？？？」と首をかしげたのですが、今もってあれは野村先生のための「癒しの時間」だったんだろうという以外に解答が見つかりません。──お忙しかったですねえ。ゆっくりとお休みください、野村先生。そして本当に有難うございました。日本の宇宙活動全体が先生に感謝しています。先生のお静かな所作に秘められた高い情熱を、私たちも必ず引き継いでいきます。

追伸：先々週のYMコラムは、本当に疲れていて、簡単なクイズで誤魔化してすみませんでした。解答のカギは、西暦にはゼロ年がないということでした。

## 6月 14日

### セレーネの打上げ迫る

いよいよ月に向かって日本が発進します。8月にH-2Aロケット13号機に搭載された月探査機セレーネは、種子島宇宙センターから地球を後にします。人類の長年の友である「お月さま」は、とりわけ日本人にとっては昔から大切な天体でした。世界最古のSFとも言われる竹

取物語に因んで「かぐや」と名づけられたこの探査機は、発射後45分32秒にロケットから分離されて一人旅に移ります。

H-2Aロケットは、従来はJAXAが打上げ全般を取り仕切っていましたが、今回からは打上げの執行責任は三菱重工業が担い、安全管理の責任をJAXAが受け持ちます。衛星は主衛星と二つの子衛星からなり、目的は大きく見て二つあり、「月の起源と進化の解明」と「将来の月面開発と資源利用をめざす技術の開発」です。またNHKのハイビジョンカメラも積まれています。

主衛星は2m×2m×5m（高さ）の四角柱で、三軸制御。パワーは3.5kW、ミッション期間は1年です。目標軌道は高度100kmの（円）極軌道です。一方、二つの子衛星はいずれも50kgの八角柱で、70cm（さしわたし）×1m（高さ）のスピン安定の衛星。寿命は同じく1年で、こちらは高い楕円軌道を描きます。発射の1時間後あたりに太陽電池を展開し、その後20日くらいで月周回の長楕円軌道に投入され、+40日くらいで100km円軌道投入、その後に子衛星が分離されます。+3ヵ月までにバス機器とミッション機器を点検し、観測データの取得を始めます。ただしそれまでにも少しは試験撮影しますから、状況を見て画像は公開されるでしょう。月に行く途中のハイビジョン画像も、どう処理するかはNHKと調整中です。

セレーネのイメージ

科学の目的としては、（1）月の起源と進化（月の科学）（2）月面環境（月での科学）（3）月の軌道を利用する電波科学という3つがあります。「かぐや」の1年間は、現在非常に確かなことと言われている「45億年前に地球が誕生したころに生まれたこと」「今はすっかり冷えたが昔は熱かった」という二つのことを土台として研究が進められます。これまで、「月と言えばアポロ」というぐらいに、月のことは1960年代から70年代初めにかけて展開されたアポロ計画によって、あたかもすべてが詳しく解明されたかのような噂が飛び交っていたわけですが、実はアポロ計画の成果はそれほどすべてにわたっていたわけではありません。

# 2007年

「ひてん」

クレメンタイン

ルナー・プロスペクターを打ち上げたアテナⅡロケット

アポロ以後、月にいったミッションとしては、日本の「ひてん」、アメリカの「クレメンタイン」、「ルナー・プロスペクター」、ヨーロッパ「スマート1」の4機を数えるのみであり、そのいずれも、今回打ち上げる「かぐや」ほど徹底して月の科学研究を実施したものはありません。「かぐや」の後には、中国の「嫦娥」（Chang-e）、インドの「チャンドラヤーン」（Chandrayaan）が続き、さらにアメリカとロシアの月探査機も後を追うでしょう。その意味で、アポロ以来最大の月ミッションである「かぐや」の成果こそは、これからの人類の月へのチャレンジの下敷きに据えられる、世界にとって極めて大切な仕事になります。次週から、その画期的な観測研究の概要を少しずつ紹介することにしましょう。

## 6月 20日

### 月の表面はどんな物質でできているのか
──「かぐや」姫は何を見るだろうか？

14個も搭載している「かぐや」（セレーネ）の観測機器のうち、月面がどんな元素でできているのかを調べるのが、XRS（X線蛍光分光計）とGRS（ガンマ線分光計）です。なぜX線やガンマ線で調べられるのでしょうか。太陽から来たX線や宇宙線が月の表面を叩いたときに生じるX線やガンマ線が、それぞれの元素に固有のエネルギーを持っているからです。むろんアポロ計画でもX線・ガンマ線による元素組成の調査は行われましたが、それは赤道付近のごく狭い領域に限られました。その後クレメンタインとルナー・プロスペクターによってそれぞれ多色撮像観測とガンマ線・中性子線観測が実施され、鉄やトリウムなどが地域によって大きく偏って存在していることがわかってきています。こんな偏在がどうやって生み出されたのか──それは現在でも大切な科学のテーマです。

「かぐや」のXRSとGRSは、これまでよりもうんと高い分解能のデータを提供してくれるし、観測する元素

の種類も大いに増加します。「かぐや」のXRSは、かの「はやぶさ」でイトカワの元素組成を調べた機器をさらに発展させたもので、CCDを16枚も並べて面積を大きくしています。これによって世界で初めて月の全球にわたるX線探査を行い、岩石のタイプとその分布を決めます。

　全球をくまなく調べられるのは、「かぐや」が極軌道をまわるからです。月の南極と北極の上空を通るような軌道傾斜角90度の軌道をぐるぐるまわっているうちに、観測のターゲットである月のほうは、勝手に眼下で自転してくれるので、「かぐや」は自然に全球を見つめ尽くすことができるわけですね。

　他方GRSは、センサーに高純度のゲルマニウム結晶を用いており、広いエネルギー領域（0.2〜12 MeV）と高いエネルギー分解能（3 keV）を誇っており、ほぼすべての主要元素、放射性元素、揮発性元素を調べつくします。ガンマ線探査で新たな問題を提起したルナー・プロスペクターよりは圧倒的にすぐれた分解能によって、元素組成の決定精度は飛躍的に向上し、元素の種類も急増します。またGRSは、月の極地にある永久影の中に氷があるかどうかを、水素の存在度から直接観測できます。それは現在世界で計画されている探査機のどの搭載機器にもない特長で、その結果が大いに注目されますね。何と言っても、「世界の誰も目にしなかったものを見る」ということは科学者の特権であり喜びであるわけですが、この「かぐや」のXRSとGRSがそこへ私たちをいざなってくれます。日本の若い研究者たちの快挙を、首を長くしながら待つことにしましょう。

スマート1

「かぐや」に搭載したXRS

「かぐや」搭載のGRS

## 7月 4日

### 久間防衛大臣の辞任

　あれは広島に原爆が落とされてからどれぐらい経ったときだったのでしょう。大きな川のそばに累々と積み重なった死体の山を恐怖の気持ちで見つめていたのを、昨

# 2007年

日のように憶えています。あまりに強烈な記憶は、当時3歳だった私の胸の中で消えないものになりました。小学校の終わりごろだったか、兄貴(長兄：舜司)にそのことを訊ねたことがあります。「あれは何だったのかねえ？」「ああ、それは当時高校生だった俺が自転車で連れて行ったんだ。正史(次兄)も一緒にな」ということでした。私たちの住んでいた呉の町から約30キロの道を兄弟3人でトボトボ行ったんですね。それは好奇心の塊みたいだった二人の兄貴の「見たがり」の所為だったのでしょう。

悲惨という言葉一つでは言い切れない、何か人間として根源的なことを、その死体たちは語っていたように感じました。その死体の山との出会いは、その少し前に起きた私の人生で一番初めの記憶とともに、私の人間として生きていくための原風景になりました。その最初の情景では、私の母きみゑが呉の大空襲の最中に私をおんぶして走っています。どんな人でも生まれた時代の刻印から逃れることはできません。私の場合も、この空襲、一人ぼっちの疎開、大田川でのあの目撃などを重く背負いながら、ついにこの60年余を過ごしてきた実感があります。

久間さんは長崎のご出身と聞きました。私と同い年くらいだと記憶していますが、その心に広がっている原風景には、あの昭和20年8月の長崎で受けた多くの人々の情況は存在していなかったのでしょうか。何か「失言」とか「表現が下手だった」という次元とはちょっと異質な事柄だったと、今回の辞任劇の一部始終を見て感じています。

人類がまだ解決していない問題の中で最大の問題の一つに、核兵器廃絶ということがあります。この課題への真摯な取組みなしには、世界の平和はやって来ないし、それどころか人類絶滅の瞬間が刻一刻と近づいていると言えます。一国の防衛をその任にしている人は、世界に、人類に、長期の視野で平和をもたらす知見が求められます。単なる序列の人事では本人にとっても困ったことになるのでしょう。

呉大空襲と母の背中

長崎に落とされた原爆「Fat Man」

防衛への見解でなく、平和への見解こそが現在の日本のような国の「防衛」を担う人に真に求められることでしょう。唯一の被爆国である日本は、人類に平和を招来するリーダーとして最適任であると、私は信じています。あの8月の二つの日に、そのように運命づけられたのです。それを誇り高い仕事として、みんなで背負って生きていきたいものです、今でも森と海のみどりにあふれているこの国は。

## 7月 11日

### アジアの学生たちとの対話

　JAL Scholarship Programという1975年以来毎年実施されているアジア・太平洋地域の大学生たち向けのプログラムがあります。今日は、その学生たちが参宮橋の代々木オリンピック記念センターに集結しました。私は「日本の宇宙活動と宇宙教育」と題する講演をし、その後質疑応答を行いました。リストを見ると、学生たちの国は、オーストラリア（3人）、中国（北京・香港・上海それぞれ2人）、インドネシア（3人）、韓国（ソウル・釜山それぞれ2人）、マレーシア（3人）、ニュージーランド（2人）、フィリピン（3人）、シンガポール（3人）、台湾（3人）、タイ（3人）、ベトナム（ホーチミン2人、ハノイ1人）という陣容でした。1時間ちょっと英語で演説するのはきついですね。果たして私の英語でどれくらい理解してくれたのやら。

　質疑のときに出てきた学生たちの問いかけは素晴らしかったですよ。各国から選り抜きの人たちがやって来ているのでしょう。ペダンティックでもないし、とらえ方が狭くもない、実にオーソドックスな質問ばかりで感心しました。もっとも正統な質問ばかりだったので、答えるのには苦労がありました。列挙してみましょう。

　（1）宇宙開発にはお金がかかる。地球環境の問題も大変大切になっていることは万人が認めていることなので、「宇宙をやめて環境をやれ」とは言わないが、どの

あたりで落とし前をつけるのかは結構難しい問題ではないか。全体としてはどのように納得しているのか？

（2）人工衛星を打ち上げるロケットをさまざまな国が開発しているわけだが、これは費用の点から見て、必ずしも効率的ではないのではないか。国際的な分業体制を確立できないのか？

（3）中国が衛星をミサイルで破壊して宇宙ごみを増やしたことが、国際的に批判された。これについてどう思うか。それにしても宇宙ごみの問題は、問題提起されてから久しいが、どのようにしてデブリの問題を解決していくのか、展望はあるのか？

（4）オゾン層の状況をモニターするだけでなく、ロケットや衛星を活用して新たにオゾンを作り出したりするポジティブな活動をもっと積極的に実行する必要があるのではないか？

（5）これから先、私企業が宇宙活動に参入するチャンスはどれくらい増えていくのだろう。それによって日本の宇宙開発の状況にはどのような変化が起きていくのだろう。特に「宇宙旅行」との関連で聞きたい。

（6）他の星に住めると最高なんだけど、そのような可能性はどれくらいあるんでしょうか。

（7）ロケットにはさまざまな用途があるが、日本以外では軍事面に使うことが当たり前になっている。日本の宇宙開発は平和目的で始まったと聞いたが、今後の軍事とのつながり方をどう思うか？

（8）講演の最後にふれた「いのちのトライアングル」に大変興味があるんだけれど、もう少し詳しく説明を聞きたい。「好奇心」「冒険心」「匠の心」という一つひとつのキーワードは、どのような契機で設定されたのか？

いかがですか。どれ一つをとっても安易なごまかしはきかない質問ですね。しかしどれ一つとっても、自分なりの見識を有していないと恥ずかしいような問題ですね。私は？　と言えば、汗だくだくになりながら自説を訥々と述べました。一つひとつの問題について、突っ込んだ考察をもっとしなければならないなと感じた、学生たちとの対話でした。世の中の動きとか周囲の状況に流され

ず、長期の展開と幅広い見方に基づいて、筋の通った生き方と結合した考えが必要とされています。疲れましたが豊かな収穫があったと思います。

## 7月19日

### 地震と風邪と一般公開

あの朝、コンピュータの前の椅子に腰掛けていて、ゆるやかに揺れが来たとき、眩暈（めまい）かなと思いました。こんなにひどいことになっているとは。あの新潟の大地震*から来るべき「宇宙学校」の打合せのために、宮城県の塩竈市に行きました。すでに風邪気味ではあったのですが、地震の影響もあって路線が乱れ、新幹線のホームでずっと待たされ、大幅に遅れて出発し、体はヘトヘト、頭は火のようになって先方に到着しました。

塩竈の会場に予定されている生涯学習センターは、子どもから高齢者までがバランスよく過ごせそうな、よく行き届いた設計になっています。人口6万人だそうですが、このセンターには年間20万人の来館者が来るとのこと。素晴らしいの一言に尽きます。

塩竈の隣が多賀城でした。この体調なので立ち寄ることはできませんでしたが、本番には城址を訪ねようと心に決めました。天災の惨禍には、いつも急き立てられるような思いがあるのに、日程ががんじがらめになっている恨めしさも、必ずついてまわります。今回は、塩竈からの帰り道に、予定されていた広島大学の集中講義を延期してもらう羽目になりました。これは熱の所為です。先方でどれぐらい期待されていたのかはわかりませんが、「風邪ぐらいで……」と、忸怩たる心境になっています。

来る土曜日（7月21日）は、ISAS（宇宙科学研究本部）あるいは相模原キャンパスの一般公開です。5人もの友人が新潟被災のカンパ活動をやったらどうかと提案してきました。今回は私が最後のご奉公として一般公開の実行委員長を務めていますので、その権限でカンパの提案をするつもりです。みなさんのご来場をお待ちして

＊：2007年7月16日午前10時13分、新潟県中越沖地震発生。M6.8、最大震度6強。死者15名、重軽傷者2,300名以上、建物全壊1,319棟。柏崎刈羽原子力発電所にて火災発生（後日、少量の放射能漏れを確認）。

相模原キャンパスの一般公開

# 2007年

水ロケットの制作と打上げ

結局終わってみれば一般公開には1万人を優に超える人々

土星の衛星イアペトゥス

います。

### 7月 26日

## イアペトゥスの奇妙なウェストライン

　クルミって、実の赤道あたりに膨らんだ筋のようなものがグルリとありますよね。カッシニが撮った土星の衛星イアペトゥス（英語読み：アイアペタス）には、何だかそんな盛り上がった「尾根」があるんですね。どうやってこんな地形ができるのか、私のような素人にはさっぱりわかりませんが、不思議です。実に不思議です。内部から噴出した物質が固まったのか、はたまた他の天体との衝突でできたものなのか？　一番高いところは19kmもあるらしいし、そんなすごい崖がイアペトゥスの周囲をぐるっと1300kmも連なっているんです。

　昨年名古屋の愛・地球博に来てくれたJPLの学者さんは、食事中の雑談の中で、「今はアイアペタスはゆっくり自転している（自転周期が80日）けれども、ずっと昔は猛烈な角速度でスピンしていて、それが極低温で凍ってしまったんじゃないかって言っている人がいる。その後にあのクルミの赤道みたいな地形が残されたってわけ」なんて言っていましたが、あまり確信があるようには見えませんでした。

　最近目にした説（科学雑誌『Icarus』に掲載）によれば、昔は5時間ないし16時間ぐらいの自転周期でまわっており、内部の放射性物質がイアペトゥスの内部を熱して、地殻を赤道のところで伸ばしてしまい、人間で言えばちょうどウェストのあたりを膨らませ、熱が急速に逃げて今の形を作ったのだろうと言うんですが……。それが今のように遅い自転をするようになるためには、イアペトゥスの内部が水の氷点に近いくらい温かくなきゃいけないとも書いてあります。

　太陽系の中にある私たちの仲間のいろいろな惑星や衛星の千差万別の姿をじっと見ていると、限りない郷愁に似た気持ちがこみ上げてくることがあります。このイア

ペトゥスも、46億年前に誕生したときの過程、それから受けた進化の歴史を、その地形によって一生懸命語ってくれているわけですね。

「はやぶさ」が探査したイトカワの姿なども、私たちの想像力を十分にかきたててくれます。何とか、物言わぬその豊富なはずの証拠を解き明かしてあげなければ——惑星探査は私たちを故郷の世界に回帰するための、最も現代的な「野性の呼び声」なのかもしれませんね。

## 8月 6日

### 社会復帰

こんなに YM が遅れたのは初めてのこと。申し訳ありませんでした。一応その経緯をご報告します。

先週7月30日（月）に新幹線で広島へ。乗り換えて西条駅下車、駅前の東横インに投宿。新幹線の中でなにか体中がぞくぞくする悪寒がして、いやな気分でしたが、その気配は社内でどんどん進行し、夜の10時過ぎに西条駅で降りたときには歩くのがやっとという状態。フロントで手続きを済ませるのもそこそこにベッドに倒れ込みました。

それからは塩竈のときよりもひどい高熱にうなされながら一晩中寝返りばかり打って過ごし、朦朧として広島大学へ。工学部の4年生への集中講義です。午前午後合わせて5時間近くを話すのは、この体調ではどうかなという感じでしたが、いつものように「何とかなる」と、一歩を踏み出しました。実は先回風邪をこじらせて一度延期していて、夏休みにずれ込んでの講義となってしまい、学生さんたちには迷惑をかけたので、今回はどうしてもやらなければ、という事情がありました。

午前の講義を終えて、広島大学の先生方と大学の食堂で食事をとりましたが、記憶にないことが起きました。私が昼食を全部食べられなかったのです。どんなに熱があるときでも、こんなことになったことはありません。本人だけ内心で呆れながら午後の講義に取り組み、一応

# 2007年

無事に済ませて、次の目的地である長崎に向かいました。唯一の救いは、広島大学の石塚先生（かつての宇宙研の同僚です）が、私の顔色をとても心配して、わざわざ西条から広島までご自分の車で送ってくださったこと。これは大いに助かりました。持つべきものは友ですねえ。思えば、昼食が食べられなかった時点で、長崎に電話を入れ、代理を頼むべきだったのです。夏休みの中学生相手のお話です。しかし体力への過信がそうはさせませんでした。そして新幹線で博多まで、そこから在来線で長崎まで行き着いたときには、前夜と全く同じ状態に。そして再び高熱で一睡もできず。あくる日（水曜日）の中学生への義務を果たして、その日のうちに飛行機で帰京。そのままどさりとベッドに。

さらに二日、38〜39℃の高熱がしつこく続いて、またもや眠れず。都合四日連続で眠れずというのは、ひょっとして、あの私が3歳だった呉市の空襲のとき以来かもしれません。そしてついに金曜日には、いつも診てもらっているお医者さんの糖尿検査を兼ねた診断を受けることができました。そのまま入院か？　もう病院から出ることもないかも……などと、珍しく弱気な心で診察室のドアをくぐった結果としては、お医者さんはいとも平気な表情で、「風邪、糖尿はあるにしても、それだけでそんな高熱ができるとは考えられない。まあ普段の強行日程の蓄積が原因か、あるいは他の原因も可能性があるので、尿と血液についてきちんと精密な分析をしましょう」ということで、8月8日（水）にもう一度訪れることに。おおよその検査結果は今日中にも電話で聞くことにしています。

この間、とにかくコンピュータには全く近寄る気すら起きず、ただただテレビの中で、安倍自民党の歴史的敗北[*1]、朝青龍への出場停止と謹慎処分[*2]、アメリカの橋の崩落[*3]、阿久悠さんの死などの大きな事件を、呆けたように見つめるだけでした。一週間ぶりに向かっているコンピュータ。今は体温はほぼ常温に戻りつつあります。来る水曜日に、正規の状態でYMをお届けします。以上、申し訳なさの顛末でした。

\*1：第21回参院選は2007年7月29日に投票・即日開票され、自民党は議席を37に減らし歴史的な大敗を喫した。これによって参院は与党過半数割れ、民主党が第1党に。

\*2：第68代横綱の朝青龍は、2007年7月場所後に診断書を提出して夏巡業の不参加を届け出たが、当人がモンゴルで中田英寿らとサッカーに興じる映像が報じられ、仮病疑惑が噴出。日本相撲協会から2場所出場停止、減俸30％、4ヵ月、九州場所千秋楽までの謹慎の処分を受けた。

\*3：2007年8月1日午後6時すぎ、アメリカ合衆国中西部ミネソタ州ミネアポリスで、ミシシッピ川に架かる補修工事中の高速道路の橋が崩落する大惨事が起きた。夕方のラッシュ時だったため、車両50台以上が約20m下の川に転落。多数の死傷者が出た。

### 8月 8日

#### 宇宙教育のマスコミデビュー

　本日の読売新聞14面(神奈川版)に、"「宇宙教育」で好奇心を刺激"という見出しで、長野県下諏訪社(しもすわやしろ)中学がJAXA宇宙教育センターと連携している活動がとり上げられています。ここは、私たちが全国で真っ先に教育現場との連携を成立させた学校です。年間数十時間に及ぶ協力の中から、私たちも現場教師もそしてもちろん生徒も、「宇宙」を軸にしたさまざまなテーマに肉迫しながら成長してきました。

　JAXAの宇宙教育は、教育現場との連携という柱とともに、「コズミックカレッジ」に代表されるJAXA自体が準備する社会教育という活動の柱を持っています。コズミックは就学前の児童から高校生までのいくつかのコースを持ち、それぞれの地域が自立して運営できる体制をめざして着々とした広がりを見せています。

　「宇宙」が持つ不思議な魅力——それは、私たち自身の根源的な故郷であることから来るものなのでしょう。私たちの一人ひとりが宇宙の進化の過程で誕生した歴史的存在であることを、人類は長い間かかって認識するに至りました。私たちは、ほかならぬその認識の中に、限りない知的好奇心と「いのち」の大切さへの厳かな視線を発見しています。子どもたちが自分の人生を思い切り輝かせるための土台に、私たちの知る限り最もスケールの大きい、最も深い真理と高い心への追究を包含している「宇宙」と「宇宙活動」の素材を活用しよう、地球全体の空を覆っているかに見えるくらい現実の暗雲を、宇宙が私たちに与えてくれる夢と憧れという内発力を活用して吹き飛ばしたい——こうして2年前に宇宙教育センターを設立したのでした。

　まだ始まったばかりではありますが、予算と人力がそれなりに投じられれば、宇宙教育の活動は必ず日本の未来を照らすものになります。この2年間の苦しい活動の中から、その無数の証拠をあげることができます。それ

講義を受ける下諏訪社中学の生徒

# 2007年

では足りないので、それをもっと大規模に支える NPO を立ち上げる準備も進行しています。「宇宙教育の桜前線」は、もうじきみなさんの町にも届くことでしょう。もう一つの視座は、アジアの子どもたちとともに育っていこうということです。東南アジアに行って、自分の子どもと同じくらいの年齢の子が物乞いとなって手を差し出してくるのを、自分の子を思い浮かべながら複雑な気持ちになったことのあるみなさんは多いことでしょう。学校に行きたくても行けない子どもたちと、行けるのに行かないで家に閉じこもってしまう子どもたち——この対照的な状況をどう受け止めればいいのか。「宇宙教育」は、アジア、アフリカ、中南米を含む世界の無数の子どもたちに対して、あまりにも多くの「債務」があるような気がしてなりません。

UNESCO や UNICEF と連携して地球のすみずみにまで「宇宙の桜前線」を咲かせる努力を開始しようとしています。そんな中での体調の悪化でした。もう治ったと見るのは早計だったらしく、いまだにすっきりしない状況が続いています。まあ今日お医者さんに行けば、通院しながら治すのか、入院するのか、それとも本当は何も悪くないのか、判明することでしょう。全快したら大好きな「桜餅」でも食べて、スパートをかけたいですね。

## 8月 15日

### 上田で宇宙学校

先週の土曜日（8月11日）、長野県の上田市にある創造館で、宇宙研の「宇宙学校」を開催しました。ハワイのすばる天文台とも結んで、あちらからは広報担当の布施哲治さんにご登場いただきました。ISAS からは、ロケットの嶋田徹さん、宇宙プラズマの松岡彩子さん、宇宙生物学の山下雅道さん、電波天文学の阪本成一さんの4人が講師を務め、それに私が「宇宙と子どもたち」と題する講演をしました。校長先生を平林久さんが務めてくれました。

宇宙学校うえだのポスター
（黒谷明美作）

これは会場からのQ&Aを主体とする教室なのですが、次から次へと講師泣かせの質問が飛び出してきて、対応にてんやわんやでした。さすが知的レベルの高い上田市です。それぞれの講師が初めに15分ぐらいの導入の話をするのですが、今年の講師陣は、山下さんを除いて、随分と原理的な導入をやったものですから、ミッションに密着した質問よりは、原理原則そのものへの質問が花盛りとなったようです。

　いわく「プラズマって何ですか？」「宇宙の始まりの前はどうなっていたのですか？」「宇宙の果ての向こうはどうなっていたのですか？」──要するに終わってみれば、「天文学者を殺す」と言われる代表的な質問が次々と手を変え品を変えて出てきた趣でした。この種の質問には、丁寧に説明してわかってもらおうと努力しても詮ないことなので、子どもの心に「もう少ししっかり勉強しないといけないな」と痛感させるような答え方ができるかどうかがカギを握っています。未解決の問題だと、質問した子どもたちがまさにその問題を解決していく世代なのだという自覚を持ってほしい。そのための「宇宙学校」なのですから。

## 8月23日

### ボイジャー打上げから30年

　1機目のボイジャー（2号）が打ち上げられた日のことを、私はよく憶えています。それは1977年8月の暑い盛りのことでした。確かそれから10日ぐらいして2番機（1号）が後を追いました。すでに最も遠い惑星である海王星の3倍の距離まで飛び去っているこの伝説的に偉大な2機の探査機は、いまだに地球局と交信を続けているのですから驚きです。今や太陽圏（heliosphere）の外縁が星間空間に出合うところまで達しているのです。

　外惑星を訪問した探査機としては、ボイジャーの先輩としてパイオニア10、11号がありますが、私たちに火星の向こう側の世界の多様な美しさを見せてくれ、まさ

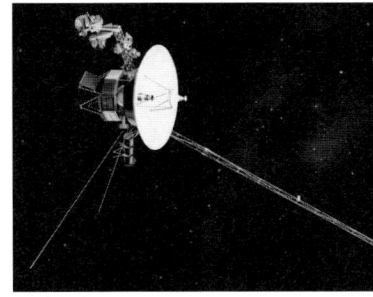

ボイジャー

# 2007年

タイタン3Eロケットによる
ボイジャー2号の打上

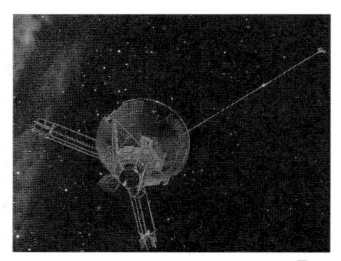

パイオニア11号

マドリードの大型アンテナ

に太陽系周遊旅行を味わわせてくれた点において、私は2機のボイジャー、特にその2号には大いに感謝しています。「あれがあったから、人類の惑星探査の内発性は継続したのだ」とさえ思います。

すでに2機のボイジャーは先発の2機のパイオニアを追い越しました。ボイジャー1号が最も遠くを飛んでおり、現在太陽から156億kmにあり、2号も126億kmにいますが、もともとは木星・土星をめざす探査機として、4年のミッション期間が予定されていました。しかし打上げのタイミングがよかったために、2号のほうは、天王星と海王星の姿をもとらえ、今では最後の力を振りしぼって、太陽圏外圏のデータを送ってきています。木星と土星を訪れた後に、ボイジャー2号が、それまで私たちが見たこともなかった天王星、次いで海王星の姿を届けてくれたのは、打上げから12年後の1989年のことでした。

この海王星接近に際しては、カリフォルニア、マドリードにある深宇宙用のアンテナが時間的に役に立たないということで、その5年前にハレー彗星の探査に備えて長野県の臼田に建造した64mアンテナによって、キャンベラと協力しながら追跡しました。このときに届けられた海王星とその衛星トリトンの画像や科学データの新鮮さは、心躍るものでした。

そして圧巻は、あの少し後でボイジャーが、謂わば「振り返って」太陽系のほうを一望した「ファイナル・ショット」と呼ばれる一連の写真を撮ったことです。そこには、居並ぶ銀河系の星々と同じような弱い光しか発していない太陽と、その周りをやはり頼りない光しか湛えていない私たちの仲間の惑星たちがとらえられていました。その中に、私たちの故郷の星もありました。

正確にそこに焦点を合わせ増感すると、かすかに青みを帯びた「一つの点」が浮かび上がってきました。カール・セーガンが "a Pale, Blue Dot" と名づけた光です。その「一つの点」についてもカールの力強い記述は、みなさん熟知されているでしょうから、ここでは省きます。日本語版では『惑星へ』と名づけられた彼の著書をご覧

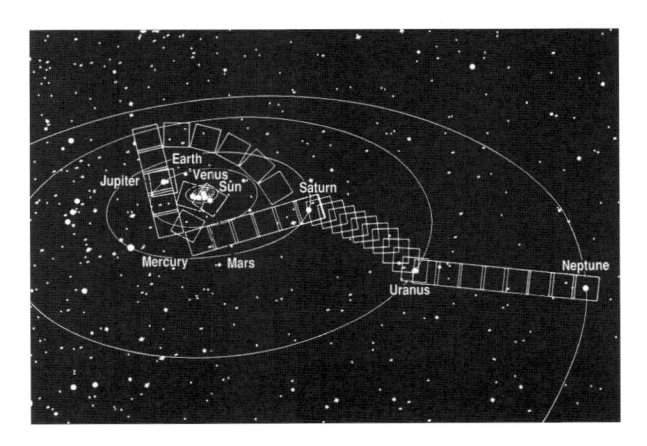

ボイジャーの
ファイナル・ショット

ください。

2004年12月、ボイジャー1号が太陽系の最後のフロンティアを横切り始めました。太陽から87億kmの彼方にある"heliosheath"と呼ばれるこの辺境は、星と星の間を満たしている薄いガスに太陽風が体当たりする領域です。そしてボイジャー2号のほうは、今年の暮れにこのheliosheathに到達します。その時点から、2機のボイジャーは星間空間に向かって人類が伸ばした2本の足と化すわけです。

2機のボイジャーは、いまだにしっかりと働いている5つの機器をそれぞれ搭載しています。太陽風、エネルギー粒子、磁場、電波現象などを観測するものです。ただし、太陽からあまりに遠く離れているため、太陽電池パネルは当然使えません。別に搭載している原子力電池が300ワットに満たない電力を供給してくれているのです。明るい電球を点すことができるくらいのパワーですね。

私がかつてJPLに滞在していた1980年代の後半、惑星探査の追跡チームが私と同じビルにいました。彼らはいろいろな探査機を追いかけていて大忙しでしたね。そのうちの一人は私の仲良しでしたが、彼は大地震がカリフォルニアを襲ったとき*に、自分の家がジグソーパズ

臼田の大型アンテナ

＊：1994年1月17日午前4時30分、アメリカ合衆国カリフォルニア州ロサンゼルス市ノースリッジ地方で発生したM6.7の大地震。死者57名、重軽傷者約5,400名。高速道路が崩壊するなどの被害を受け、米国史上最も経済的損害の大きい地震となった。

285

# 2007年

ルのようになってしまい、悲嘆にくれていましたが、ほどなく保険でハリウッドに豪邸をせしめたのです。ハリウッドがテレビに登場するとき、山の中腹に"HOLLY-WOOD"という看板が出ますよね。あの看板のすぐ山の麓に彼の新居が建てられたのです。

さて話を戻して、探査機までの距離はあまりに遠く、地球から送る電波指令は、ボイジャー1号へは片道14時間、2号へは12時間かかります。この2機は現在1日に160 kmぐらいずつ太陽からの距離を伸ばしているのです。また2機とも「宇宙人へのメッセージ」である金張りのレコードを搭載しています。そこには、もし宇宙人がレコードを拾ったとき、そのレコードがどこの星から来たものかが容易にわかるようなデータも満載しています。

かくてこの記念碑的なミッションは永遠に続いていきます。しかし私たちがその活躍を舞台で見ることができるのは、地球上のアンテナとの会話を続けることのできるあと数年と決まっています。日本と世界の宇宙活動は、あのボイジャー・ミッションを作り上げたJPLの人々の宇宙への高い野性的な内発性を引き継いでいきたいと、その30周年にあたって心から思っています。

閑話休題。多くの人から私の体のことをご心配いただくメールを頂戴したので、僭越ながら手短かにご報告します。4日続いて私を眠らせなかったあの高熱は、私が想像していたような「糖尿病と風邪の合併」ではなかったのです。加齢から来る前立腺肥大に、ウィルス起源の炎症が重なって起きたものでした。最後にかかることになった泌尿器科のお医者さんの言によれば、「あなたがもっと体力がなければ、39.5度熱が出た広島で、もうアウトだったでしょうな」ということでした。というわけで、薬を4種類ももらって今なお苦しみつつ加療中です。「安静」という指示をもらっているので、昨日から奄美大島、明日は長野の諏訪と、決して体力には過信しないようにしながら、「静かに」飛びまわっています。症状は、同様の病気を経験された人はおわかりでしょうが、結構つらく「滑稽な」ものですね。快方には向かっ

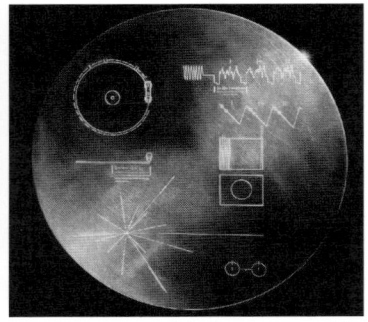

ボイジャーのレコード

ているという実感を持ちながら、その「辛さ」を楽しんでいます。ご心配をおかけした方々、本当に有難うございました。

## 9月 5日

### 「かぐや」の船出

いよいよ来る9月13日、アポロ計画以来最大の月ミッションが、H-2Aロケットに乗って種子島から船出します。JAXA（宇宙航空研究開発機構）が世界に先駆けて送り出す「かぐや」です。

既報のとおり、SELENE（Selenological and Engineering Explorer）というミッション名に加えて、一般公募の結果「かぐや」という愛称がつけられました。Kaguyaと書くと、外国の人は大体 gu にアクセントを置いて発音するので、「かぐや姫」にならないで「家具屋」になるという難点があるのですが……。「かぐや」に続いて中国の「嫦娥」は国慶節に、インドの「チャンドラヤーン」も来年初頭には月へ向かいます。来年から始まる NASA の一連の月探査機と併せ見ると、まさに世界中に「再び月へ」というムードが漂い始めているのですね。「世界で最も月を愛する国民」と言われる日本が、そのムードの火付け役になっていることは、実に感慨深いことだと思いますし、誇りにも思います。

「かぐや」打上げ

1986年に改訂された日本の「宇宙開発政策大綱」は、先ごろ亡くなった野村民也先生（日本惑星協会理事長）が宇宙開発委員会をリードして作り上げられたものですが、その一節に次のような記述があります——「人類にとって身近な天体である月を拠点とする宇宙活動は、地球外天体に人間が宇宙活動を広げていく場合の第一歩である」。

このように位置づけた上で、日本が精力的に月探査の取組みを進めることを高らかに謳っています。これは蓋し卓見であり、多くの人々から喝采を浴びたのですが、時はバブル破れの厳しい時期であり、また他にもさまざ

嫦娥1号

# 2007年

チャンドラヤーン1号

まな事情があって、リフトオフが適いませんでした。その後、旧NASDA（宇宙開発事業団）と旧ISAS（宇宙科学研究所）が四つに組む形でセレーネ計画が立ち上げられ、JAXAに引き継がれて、このたび多くの困難を乗り越えてついに打上げの運びとなりました。関係者のご苦労に心からの敬意を表します。

「かぐや」には、14種類（数え方によっては15種類）の科学機器が搭載されています。地形がどうなっているかを調べる高度計、立体画像を撮るカメラ、月の磁場を調べる磁力計、月の岩石の鉱物やその鉱物がどんな元素を含んでいるかを調べる分光計、月の内部の質量・重力分布がどうなっているかを調べる装置などです。「かぐや」のカメラが提供してくれる画像はこれまでにない高画質なもので、月面の地形がこれまでよりも格段によくわかります。それも高さの情報を含む立体画像になるので、非常に面白いものになるでしょう。

またNHKのハイビジョンカメラも搭載されますが、これは私自身が話のきっかけを作ってNHKとセレーネ・チームとの橋渡しをしたので、実現までには山も谷もありましたが、感慨深いものがあります。

アポロ計画は、「月が誕生したころは高温で、マグマオーシャンというマグマの海があったこと」を発見しました。それまでは、惑星（や月）は低温の状態で形成されたというのが一般的な考え方だったので、大きな転換になったわけです。アポロ計画のおかげで、地球を含む太陽系の惑星の「高温起源説」という基本的なシナリオが重要な裏付けを得たわけです。ただしマグマの海がどれぐらいの深さまであったかということはいまだに謎です。これは「かぐや」が貴重な解答を与えてくれるでしょう。これが第一の期待ですね。

月が今から46億年前にどのようにしてできたのかについては、ご存知のように、地球との関係をめぐって、親子説、兄弟説、他人説などが飛び交っていたのですが、最近では、出来立ての地球に火星ぐらいの大きさの天体が衝突し、そのときに周りに飛び散った塵から月が形成されたという「衝突分裂説」が人気抜群です。でもこれ

が正しいとすれば、計算によって1ヵ月以内という速いスピードで月ができなければならないという厳しい要求があります。「かぐや」がこの疑問にどう答えてくれるか、世界中の科学者が固唾を呑んで見守っています。この問題については、「かぐや」が月の地殻ができたときの温度の状態を明らかにするわけで、それによって、月がどれぐらいの速さでできたかを推定することになります。非常に興味のあるところですね。

　また、「かぐや」による月の磁場の観測も、地球の磁場の秘密の解明につながる大発見が期待できます。

　月を知らないと地球もよくはわからないわけで、まことに地球と月は運命共同体なのですね。この運命をともにする仲間の星に、近い将来、人類は再び人間を送るでしょう。かつて新大陸をめざしたメイフラワー号の乗組員の子孫が人類の歴史を大きく変えたように、月が地球の新たな文化圏に組み入れられる時代の鼓動が聞こえ始めています。もちろんその鼓動を現実のものに転化するのは、現代の若者たちですが、これから人類が月への歩みを大きく進めるにあたって、「かぐや」の豊富で高レベルの成果は他の探査機を圧して最大限に活用されることになるでしょう。「かぐや」に向けられる世界の人々の視線は、非常に熱いものがあります。日本という極東の小国が、その文化の力を持って世界に羽ばたいていくための跳躍台になってくれれば……私の心はそんな期待をもって打上げを待ち構えています。

## 9月 13日

### 久しぶりのパサデナで

　ISU（国際宇宙大学）の理事会でパサデナに来ています。もうじき帰国の途に就くべくホテルを出る寸前にこれを書き始めています。何年ぶりかで訪れたこの町は相変わらずの Californian Weather で、突き抜けるような青空のもとで明るい空気が流れています。

　昨日の午前までで予定の会議スケジュールは終了しま

# 2007年

JPLで開発中の火星用六輪ローバー

有人探査用ローバー

した。午後はJPL（ジェット推進研究所）の見学がありました。私が20年ぐらい前に滞在していたころの同僚はもうほとんど退職してしまいました。JPLの奥の小高い丘にしつらえられた「模擬火星」で、ローバーの開発試験をしていました。一つは火星用の六輪ローバーで、かなり大きな岩を乗り越えていました。もう一つは月面有人探査用のローバーで、六角形の台の下に六輪の6自由度の車輪がぐるりと取り囲むようについている斬新な設計でした。いくつものローバーがドッキングできる構造になっています。

海のものとも山のものともわからない感じの戦略のもとで、現場の技術者の意気込みの凄さだけは実感できました。この「熱」がなければ決して宇宙の仕事は結実しないことを確認した瞬間でした。ローバー関係の人はみんな若いですね。出会った10人ぐらいの技術者が全員30歳前後だったのではないでしょうか。日本の「はやぶさ」も、計画が始まったときはプロマネを含めてみんな20歳代と30歳代だったのですから、新時代の胎動というのはこんなものなんだなと、一人で納得しています。

また昨夜は、これも数年ぶりのブルース・マレー（もと惑星協会会長）夫妻、現役の惑星協会事務局長ルイス・フリードマン夫妻と一緒に中華料理を囲みました。ブルースが盛んに最近のISASを心配してくれているのが印象的でした。それと「かぐや」にかけるアメリカの期待が非常に大きいこともヒシヒシと伝わってきました。ルーは近いうちに"Lunar Exploration Decade"というキャンペーンを惑星協会主導で立ち上げると意気込んでいます。今年はスプートニク50年だし、またIGY（国際地球観測年）からも50年ということで、今年中にこのキャンペーンを始めることに意義があるのだと力説していました。それが「かぐや」によって火蓋が切られることに、私は非常な誇りを覚えます。

9月13日に予定されていた「かぐや」の打上げが1日延びています。急ぐことはない。万全の構えで最良の科学成果が出ることが一番です。今後の月ラッシュが「かぐや」の成果を下敷きにして進んでいくことは明らかな

のですから。

　余談を一つ。アメリカとヨーロッパの人はすべて「かぐや」を「家具屋」あるいは「カギュヤ」と発音します。「カ」にアクセントをおいてくれと、そのたびに訂正しますが、みんななかなかすぐには正しいアクセントを実行できません。こんなに不器用な人々の話す言葉を私はどうしてこんなにちゃんと話せないのだろうと、不思議に思ってしまいます。

## 9月 19日

### 「かぐや」順調

　9月14日に打ち上げられた「かぐや」の管制チーム（本拠地：相模原キャンパス）は、その後も順調に作業をこなしています。三軸姿勢の確立・慣性指向の確立、太陽電池パドルの展開、高利得アンテナ（HGA）の展開がなどはいずれも正常に行われ、その後、NASAゴールドストーン局からのコマンドにより、HGAのS通信リンクも確立、また、ロケットが「かぐや」を地球周回軌道に投入する際の小さな誤差を修正するための軌道修正も正常に完了しました。月といいタイミングで出合うための軌道周期の調整を現在進めており、10月4日には月周回軌道に投入されます。その後は、高度100 kmの円軌道になるまで徐々に軌道を落としながら、その途中で2機の子どもの衛星を放出します。早く最初の映像が届かないかなあ。楽しみですね。

　私は、昨日仙台に日帰りしてきました。東北地方で盛り上がっている大学生たちのロケットやローバー開発などの取組みをNHK秋田が特集するのでお付き合いしたのですが、優秀で情熱の溢れる若者がいっぱい育ってきていますね。東北大学や秋田大学で指導する先生方もお疲れさまです。頑張ってください。

　今日は夜遅くNHKの視点論点の収録です。「かぐや」についてしゃべります。オンエアはいつなんでしょうね。わかりません。明後日からIAC（国際宇宙会議）のため

H-2Aロケット13号機による「かぐや」の打上げ

# 2007年

にインドのハイデラバードに出かけるので、それまでに片付けなければならない用件が山積しています。まあ誰も同じでしょうが……。ハイデラバードも、先ごろのテロでいろいろと危ぶまれていますが、大会を成功させるためには、立場上は行かざるを得ないですね。

「おきな」と「おうな」

## 10月 3日

### 「かぐや」が地球を写しました

　一昨日、インドのハイデラバードから帰ってきました。IAC（International Astronautical Congress：国際宇宙会議）に出席したのです。少し前にこのハイデラバードで大規模なテロ事件が発生したとあって、アメリカと日本からはキャンセルが続いたのですが、さすがに副会長としては出席せざるを得ないという事情もありましたが、もともと暢気な性格は如何ともしがたく、久しぶりのインドを満喫してきました。参加者は2600人、発表論文数は1200と聞きました。

　でも実際にはヤバかったのです。このシンポの会期中の火曜日に、シンポジウムの会場になっていたHyderabad International Convention Centerの入口で、胸に自爆装置をつけた人物が逮捕されたのです。また土曜日に3時間ほど市内観光をしたとき、この町の観光の目玉であるCharminarというパリの「凱旋門」みたいなところをタクシーで通りかかりました。タクシーの運転手さんが、そばのモスクを指差しながら、「あそこで2日前に爆破事件があったんだよ」とのこと。「えっ？」と驚いて、「そんなこと新聞に出ていなかったみたいだけど？」と訊くと、「ああ、4人ぐらいしか死ななかったからだろう」ですって！　まあ大会は成功裏に終わって、世界の宇宙開発の働き手たちが無事だったことを、結果論として喜びましょう。

　さて、日本に帰ると、NHKの『視点・論点』を見たという人がいっぱいいました。実はあの日は喉の調子が悪く、ゆっくりと話した関係で、時間が来たときには、

ハイデラバードのシンポジウム会場

ハイデラバード国際会議場

予定の3分の2も話し終えていなかったため、心残りな10分間でした。そこで、その日わたしがしゃべるために準備した原稿をみなさんに読んでもらおうと思います。あの日言えなかった箇所は、いずれ成果発表のどこかの段階で、また『視点・論点』でしゃべりたいと考えています。以下がもともとの原稿です。かなりの部分が以前にこのYMコラムで発信したものと同じですが……。

　——みなさん、こんにちは。的川泰宣です。今日は、お月さまへの挑戦が再び世界的規模で始まること、その火蓋を日本の探査機が切ったという話題をお届けします。昨年の秋には、日本の月探査機「セレーネ」をもうじき打ち上げるということで、「月に願いを！」キャンペーンを展開したところ、その趣旨に御賛同いただいた上、世界中から41万人ものお名前とメッセージを頂戴しました。有難うございました。その後月探査機「セレーネ」には、一般公募によって「かぐや」の愛称がつけられました。ローマ字でKaguyaと書くと、外国の人は大体guにアクセントを置いて発音するので、「カグーヤ」とか「カギューヤ」とか発音するので、「かぐや姫」にならないで「家具屋」になってしまうという難点があるのですがね。

　さてその「かぐや」は、当初の予定から一日遅れた去る9月14日10時31分、種子島宇宙センターから、H-2Aロケット13号機に搭載されて、無事に旅立っていきました。見事な打上げでした。ロケットから無事に切り離されて一人旅に移った「かぐや」には、41万人のお名前とメッセージが薄いフィルムに刻まれて搭載されています。その後「かぐや」のチームは、衛星姿勢の安定化、太陽電池パドル展開、地球との通信を受け持つアンテナの展開、そのアンテナと地上局との通信リンクの確立、打上げの際の小さな誤差を補正する軌道修正、軌道周期を調整するための軌道変更など、今までのところ、一連のオペレーションを順調に消化しております。

　この後、「かぐや」は、月まで届くような大きな地球周回軌道を2周した後、軌道周期を調節してうまいタイ

# 2007年

ミングで月と出合い、来る 10 月 4 日には月をめぐる軌道に投入される予定です。それから高度 100 km の円軌道にまで徐々に軌道を下げながら、二つの子どもの衛星を放出していきます。そしてさまざまな機器の調整を慎重に行ってから、11 月ごろから本格運用に入り、少なくとも約 1 年間、「かぐや」は月をめぐる軌道にあって、月を徹底的に調べ上げます。「かぐや」には、14 種類（数え方によっては 15 種類）の科学機器が搭載されています。地形がどうなっているかを調べる高度計、立体画像を撮るカメラ、月の磁場を調べる磁力計、月の岩石の鉱物やその鉱物がどんな元素を含んでいるかを調べる分光計、月の内部の質量・重力分布がどうなっているかを調べる装置などです。「かぐや」のカメラが提供してくれる画像はこれまでにない高画質なもので、月面の地形がこれまでよりも格段によくわかります。それも高さの情報を含む立体画像になるので、非常に面白いものになるでしょう。

また NHK のハイビジョンカメラも搭載されますが、これは私自身が、この NHK の近くの小奇麗な喫茶店で NHK のプロデューサーの方と話をしたのがきっかけとなって、NHK とセレーネ・チームとの橋渡しをすることになったものです。実現までには山も谷もありましたが、感慨深いものがあります。

それでは、「かぐや」の観測にはどんなことが期待されているかについてお話しましょう。

（1）あのアポロ計画は、「月が誕生したころは非常に温度が高く、マグマオーシャンというマグマの海があったこと」を発見しました。それまでは、私たちの太陽系にある惑星や月は低い温度で形成されたというのが一般的な考え方だったので、大きな転換になったわけです。アポロ計画のおかげで、地球を含む太陽系の惑星の「高温起源説」という基本的なシナリオが重要な裏付けを得たわけです。ただしマグマの海がどれぐらいの深さまであったかということはいまだに謎です。これは「かぐや」が貴重な解答を与えてくれるでしょう。これが第一の期待ですね。

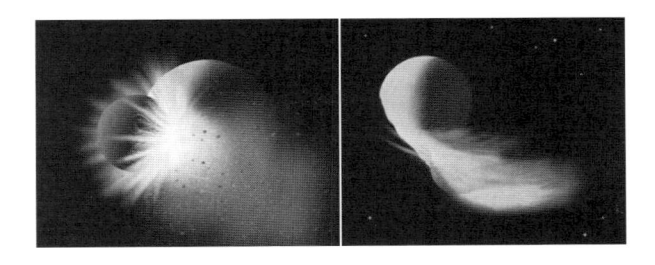

衝突分裂説

（2）月が今から46億年前にどのようにしてできたのかについては、ご存知のように、地球との関係をめぐって、親子説、兄弟説、他人説などが飛び交っていたのですが、最近では、出来立ての地球に火星ぐらいの大きさの天体が衝突し、そのときに周りに飛び散った塵から月が形成されたという「衝突分裂説」または「ジャイアント・インパクト」という説が人気抜群です。でもこれが正しいとすれば、計算によって1ヵ月以内という速いスピードで月ができなければならないという厳しい要求が

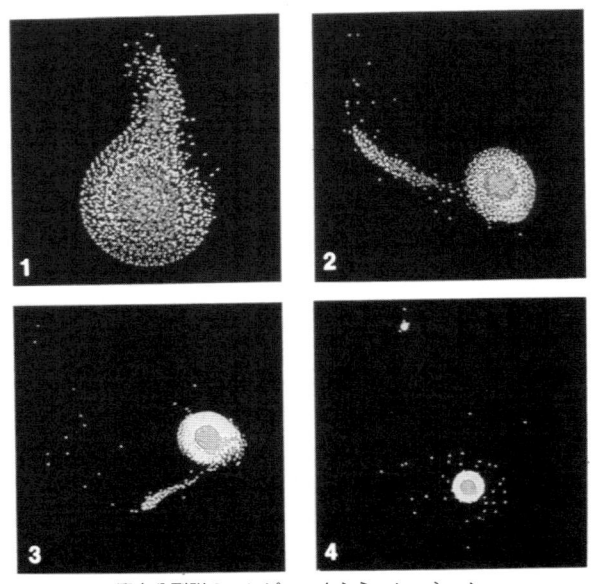

衝突分裂説のコンピュータシミュレーション

# 2007年

あります。「かぐや」がこの疑問にどう答えてくれるか、世界中の科学者が固唾を呑んで見守っています。この問題については、月の地殻ができたときの温度の状態を「かぐや」が明らかにする必要があるわけで、それによって、月がどれぐらいの速さでできたかを推定することになります。非常に興味のあるところですね。

（3）また、「かぐや」による月の磁場の観測も、地球の磁場の秘密の解明につながる大発見が期待できます。

月を知らないと地球もよくはわからないわけで、まことに地球と月は運命共同体なのですね。あのアポロ計画が1972年に終了して以来、久しく本格的な月ミッションがなかった時代から、大きく情勢が変わって、これから人類の新たな月への挑戦の時代が始まります。「かぐや」に続いて近いうちに中国の「嫦娥」が、また来年にはインドの「チャンドラヤーン」とアメリカのLRO（Lunar Reconnaissance Orbiter）も月へ向かいます。ロシアもルナー・グローブを打ち上げる予定ですし、イタリア、ドイツも月計画を検討しています。まさに世界中に「再び月へ」というムードが漂い始めているのですね。「世界で最も月を愛する国民」と言われる日本人の作った探査機が、世界に先駆けてその月ラッシュの火蓋を切ったことは、実に感慨深いことだと思いますし、私は大いに誇りにも思います。

同時に一昨年の「はやぶさ」以来、久しぶりに日本が世界に放った「かぐや」の打上げの快挙を、引き続き素

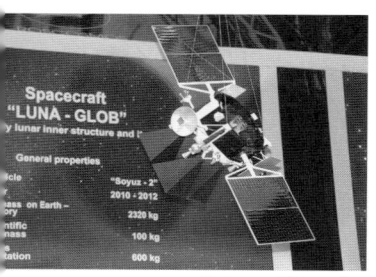

ルナー・グローブ

「かぐや」のハイビジョンカメラが11万kmからとらえた地球

296

晴らしい成果につなげていくことが、私たちの重大な使命と考えております。この地球と運命をともにする仲間の星に、近い将来、人類は再び人間を送るでしょう。かつて新大陸をめざしたメイフラワー号の乗組員の子孫が人類の歴史を大きく変えたように、月が地球の新たな文化圏に組み入れられる時代の鼓動が聞こえ始めています。もちろんその鼓動を現実のものに転化するのは、現代の若者たちですが、これから人類が月への歩みを大きく進めるにあたって、「かぐや」の豊富で高レベルの成果は他の探査機を圧して最大限に活用されることになるでしょう。それを見つめる日本の子どもたちが、この国とこの星の未来を支える科学的で夢に溢れた人に成長することができるよう、私たちは宇宙教育という観点からも奮闘する決意でおります。

　「かぐや」に向けられる世界の人々の視線は、非常に熱いものがあります。日本という極東の小国が、その文化の力を持って世界に羽ばたいていくための跳躍台になってくれれば……そんな期待を持って「かぐや」の月到着を待ち続けることにしましょう。「竹取物語」から1000年を経て、かぐや姫の待つお月さまへ──本格観測の開始は11月ごろの予定です。──（2007年9月19日収録）

　ところで、昨日、「かぐや」に搭載したNHKのハイビジョンカメラの試験撮像が公開されたことは、すでにご存知でしょう？　まだの方はJAXAのホームページをご覧ください。この先が楽しみな素晴らしい画像ですね。私もまだなのですが、早く動画を目にしたいものです。

## 10月10日

### 韓国の大邱で高校生の国際地学オリンピック

　今日は韓国から書いています。ここ大邱（Daegu）の町で高校生の国際地学オリンピック（第1回）が開催されています。物理・化学・生物はすでにそのような催しが行われていることはご存知でしょう。地学については

# 2007年

初めてということで、手探りの開催になっています。今回はキャンペーンがまだ不十分だったこともあって、参加しているのは、韓国、台湾、モンゴル、インドネシア、フィリピン、インド、アメリカの高校生だけです。日本の高校生は参加していません。今回は来年以降の参加を見越してのオブザーバーということだったのですが、いつの間にか問題の作成から採点にまで巻き込まれて、連日深夜まで働かされています。

こういう勉強のよくできる高校生の相手をすることは、私の本来の心からすれば本意ではありません。今回は成り行きで仕方なかったのですが、まあ大体は様子がわかったので、来年（フィリピン）以降は誰か若い人で適格と思われる人に託そうと考えています。今日はペーパーテストを行いました。これから採点ですが、各国の高校生がどれぐらいできたのか、それはそれで見るのが楽しみです。明日からは別の町に移動して、フィールド・テストに入る予定になっています。

それからもうご存知と思いますが、「かぐや」が子衛星の一つを切り離して、月の周回楕円軌道に投入しました。もう一つ残ってはいますが、恐ろしいほど順調な経過をたどっています。ISASのホームページをご覧ください。ハイゲインアンテナの確認用のカメラで月の裏側を写した画像も載っていますよ。

アンテナ展開確認用のカメラで撮った月面

## 10月 17日

### 韓国から帰国しました

やっと一昨日、韓国で行われた高校生の第1回国際地学オリンピックから帰国しました。前半は大邱でペーパーテスト、後半は場所を寧越（ヨンウォン）に移してフィールド・トリップが実施されました。寧越はオルドビス期、カンブリア期の地形形成を露出した形で見ることができ、実に興味深いものでした。今回は日本の高校生は参加していませんでした。夏休みに徹底した特訓をやって臨んだ台湾が圧倒的な強みを発揮していました。

国際地学オリンピック韓国予選の参加者たち

私個人としては、このような形の「英才教育」にはあまり興味がなく、むしろこのような勉強に自分の未来の生き方を結びつけることのできない多くの子どもたちをどうすればいいのか、学校の成績よりは、人間として大切なものを身につけた子どもたちを、宇宙の素材を活用して大量に生み出していくにはどうすればいいのかに、強い関心を持っています。

　一方で、国や世界を率いていくリーダーの重要さも十分に認識しているつもりですし、そういう方向性を持った人材育成もどこかでやらなければならないことは確かですね。ただ、こちらのほうは、世の中で一生懸命に取り組んでいる人がいっぱいいますので、私などの出る幕ではないと考えています。

　多くの「理科嫌い対策」と称して行われている施策の大部分は、理科の好きな子に理科を一層好きにさせる取組みになっていて、さまざまなイベントに集まってくる子どもたちは、大抵の場合理科が大好きな子どもたちなのです。今回の韓国に集結した各国の秀才たちの能力は素晴らしいの一言に尽きるものでしたし、いずれも「上流階級」に属している子どもたちでしたが、どの国にも彼らとは全く異なる境遇の子どもたちが無数にいることを、ずっと考えていました。

　これからは、「いのちの大切さ」を基本にし、子どもたちの一人ひとりが、どんな子でも自分の人生をそれなりの形で輝かせることのできるようなサポートのシステムを、大規模に作り上げたいと、強い決意を固めて帰国しました。

## 10月 24日

### インド→韓国→京都

　東奔西走の中でインドに10日いて、水と食事とテロを心配しながら過ごした後、すぐに韓国へ。帰国後、岐阜のアイデア水ロケットコンテスト、その直後に昨日は京都精華大学のイラストレータの卵たちに宇宙のことを

# 2007年

語りに。私のやっていることの悩みは、（昔からそうですが）相互に関連のないことです。一つのことに仕事が限られていれば、どんなに忙しくても脈絡が明確になっていくのでしょうが、こうも相関のない事項が連続していると、時どき溜息の出ることがあります。

韓国に発つ前々日に、自宅で転んで左足の小指を捻挫し、近くの整形外科で手当てをしてもらいました。そしたら次の日に同じところを打撲して、その指の爪がグラグラになったので同じ医者に行ったら、ピンセットでつまんで「ああ、これはグラグラしていますなあ」と言っていたかと思うと、えいやっとばかり激痛とともに一気に剥がしてしまいました。「あ、先生、明日から韓国に行くんですが……」と叫ぶと、「なんだ、そうならそうと早く言えばいいのに」——そんなこと言っても、急に爪を抜いたもんだから（陰の声）。やむを得ずサンダルで韓国へ。靴を履くと左の小指が痛すぎるのです。

まあ韓国で歩きまわっているうちに何とかよくなりました。でもサンダルで地質調査や洞窟をくぐっていくのは結構難儀でしたが……。

昨日訪れた京都精華大学では、「宇宙ステーションで読む絵本」というタイトルの講義をしている大高郁子さんの依頼で、宇宙のイメージを学生に把握させることを目的に、2時間ぐらい話をしました。やはり画学生という部類の専門を掲げて生活しているここの学生は、いつも私が接している学生とは相当違った雰囲気でした。なんというか、屈託がなくのびのびとしている感じ。それに目が輝いています。「宇宙」というものは通常は「理科的」ととらえられがちですが、私は従来から、宇宙はそれに加えて、すぐれて絵画的であると思っていました。そしてその背景に音楽が奏でられていると。ピタゴラスは「天球の音楽」と言いましたが、その感じは非常に理解できます。でも現在は彼の時代に比べて、宇宙そのものの描像が非常に豊かになっていますから「絵画的」なのです。もちろん音楽も欠かせない存在ではありますが。

昨日の話に対する学生の反応は、いつもと大いに違っており、その違いが、今後アートの世界と連携すること

京都精華大学の一室で

の面白さ、発展性を大いに感じさせてくれました。宇宙のことを想う人々の質をグレードアップするために、今や芸術は不可欠です。帰り際に雑談していて「えっ？ 宇宙ステーションは動いているんですか？」と質問されて、学生たちに話した内容について、ドッと悔悟の念が襲ってきましたが、それはこれからの長い道程における小さな躓きと諦めました。ただし「宇宙」というものの受け止め方、表現の仕方が、自然科学をやっている人間とは全く異なる発想から行われると考えただけで、そこから生まれてくるものの無限の可能性に胸が高鳴る想いです。

　ともかく今後の「宇宙と芸術の連携」からどんなものが飛び出してくるか、大いに期待できそうな気持ちを抱いて、大学祭の準備に沸く山の中の大学を後にしました。今日は相模原に帰って、「シニアツアー」のお相手です。これまた無関係シリーズの一つですが……。

## 10月 31日

### 「はやぶさ」復路第１期軌道変換を完了！

　既報の通り、「はやぶさ」は、去る４月からイオンエンジンによる動力航行をしてきました。非常に順調で、予定通り第１期軌道変換が達成できたので、10月18日にイオンエンジンを停止させました。

　ここまで、イオンエンジンの宇宙作動時間合計は３万1000時間、軌道変換量1700 m/sに達しています。推進性能も推進剤残量も十分に余力を残しています。精密な軌道決定の結果、目標通りの誘導が確認できたので、24日にリアクションホイールを停止して、姿勢制御をいったんスピン安定モードに移行させました。スピン安定に入っても発生電力を最大限に維持するため太陽を追尾し続ける必要があります。キセノン推進剤を温存するためガスジェットを用いずに、太陽輻射圧を用いたスピン軸制御のみで、太陽電池を常に太陽指向させる微妙な姿勢制御を実施します。

この方法で 2009 年 2 月まで運用し、その後第 2 期軌道変換としてリアクションホイールとイオンエンジンを再起動し、2010 年 6 月の地球帰還に向けて動力航行を再開する予定です。今後も引き続き各搭載機器の状態に注意を払いつつ、最大限の努力をもって、「はやぶさ」運用に取り組んでまいります。地球帰還までに必要な軌道変換量は、たったの 400 m/s です。

## 11月 8日

### 「かぐや」のハイビジョン月を撮る
―世界初の快挙

みなさん、すぐに JAXA のホームページ（http://www.jaxa.jp）をご覧ください。世界初の月周回軌道上からのハイビジョンカメラによる月面の映像が、静々と流れています。去る 9 月 14 日に打ち上げられた日本の月周回衛星「かぐや」の快挙です。撮影は 10 月 31 日に 2 回に分けて行われ、第 1 回目は「嵐の大洋」よりも北の位置から北極中心に向かって、第 2 回目は「嵐の大洋」の西側を南から北へ、それぞれ 8 分間を 1 分に縮めて収録しています。NHK が開発した宇宙仕様のハイビジョンカ

世界初の「地球の出」のハイビジョン撮影

メラ（HDTV）の威力は抜群ですね。

「かぐや」で撮影した動画を、JAXA 臼田宇宙空間観測所で受信し、その後、NHK においてデータ処理を行いました。もうじき月面の向こうから地球が昇ってくる衝撃的な映像も届くと思います。いわゆる Earth Rise ですね。「月の時代」の幕開けを告げた「かぐや」は今、確実にその時代を未来に向かって先導しつつあります。こうして堂々とした月面の映像の流れを眺めていると、このハイビジョンカメラを「かぐや」に乗せるために乗り越えてきたさまざまな苦労や、過去 40 年以上に及ぶ日本の宇宙科学陣の多彩な汗と涙が月の表面を行進しているような気がしてきますね。

昨日は高知へ行ってきました。高知大学附属中学の 60 周年記念式典で記念講演をやって来ました。どうして私が呼ばれたのか知りませんが、名誉なことです。この附属中学は創立以来 9000 人の卒業生を輩出しているのだそうで、私の講演（タイトルは「宇宙への夢と君たちの未来」）の後で、この中学の先輩である種谷睦子さんが、マリンバ演奏をされました。私はマリンバのこんな生演奏を聴いたのは初めてのことで、すっかり感動してしまいました。木の楽器からよくもあんなに硬い音や柔らかい音のコンビネーションが作り出せるものですね。後輩たちの前とあって、種谷さんもサービス精神旺盛に「ツィゴイネルワイゼン」「熊蜂の飛行」「剣の舞」などポピュラーな 9 曲を演奏し、子どもたちや父母・職員の方々を魅了しました。素晴らしかったです。ご本人も底抜けに明るい素敵な方です。興味をお持ちの方は、お買い求めください。彼女の CD が売り出されています。Amazon の「ミュージック」で「マリンバ、種谷」というキーワードを打ち込めば情報が手に入ります。

種谷睦子さんの演奏

## 11月 14日

### 「かぐや」世界で初めて地球の出没をとらえる！

この YM コラムと「かぐや」のハイライトはどうや

# 2007年

ハイビジョンによる「地球の入り」

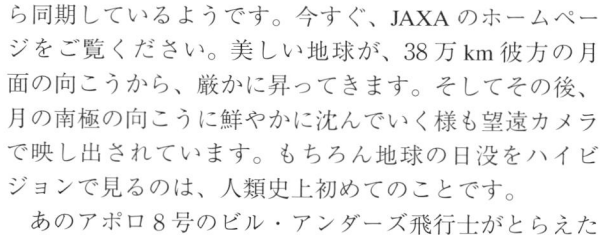

アポロ8号がとらえた地球の出

ら同期しているようです。今すぐ、JAXAのホームページをご覧ください。美しい地球が、38万km彼方の月面の向こうから、厳かに昇ってきます。そしてその後、月の南極の向こうに鮮やかに沈んでいく様も望遠カメラで映し出されています。もちろん地球の日没をハイビジョンで見るのは、人類史上初めてのことです。

あのアポロ8号のビル・アンダーズ飛行士がとらえた「地球の出」は、1968年のクリスマスのころに、私たちに圧倒的な感動をプレゼントしてくれ、2000年の『Sky and Telescope』(天文雑誌)のインターネット投票で「20世紀の天体写真のベストショット」に選ばれました。今回「かぐや」がとらえた、暗黒の南極付近のクレーターの彼方に対照的な美しさで沈んでいく地球の姿を、他ならぬその地球に住んでいる私たちが38万km隔てて見つめているのだと想像しただけで、身の震えるような感動を覚えますね。

なお、去る11月6日には、高度100kmを周回している「かぐや」の主衛星と、高度約2400km×100kmの月周回長楕円軌道にいる「おきな(リレー衛星)」とを用いて、月の裏側の重力場の直接観測(4-way Doppler)試験を実施し、正常に観測ができることを確認しました。月の裏側の重力場の直接観測は世界で初めてのことです。月の場所ごとの重力分布がわかれば、重いものが地下にあるかどうかなどがわかります。そうすれば、その場所がどのように形成されたのかが判明し、月の進化につい

て重要な情報が得られるわけです。月の裏側は地球から見えないため、これまでは月の裏側でのドップラー計測ができませんでした。「かぐや」ではリレー衛星を使ってこの困難を克服します。これから、どんなデータが送られてくるか、世界に先駆けての「かぐや」の活躍が、「月探査の新しい時代」をリードしていきます。

## 11月 21日

### 「かぐや」大ブレイクの予感

　ここのところ、いわき（福島）、水沢（岩手）、佐治（鳥取）と相変わらずの旅烏でしたが、どこへ行っても驚くほど「かぐや」のことが話題になります。講演会場で「かぐや」のことを知っている人に手を挙げてもらうと、まず8～9割おられます。これは「はやぶさ」の最盛期を圧しており、月と小惑星に対する「庶民の感覚の差」を物語っているのでしょう。

　また私だけが感じていることかもしれませんが、「はやぶさ」のときは、傾向としては「すごいことをやっている」という感じだったのが、「かぐや」については「あんな映像を送ってもらって有難う」という感じなんですね。どうでしょうか、この微妙さ。「かぐや」では、「はやぶさ」のときにあった「日本の技術への誇り」に加えて、自分と一体になった感想がほとばしり出ているのだ

地形カメラによる月面

## 2007年

と思います。

　「かぐや」のハイビジョンに続いて、地形カメラ、マルチバンドイメージャ、スペクトルプロファイラという3つの光学機器の初期画像がJAXA Webに掲載されました。最新のISASメールマガジンに寄稿した地形カメラ担当の春山さんの記事によれば、

　——この3つの機器をあわせてLISM〔月面撮像/分光機器〕といいます。地形カメラは、月面を10mという超高空間分解能で月面をくまなく立体視撮像し、月の地形を詳細に調べます。マルチバンドイメージャは、さまざまな波長のフィルターを通した画像を取得し、月面の物質の違いをあますところなく調べます。スペクトルプロファイラは、鉱物に特有なスペクトル（波長ごとの反射率）を得て、どんな鉱物が月に存在するのかを調べます。どれも、これまでに例をみない高性能の機器です。——（春山）

　実際には初期画像といっても膨大なデータが取得されています。そのほんのちょっとがWebに出ているだけですが、いずれ目を剥くような素晴らしい画像が公開されます。楽しみにしていてください。

　いま確かに「かぐや」は、世界の月探査を先導しているのですね。冒頭に書いた人々の潜在的な期待のニュアンスを思い切り顕在化させるのは、これからの広報担当者の腕の見せどころです。「見せたいもの」と「見たいもの」をレベルを高めながら一致させる努力が、どれほど精緻に組み立てられるか——すべてはこれからです。BreakがBrakeにならないようにしなければね。

　ところで、来年の春をめざして、以前から語っていた宇宙教育を軸にしたNPOを立ち上げる準備を進めています。慣れない金策に動きまわっていますが、どなたか善意のお金持ちに心あたりがありませんかねえ。いらっしゃれば全国どこにでも、趣意書と決意を持って駆けつけます。

　宇宙教育は、ロケットや人工衛星のことを一生懸命に教えて宇宙の後継者を作る事業ではありません。宇宙や宇宙活動の持つ魅力的な素材を最大限活用して子どもの

心にいっぱい詰まっている燃料に火をつけ、一人ひとりの子どもたちが人生を輝かせ、人々のために真摯に生き抜くための素地を育む大規模な運動あるいは流れを創造したいのです。

　いずれ近いうちに全貌をお話しますが、その流れを作り出す速さは、集う人々のパワーと同時に、やはり資金による部分も大きいと思われます。その点で耳寄りな情報を歓迎します。志は「宇宙で子どもを元気にし、日本の空気を一新したい」と大きく、いくら予算があっても足りるものではありません。外国の人たちに財源を求めたくないという原則を決めると、日本には「儲からないこと」「純粋に社会貢献的なこと」にお金を出す会社や個人が非常に少ないことに、今さらながら思い至ります。糸川英夫先生が宇宙のために懸命に予算繰りに動いていたころ、「この人は何でこんなにお金集めに奔走しているんだろう」と訝しかったのですが、現在ではよくわかります。糸川先生、ごめんなさい。

　急に寒くなってきましたね。お気をつけください。

## 12月 6日

### 銀世界の苫小牧から

　苫小牧に来ています。今年初めて、スーツの上にコートを羽織りました。さすがに冷えます。ただ、昨夜は寒いだけの普通の風景だったのに、今朝起きてホテルの部屋の窓の外を見ると、カーテン越しに何だか白い。カーテンを開けてびっくり。一面の銀世界です。北海道とはこんなところなんですねえ。今さらながらの感動です。遠く樽前山が白く美しく霞んでいます。

　昨日は、苫小牧市長の岩倉博文さんと久しぶりでお会いしました。この前お会いしたのはいつのころだったか。私を見るなり「いやあ、肥りましたねえ」と来たので、だいぶ前のことだったのでしょう。まだ岩倉建設の何とか部長を務めていらっしゃったような記憶があります。あれから国会議員になられて、それから現職に。忙しい

# 2007年

　毎日を過ごされているようです。来年の洞爺湖サミットに向けて、苫小牧で「宇宙教育サミット」なるものをやろうと話し合いました。彼もやる気は十分です。その計画はいずれ追々お話することにしましょう。

　昨夜、こちらの「宇宙教育研究会」のメンバーと、これも久しぶりに会合を持ちました。出た話題の中で最も沸騰した論点は、「理科嫌い」をめぐることです。これが「理科嫌い」というよりは「勉強嫌い」であることは明白ですが、よく考えると「理科嫌い」の側面もあることはあるのですね。問題は、この若者の傾向をどう乗り切るかです。OECDの調査で日本の子どもたちが世界の理数科についてトップクラスから転落したとのニュースが流れたばかりです。また必死の論議が過熱することでしょう。これから立ち上げようとしている「子ども・宇宙・未来の会」（NPO）の役割は、ますます重みを増してくるものと思われます。全国の大人の有志が、緊密に連携を保ちながら、生き生きとした子どもを津々浦々に輩出させる努力をしていく以外に、日本再生の道はない。その連携の核になろうと思います。「宇宙」が中心に座ります。

　１．定年を迎え、年金生活に入って、これまで忙しかったためにやり残したいろいろなことに手をつけているが、いま一つ盛り上がらない。もっと社会のために貢献できる道はないものか、と新たな人生の目標を一層社会性のある寄与に向けて設定したいと考えているあなた、

　２．日本の現状を憂えている。特に子どもたちを何とかしないと、このまま日本はずるずるとパワーを失っていくのではないか。政府から教育政策は次々と出されていくが、早急な効果は望めない。ここは巷で幅広く草の根の教育活動を大規模に展開しなければいけないのではないか。自分の貴重な時間の一部をそのために使いたい、と考えているあなた、

　３．「いのちの尊厳」が失われつつある。なんとかしないと。得体の知れない原因があるのだろうけど、もともと「いのち」を非常に大切にしてきた日本なのに、なぜなのだろうか。現在の教育の基本には、学業の成績は

ともかくとして、「いのち」をめぐる問題がどっしりと座っているのではないか。ここをしっかりと考えていきたいと思っているあなた、

　4．自分の子どもの将来が不安だ。もっと知的な好奇心やのびのびとした挑戦の心を持つ人間に育ってほしいのだが、何だか自分の力だけでは難しい。そんなお母さんやお父さんは日本にはいっぱいいるだろう。何とかみんなでそんな状況を脱するために手を結んで、活路を見出したい、と考えているお父さんやお母さん、

　5．日本の国はまだ恵まれているほうだと思う。世界には、戦地も含め、食うや食わずの生活を強いられている子どもたちがいっぱいいる。もちろんそんな子どもたちに生活のための水や食糧を送る努力はいろいろとなされている。視点を変えてみると、そんな中には、厳しい中でも知的な刺激に飢えている子どもたちもいるのではないか。そんな子どものために何かできないだろうか、と考えているあなた、

　6．宇宙活動は未来への素晴らしい投資だ。日本が閉塞感漂う状態から脱却するのに、宇宙からの「夢の創出」は不可欠だ。何とか日本の宇宙計画を、そんな喜びと将来への希望に溢れたものにするために役立てたい。自分もそのような議論と提言を生み出すためにみんなと一緒に幾分でも働けたら、と考えているあなた、

　そんなみなさんはぜひ「子ども・宇宙・未来の会」の輪に入ってくださいね。準備の状況はこれからどんどんご紹介していきます。輪が広がり続ければ、必ず日本はよくなっていきます。これまでとは異なる新しい素晴らしい形で。

## 12月 13日

### 塩釜から多賀城へ

　宮城県の塩釜で宇宙学校をやりました。会場は200名ぐらいの定員なのに、来場者は実に312名。たくさんの補助椅子が出され、熱気に満ちた催しとなりました。「か

宇宙学校しおがま

# 2007年

ぐや」効果でしょうかねえ。

　小学生が次から次へと質問を繰り出してくるので、非常に活気のある1日でした。特に宇宙学校に初登場した「宇宙農業」の話題は、多くの人々の関心を呼び、担当の山下雅道さんに向けて矢継ぎ早に多くの質問が殺到しました。また会場となったESPの人たちや、手伝いに来てくれた日本宇宙少年団（YAC）たなばた分団の若者たちも、実に一生懸命に対応してくださいました。

　次の日、前に実地踏査に来たときに行けなくてウズウズした多賀城で途中下車しました。奈良時代に「蝦夷」と呼ばれていた人々を制圧するために軍事拠点として築城されたのが724年。一ノ宮である鹽竈神社（神社のほうは塩釜ではない）を精神的な柱と崇め、古くは「遠の朝廷（とおのみかど）」と呼ばれ、都の人々の憧れの地であったこの地域には、歌枕がたくさんあります。多賀城跡の一角には有名な壺の碑（つぼのいしぶみ）が覆堂に守られて鎮座していました。芭蕉がここを訪れたのは1689年だったそうです。

　城跡に上っていく途中の道がくねくねと曲がりくねっているので、「何だか蛇みたいですね」とタクシーの運転手さんに言ったら、「はい、この道は蛇の道と言い慣わされています」と返事が返ってきたのでびっくり。聞けば「雨上がりの晴れた朝には、蛇がうじゃうじゃ出てきますよ」ですって。坂を下ってからちょっと上ると「末の松山」に着きました。平安の昔から陸奥を代表する歌枕であり、

　　　　君をおきてあだし心をわがもたば
　　　　　　末の松山波も越えなむ　　（古今集東歌）

から取られた

　　　　契りきなかたみに袖をしぼりつつ
　　　　　　末の松山波こさじとは　　　（清原元輔）

などは耳にしたことがありますね。ここ末の松山は当時も海から遠かったらしく、だからここまで波が来ること

山下雅道さんの宇宙農業の講義

壺の碑

末の松山

は考えられないというわけで、「あり得ない」こととして「末の松山を波が越える」という表現が使われたのでしょう。

「末の松山」から南へ抜ける道を降りていくと、普通の民家の前に、海の磯を模したような池が現れました。小野小町らの歌をもとにして多賀城の歌枕にセットされた「沖の石」です。私の知っているのは、

　　わが袖はしほひに見えぬ沖の石の
　　　　人こそ知らね乾く間もなし（二条院讃岐）

くらいのものです。しばらくいにしえの空気に染まってから多賀城駅へ。

途中で運転手さんに「源義家が戦勝祈願をしたという話がありますが、この近くですか」と訊ねたところ、「ああ、あの奈良時代の人ですね」と答えが返ってきたので、それ以上聞きただすのはよくないと考え、多賀城駅を後にしました。

## 12月 21日

### 私の蘇生法そしてゴア

私は眠くなったときに寝ることに決めているので、不眠症になったことはありません。不眠症ではないのだけれど、一晩中起きていたということはありますが……。そのときは何か生産的なことをしているので、（見方によっては「不眠症」なのかもしれませんが）本人はそう思っていないわけでして。『眠れぬ夜のために』という本を読んでいてすごく眠くなったという馬鹿馬鹿しい話も高校生のころにありましたが、みなさんも眠れないから難しげな本を読み始めることがおありかもしれませんね。

一方眠いのだけれど、どうしても片づけなければならない仕事があって眠ってはいけないことはしょっちゅうあります。むかし新井白石は読書のときに眠くなると、己を叱り奮い立つために、自ら太ももに錐を突き立てた

# 2007年

そうで、こんな凄い人もいますが、私の場合の「いったん避難」の場所は若いころからクイズでした。クイズをやっていると頭が冴えてきて、錐を立てなくてもやがて仕事に戻れること請け合いです。クロスワードだったり、（あるいはかつてはルービックキューブだったり）いろいろありますが、今は数独です。全く今は数独ばやりで、世界中どこの国に行っても"SUDOKU"という本が空港のミニショップに並んでいます。でもレベルにおいて日本ほど高い国はないようですね。私はもうニコリの『数独』シリーズが出始めたころから親しんでいましたから、今ではもう解けない問題はほとんどありません。（問題が間違っていない限り）解けないはずはないのです。ただし解答が二つ以上出てくる場合もありますが、不思議なことに巻末の「正解」には決まって一つしか書いてないのですね。

　さて、今年の締めくくりに、知的好奇心の素晴らしさをいつも思い出させてくれるエピソードを披露させてください。

　戦地でもどこでも知的好奇心の衰えない人がいるものです。

　紀元前212年のむかし、第二次ポエニ戦役において、かのアルキメデスの住むシラクサの町はローマ艦隊の襲撃を受けました。ローマ軍を指揮するマルケルスは、この町の防衛を甘く見ていました。8隻のガレー船をつなぎあわせ、その上に作り上げた高い架台に載せた原始的な大砲によって、シラクサの人々は簡単に降伏すると見て、正面から攻撃をしかけたのです。

　彼にとっては運の悪いことに、この町には「立つべき場所を与えよ。そうすれば地球を動かしてみせる」と豪語した数学と力学の天才アルキメデスがいました。友人でもある僭主ヒェロンに頼まれたアルキメデスは、てこを応用した超大型投石機によって、2〜3トンもの石を大量にガレー船に浴びせ、また尖った先端やカギ爪をもつ頑丈なマジックハンドを使って、近づく船をつかまえて振りまわして沈没させました。

アルキメデスの肖像画
（フェティ）

ついに名指揮官マルケルスは退却し、戦法を変えてシラクサ後方のメガラを占領、背後からシラクサに迫りました。シラクサの人々は女神アルテミスの前で戦勝の酒に酔いつぶれていました。虐殺が始まりました。アルキメデスもこの惨事の犠牲となったのです。

　ローマ兵が踏み込んできたとき、アルキメデスはほこりまみれの床に幾何学の作図をしている最中でした。その作図をローマ兵が踏みつけたので、アルキメデスは激昂し「ワシの図を目茶苦茶にするな！」と叫んだといいます。怒った兵士は剣を抜き、75歳の丸腰の老人を殺害したのでした。アルキメデスに「好奇心の権化」を見ることができますね。

　もう一つ、今度はロシア戦線で大きな研究をした人についての話です。

　戦争で知的好奇心の衰えなかった人が、アルキメデスから約2000年を経て、性懲りもなく出現しているのです。

　1915年11月、ドイツのアルベルト・アインシュタイン（1879-1955）が一般相対性理論を発表しました。第一次世界大戦の最中です。ドイツからはるかに離れたロシアの戦線で、その論文を読んだ天体物理学者がいました。カール・シュヴァルツシルト（1876-1916）、当時39歳でした。

　彼は、この一般相対性理論を星のまわりの重力の大きさに適用するとどうなるかについて考え始めました。テントの中で、塹壕の中で、一心不乱に計算に没頭していたシュヴァルツシルトは、ついに1916年に計算を終え、その結果をアインシュタイン宛てに送ったのでした。

　そのアインシュタインに宛てた手紙の中で、シュヴァルツシルトは、どの星にもその質量の大きさに対応して「特別の振る舞いをする半径が存在している」と述べています。それが後に「ブラックホール」と呼ばれるものの入り口を表し、光もいったん入ると出てこられない限界を表す「シュヴァルツシルト半径」です。

　彼が解いたのは、完全な球形をした回転しない天体の

アインシュタイン

シュバルツシルト

# 2007年

まわりの真空解、つまり物質のないところでの重力を表現する解です。一般相対性理論では、重力は物体同士の引き合う力として働くのではなく、物体のまわりの空間が歪むという状態として現れます。シュヴァルツシルトはこの空間の歪みを計算したのでした。この計算によって、その天体のまわりの物体がどのような運動をするかを記述できます。

シュヴァルツシルトは、従軍中に当時不治の病とされていた天疱瘡（てんぽうそう）という免疫系の病気にかかってしまいました。1916年3月、病気のシュヴァルツシルトはロシアから帰国。療養につとめましたが、2ヵ月後の5月11日、その手紙をアインシュタインに書き送った半年後に、ついに帰らぬ人となりました。40年の短い一生でした。

## この年の主な出来事(5月まで)

# 2008年

- ・中国製ギョウザで中毒事件発生
- ・海自イージス艦が漁船と衝突、2名死亡
- ・ガソリン税暫定税率延長問題
- ・後期高齢者医療制度がスタート
- ・原油高で諸物価の上昇が続く
- ・ミャンマー・サイクロン被害、
  中国・四川大地震が発生

# 2008年

### 1月 9日

**謹賀新年**

みなさま、2008年の新年、明けましておめでとうございます。

昨日のNHKの「クローズアップ現代」で元日の「地球の出」のハイビジョン画像が映し出されました。

その美しい地球を見て、ある人がメールをくれました。「これからは分別ゴミをちゃんと実行したいと思います」——美しい地球の姿が生み出した貴重な効果ですね。

2008年は、この日本の宇宙科学の華々しい乱舞の中で迎えています。現在宇宙にあって仕事をしている日本の科学衛星が8つあります。史上最多ですね。打上げ順に言えば、あけぼの(1989)、ジオテイル(1992)、はやぶさ(2003)、すざく(2005)、れいめい(2005)、あかり(2006)、ひので(2006)、かぐや(2007)です。最近世界の多くの人々が「文化の抑止力」ということを言っています。特に科学の面での大きな成果は、その国の科学力、技術力を測るための貴重なバロメーターと言われます。「国が科学を軽視し始めたときその国の没落が始まる」ということについては、証となる歴史上の事実がいっぱいあります。宇宙を担いながら世界の最前線を走り続ける若者たちと一緒に、

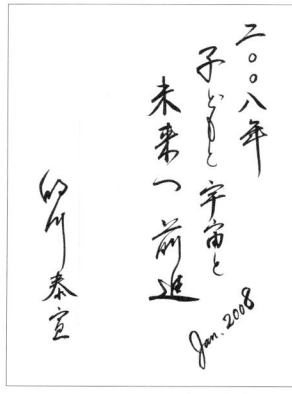

2008年の年賀状

太陽電池パネルをたたんだ「はやぶさ」

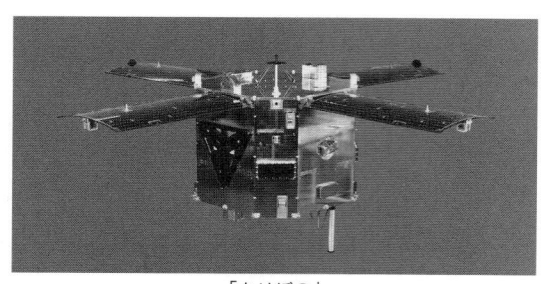

「あけぼの」

ジオテイル

1．日本の未来を明るくすること、
2．その日本から世界の未来に向けて元気いっぱいの発信をすること、

を二つの柱として、今年も前進したいと思っています。今年がみなさまの一人ひとりにとって、さらに飛躍をとげる大きな年でありますように。よろしくお願いします。

「あかり」

「すざく」

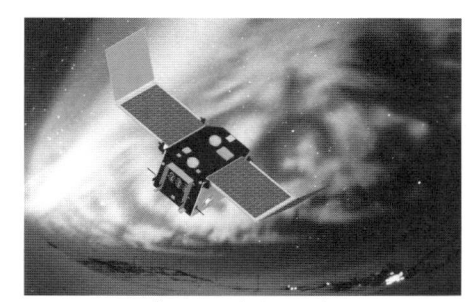

「れいめい」（INDEX）

「ひので」

月探査機「かぐや」

# 2008年

### 1月 16日

**レンジャーのころ**

　今でこそ、「かぐや」や「嫦娥」が月へ向かって旅立っても、(中国の大げさな「わが国の勝利」という大騒ぎは別として)まあ「ひと安心」というくらいのものですが、1958年8月17日のパイオニア打上げから始まった月への初期の挑戦は、以下に見るように、とんでもなく多難な道となりました。

| 月探査機 | 国 | 打上げ日 | ミッション状況 |
|---|---|---|---|
| パイオニア0 | 米 | 58.08.17 | ロケット1段目が爆発 |
| パイオニア1 | 米 | 58.10.11 | 11万kmまで上昇の後、南太平洋上空に突入・消滅 |
| パイオニア2 | 米 | 58.11.08 | 3段目が故障、中央アフリカ上空に突入・消滅 |
| パイオニア3 | 米 | 58.12.06 | 中央アフリカ上空に突入・消滅 |
| ルナ1 | ソ | 59.01.02 | 月から5000kmを通過後、人類初の人工惑星 |
| パイオニア4 | 米 | 59.03.03 | 月から6万km以内を通過後、米国初の人工惑星 |
| ルナ2 | ソ | 59.09.12 | 「晴れの海」に命中。地球以外の天体に初めて到達 |
| ルナ3 | ソ | 59.10.04 | 史上初めて月の裏側を撮影。裏側の70%を撮影 |
| アトラス・エイブル 4 | 米 | 59.11.26 | ロケット1段目破壊 |
| アトラス・エイブル 5A | 米 | 60.09.25 | ロケット2段目破壊 |
| アトラス・エイブル 5B | 米 | 60.12.15 | ロケット1段目爆発 |
| レンジャー1 | 米 | 61.08.23 | 上段ロケットの再点火失敗、地球脱出できず |
| レンジャー2 | 米 | 61.11.18 | 上段ロケットの再点火失敗、地球脱出できず |
| レンジャー3 | 米 | 62.01.26 | 月から3万8000 kmそれて失敗 |
| レンジャー4 | 米 | 62.04.23 | 軌道修正に失敗、月の裏側に激突 |
| レンジャー5 | 米 | 62.10.18 | 月から725 kmそれて失敗 |
| ルナ | ソ | 63.01.04 | 地球脱出できず |
| ルナ | ソ | 63.02.03 | 地球周回できず |
| ルナ4 | ソ | 63.04.02 | 軟着陸を狙い、月から8500 kmそれて失敗 |
| レンジャー6 | 米 | 64.01.30 | 「静かの海」に衝突、写真撮影は失敗 |
| ルナ | ソ | 64.04.20 | 地球周回できず |
| レンジャー7 | 米 | 64.07.28 | 「雲の海」に衝突、降下しながら4316枚の写真撮影 |

こんなにくどくどと並べ立てたのは、この表を見ているだけで、私はいつも溜息が出るからです。こんなに打った月ミッションの中で、レンジャー7号以前の21機のうち、わずかに部分的成功と言えるものは、（人類初のことをやったという意味で）ソ連のルナ1，2，3号のみという凄まじさを感じてもらいたかったからです。ソ連は7機のうち4機が失敗、アメリカに至っては14機が連続して失敗という凄さです。

　因みに、レンジャー7号（を含め）以後の月ミッションにおいては、贔屓目（ひいきめ）に見て83機打ち上げて22機の失敗という数字になります。レンジャー7号が1964年の7月末に月面衝突の寸前に撮影して地球に送ってきた4000枚以上の写真は感動的でした。搭載したカメラは2種類ありました。一つは広角（口径25ミリ、視野25度）、もう一つは狭角（口径75ミリ、視野8度）でした。撮影時のレンジャー7号は秒速1.7 kmくらいなので、写真のぶれを抑えるために露出は200分の1秒から500分の1秒に設定されました。

レンジャー7号

　まだ大学生だった私は、このレンジャー7号が月面から750 kmの上空から撮った「雲の海」の北部を興奮しながら眺めたものでした。ほぼ関東地方の大きさをカバーするその写真の右上にゲーリッケ・クレーターが見えており、黒っぽい「海」と白っぽい「陸」の対照が鮮やかでした。ゲーリッケ・クレーターの外輪は北から東にかけて崩され、雲の海を覆う物質に押し流されているようです。ゲーリッケ・クレーターの西側は白っぽい物質が隆起しているのが見えており、小さいクレーターがいっぱいあります。またゲーリッケ・クレーターの左下には、可愛らしい別のクレーターがありますが、その左の外輪も左から海の物質が流れ込んでいるように見えます。このわずか1枚の月の写真には、「海」と「陸」と「クレーター」という3つの異なった世代の地形が、まるで地学のテスト問題のように納まっており、この地域の地形がどういう順序でできてきたかということが十分に推定できるほどはっきりと写されていました。

レンジャー7号が送ってきた「雲の海」北部

　「かぐや」の見事な撮像を見ていると、かつて私がJPL

# 2008年

（ジェット推進研究所）で耳にした、あのレンジャーのころの少ないデータで頭脳を懸命に働かせていたアメリカの科学者たちの苦労話を思い出します。「かぐや」チームも、データの質の高さをしのぐレベルで、頭脳をいっぱいに使って、月の科学に挑んでほしいと期待しています。

## 1月 23日

### 私が書いた本

　私が書いた本は30冊に達しました。共著も含めるともっとあります。全リストがWikipediaの「的川泰宣」に丁寧にまとめられています。どなたか知りませんが、有難うございます。

　一番新しいのが『宇宙と太陽系の不思議を楽しむ本』（PHP）です。これはなぜかすでに第5刷が出ており、私の本としては、『ハレー彗星の科学』（新潮社）、『宇宙は謎がいっぱい』（PHP）、『宇宙なぜなぜ質問箱』（大蔵省印刷局→朝陽会）に次いでよく売れている本だと思います。本を書く以上は、できるだけたくさんの人に読んでほしいと思うのが人情というものですが、売れるか売れないかは、著者には全く予測がつかないというのが正直なところです。ただし、『宇宙と太陽系の不思議を楽しむ本』は、PHPが、コンビニに出すという画期的な

『宇宙と太陽系の不思議を楽しむ本』　『ハレー彗星の科学』 　『宇宙は謎がいっぱい』

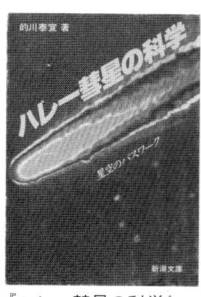

方針をとることが予めわかっていたので、かなり伸びるだろうとは予測していました。

どの本にもそれぞれに言い知れぬ苦労がありますが、書くのに最も骨が折れたのは『月をめざした二人の科学者』（中公新書）ですね。冷戦体制を背景に宇宙の舞台でセルゲーイ・コロリョフ（ソ）とヴェルナー・フォン・ブラウン（独→米）の二人がしのぎを削った陰陽の闘いをまっすぐに見つめてみたいと思って書いた作品です。まあ調べることが多くて閉口気味でしたが、出来栄えはまあまあだと本気で信じています。同じ系統の本に『ロシアの宇宙開発の歴史——栄光と変貌』（東洋書店）もあります。

『宇宙へのはるかな旅』（大月書店）、『ロケットの昨日・今日・明日』（裳華房）、『逆転の翼——ペンシル・ロケット物語』（日刊工業新聞社）、『宇宙に取り憑かれた男たち』（講談社＋α新書）は、国際的には日本で最初の Space Historian という異名を持つ私の独自性ある著書だと自負しています。それは『宇宙にいちばん近い町——内之浦のロケット発射場』（春苑堂出版）にも引き継がれています。これはもったいなくも恩師の糸川英夫先生から「日本のすべての人に読んでほしい名著」と有難いお墨付きをいただいた作品です。春苑堂は鹿児島のローカルな本屋さんなので、糸川先生は秋葉鐐二郎先生に「全国で売れるように手配しなさい」と指示をされたのですが、秋葉先生は「オレは一体何をすればいいんだ」と頭を抱えたというイワクつきのものです。

宇宙教育に従事し始めてから書いた『飛び出せ宇宙へ』（岩波ジュニア新書）、『宇宙からの伝言——いのちを大切にすること』（数研出版）は、ほぼ現在の私から子どもたちへのメッセージです。宇宙教育の概念は、実践を積み重ねて進化しつつあるので、いずれもっとしっかりしたものを書こうと準備を進めています。前者は「サンケイ児童出版文化賞」をいただいた思い出の作品でもあります。

伝記物では、『星の王子さま宇宙を行く——小田稔の半生』（同文書院）と『やんちゃな独創——私の糸川英

『月をめざした二人の科学者』

『宇宙からの伝言』

# 2008年

夫伝』が双璧でしょうか。言わずと知れたX線天文学と日本の宇宙開発の草分けとなった二人の偉大な先輩を綴ったものです。

異色と言えば『軟式テニス上達の科学』でしょうか。かつてソフトテニスの学生チャンピオンとして鳴らした石橋弘さんとの共著です。かつてテニスのプロに転向しようかと考えたことのある私が、日本でおそらく初めて高速度カメラを駆使して当時のソフトテニスの全日本チャンピオン5人の連続写真を活写しつつ書いたユニークな本です。

1999年に始めてせっせと書き続けたこのYMコラムを、中途でまとめた『轟きは夢をのせて』（共立出版）は、こんなに厚い本がよくも、というほど読まれているようで、嬉しい限りです。帯にある中山エミリちゃんの可愛い写真と推薦文が効いているのかも。

よくもいろいろと書きなぐったものですが、もう実質的に絶版になったものも、アマゾンを通じてすぐ手に入るものも多いので、ぜひアクセスを。お気に召したものが一冊でもあれば、私には望外の喜びです。

『轟きは夢をのせて』

メッセンジャー

メッセンジャーの打上げ

## 2月 6日

### 水星を接近観測

2004年8月にケネディ宇宙センターを後にしたNASAの水星探査機メッセンジャーは、これまでの80億kmの旅の途上で、地球で1回、金星で2回のスウィングバイを行い、このたび水星に第1回の接近を果たしました。水星に初めて近づいたのは、1973年に打ち上げられたNASAの探査機マリナー10号です。マリナー10号は、金星を接近観測した後に、1974年3月から翌年3月にかけて3回にわたって水星に近づき、4000枚を越える水星の画像を送ってくれました。

マリナー10号以来30年以上を経て水星に向かったメッセンジャーは、去る1月14日に水星に接近し、これまで私たちが見たことのないクレーターの画像を送っ

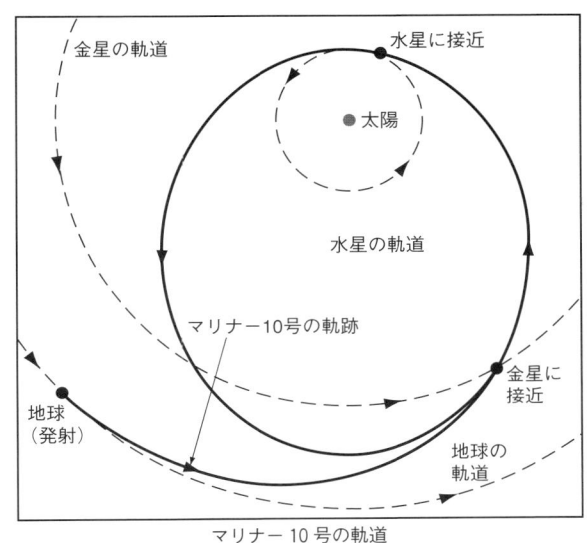

金星の軌道／水星に接近／太陽／水星の軌道／マリナー10号の軌跡／金星に接近／地球（発射）／地球の軌道

マリナー10号の軌道

マリナー10号が送ってきた水星表面の画像

てくれています。非公式に「スパイダー」と呼ばれています。大きな衝突クレーターを中心に、放射状に50本以上にも及ぶクラックが伸びている「スパイダー」は、これまで太陽系の中で見たことのない地形のようです。

またメッセンジャーは、これまでの常識を覆して、水星が地球のような両極を舞台とする大きな磁石になっていることを見つけています。地球の強い磁場は、地球深部の溶けた金属の運動によって引き起こされていると考えられていますが、おそらく内部が溶けていないと思われてきた水星の磁場の存在は、新たな問題を提示したという点で、貴重な発見と言えるでしょう。

このあとメッセンジャーは、今年10月には二度目の水星接近、来年9月に三度目の水星接近を果たした後、2011年に、人類史上初の水星周回衛星になる予定です。なお2013年には、ヨーロッパと日本の共同である「ベピ・コロンボ」水星探査機が地球を旅立って水星に向かいます。

水星の表面（メッセンジャー）

ベピ・コロンボ

# 2008年

## 2月 14日

### 寒い沖縄にて

　一昨日から沖縄に来ています。那覇空港で機外へ出た途端にひんやりとした空気の只中にひたりました。今年一番の冷え込みだそうです。あーあ、これでは折角スーツケースに入れてきた「かりゆし」は着る機会はなさそうです。ホテルに着いたのが夜の11時半ごろでしたから、近くの寿司屋さんに行きましたが、何だか寒さの話題で持ちきりでした。

　昨日は、午前中は県知事さんと県の教育長さんにお会いして、国際会議の開催や今後の宇宙教育の展開などについてお願いをしました。米兵が14歳の女の子に暴行したという事件の関係で、お二人とも大変バタバタされているときの訪問だったので、非常に申し訳ない時間帯になってしまいました。一人の女の子の一生を力ずくで踏みにじる行為は決して許されるものではありません。

　海兵隊も堕ちたものです。地位協定というそもそもの問題もあるわけですが、こうした頻発する事件を見るにつけても、犯罪を個人の性格に帰さないで、しっかりとした人間教育に努めてほしいものです。

　昨日の夜は、うるま市の宇宙教育の同志たちと懇談しました。これから輪を大いに広げていこうという意思が感じられ、頼もしい限り。期待が高まりました。大切な人たちです。現在はもう木曜日になってしまいましたが、ここの具志川小学校で二度の講演をします。こちらの宇宙教育をリードしておられる喜友名（きゆな）さんと相談して決めたのは、3～6年生向け（体育館）の講演タイトルが「宇宙から見た私たちのいのち——いのちを大切にするということ」、4年生向け（理科室）のものが「人類は宇宙を夢見て月をめざした——挑戦する精神」です。

　「はやぶさ」や「かぐや」や天文衛星の画像も、テーマとのつながりをはっきりさせながら見てもらおうと思っています。さっきパワーポイントの準備を一応終え

たばかりで、このコラムを書いています。遅くなって済みませんでした。今、午前2時です。そろそろ寝ます。明日は生まれ故郷の広島・呉、さらに愛知・武豊に移動、次いで名古屋へ。東京に帰るのは月曜日だったかなあ。アンチョコを見ないとわからないその日暮らしですね。

## 2月 20日

### 久しぶりの我が家

　やっと帰ってきました。毎朝各地のホテルの食堂で爪楊枝を咥えながら、「木枯らし紋次郎みたいだなあ」と呟きながらの旅路でした。しかし、沖縄では国際学会について県知事との話し合い、沖縄に宇宙教育を展開していく心強い同志たちとの交流、沖縄の子どもたちの明るく元気な表情、故郷・呉市での宇宙教育リーダーたちの未来を見つめる決意、武豊での糸川英夫先生ゆかりの人たちとの邂逅、武豊の子どもたちとの触れ合い、名古屋での宇宙教育の種まき——どれをとっても私を元気にしてくれるものでした。やっつけ仕事でない、これからを見つめての行動には、疲れを感じることはありませんね。明日からはまた3泊4日の鹿児島行きです。たまった仕事を、今日いっぱいと明日の午後までで片付けるために、これから頑張ります。

呉のリーダーズセミナー

　H-2Aの打上げが延期になりました。2段目制御燃料の供給系にまつわる不具合ですが、打上げ前に判明してよかったと思うことにします。GX（ギャラクシー・エクスプレス）にまつわる情報が押し寄せてきています。この件は私はど真ん中にいるわけではありませんが、もっと早くこうした動きがあれば、と思うこと一入（ひとしお）です。最近は、いろいろなことへの対応がいつも一歩ずつ遅れていく、というのが日本全体の特徴ですね。未来に対して受け身で対処しているせいでしょう。少しずつ遅すぎるのです。ただ遅ればせながら対応しているのは、未来に対してポジティヴな一群の人々もいて、舵取りの力が少しずつ足りないということなのでしょう。

# 2008年

今日はいい天気です。ウジウジしないで元気に出かけます。

## 2月 27日

### あれから鹿児島・広島・苫小牧

　沖縄・呉・武豊・名古屋を経て帰京した後は、鹿児島・広島と訪ね、一呼吸おいて苫小牧へ行き、昨夜帰ってきました。鹿児島は国分（霧島市）の第一工業大学における「宇宙教育リーダーズセミナー」。参加者は、これまで各地の数十人という規模を一挙に越えて実に170人。熱気あふれるセミナーとなりました。

　子どもたちのために、宇宙を軸にした活動をしたいと希望する人が続々と合流してきています。セミナーもそれに伴って長足の進化をとげていかなければならないと、大いに実感し議論しました。

　広島はコズミックカレッジのファンダメンタル・コース。「三つの月、三つの地球」と題するレクチャーをやりました。広島こども科学館で開催したのですが、ちょうど宮沢賢治の弟さんのお孫さんが、私と入れ違いに広島を発たれたそうで、いま一歩でお会いできなくて残念でした。子どもたちの「乗り」はよかったですね。

　苫小牧では、「洞爺湖サミット」のプレイベントとして5月に企画している当市における「子ども宇宙サミット」の記者会見をやりました。苫小牧市長の岩倉博文さん（実行委員長）もやる気十分です。

　3年前に発足した宇宙教育センターが高く掲げた「いのちの大切さを基盤とし、宇宙の多面性と子どもたちの多彩な好奇心の共振を活用する」宇宙教育は、各地で同志が着実に増えている実感があります。まだまだ大きな流れに合流してはいませんが、日本宇宙少年団もエンジンがかかり始めているし、これから立ち上げるNPO「子ども・宇宙・未来の会（KU-MA：クーマ）」の頑張りが、大きな決め手になってくれれば。

　KU-MAの縦覧も始まりました。

鹿児島の第一工業大学での
リーダーズセミナー

コズミックカレッジ広島

全国から力強い支持と支援の声も寄せられています。6月ごろには公式に設立宣言ができそうです。もちろん日本惑星協会とは縁戚関係にあります。さあ、私としては人生のラストスパートです。明るく未来を見つめて生きていきたいと考えています。一緒に地道にこれからの日本と世界をよくしていきませんか。これから詳しく披露していきますので、よろしくお願いします。

## 3月 5日

### KU-MAに多くの助言

　いよいよKU-MA（Kodomo, Uchu, Mirai Association：子ども・宇宙・未来の会）のNPO申請が2月半ばから縦覧期間に入りました。何もクレームがなければ、6月半ばに設立という運びになります。私の人生の（おそらくは）ラストスパートが始まるわけです。今日は親しい友人たちを招いてKU-MAの概要を話して、いろいろな助言をもらいました。

　KU-MAが掲げようとしているビジョンは、

　……宇宙を視座に、大人が変わる、子どもが輝く。美しい星が生まれる。……

です。

　そのビジョンを達成するためのKU-MAのミッションは、

1．宇宙教育
2．連携
3．リーダー育成
4．拠点作り
5．世界の子どもたちへ

です。

　一方、KU-MAに入会してくれる人々にとってのKU-MAの魅力は、

1．真実：「KU-MA宇宙新聞」を通じて、宇宙につ

KU-MAをめざして

# 2008年

いて新しい魅力を発見する。
2．共感：宇宙教育の実践を通じて宇宙の魅力を子どもたちと共有する喜びを得る。
3．協働：リーダー育成で宇宙の魅力を共有する人々の輪への確かな想いを育てる。
4．成長：連携と拠点作りにより自己実現と人生を輝かせる契機を獲得する。
5．未来：世界への発信を行い明るい平和な社会を創造する確信を持つ。

　KU–MA を支える組織として、「子どもと宇宙と未来のための千人委員会」と魅力的な活動プログラム・教材の開発・研究を行う「宇宙教育アカデミー」を立ち上げます。こんな骨格だけはどうやら出来上がりつつあります。これから 6 月ごろまでの必死の努力をどうかご覧あれ。以下に、簡便なリーフレット案に書き込まれている私のメッセージを書いておきます：

### 日本と世界の未来のために

　私の自宅の机の前の壁に、3 枚の写真が貼ってあります。一番上は、地上 400 km の上空から宇宙飛行士が見た、青く美しく輝く地球。真中は、38 万 km の彼方からアポロの飛行士が撮った、月面の上に浮かぶ地球。一番下は、はるか海王星の向こうからボイジャーがとらえた地球。孤独にしかしわずかに青い光芒を放っています。

　いのち——もう 10 年以上もこの 3 枚の写真を並べて眺め続けてきた私の胸をコツコツと叩く言葉です。どの写真を見ても、この星に生きるさまざまな「いのち」へのいとおしさがこみ上げます。

　数年前、北海道のある街で、中学生たちにこの三つの地球から連想する言葉を書かせたら、72% の子どもたちが「いのち」と書きました。50 歳以上の隔たりを越えて私と子どもたちの心は共鳴したのです。その夜旅先のホテルで、私は KU–MA の設立を決意しました。

　子どもたちは生身の自然や生き物が大好きです。特に宇宙についての話は、彼らの好奇心や想像力をかきたて、宇宙への人類の挑戦の歴史が彼らの冒険心を刺激します。

一方、新聞を開けば、青少年に関係した悲惨な事件が頻繁に報じられています。あらゆる国で「いのちの尊厳」が重大な脅威にさらされ、子どもたちの「知識離れ」「社会離れ」の声が聞こえます。そんな状況に一石を投じるカギが、彼らの心に潜む自然や生命や宇宙への素朴な愛情であることに、私は「三つの地球」の一件で確信を持ったのでした。

　20世紀、人類は、宇宙が100億年以上も前に誕生したことをつきとめ、やがて銀河や星が誕生し、そして気の遠くなるような過程を経て私たちの「いのち」の進化の道筋を明らかにしました。身のまわりの生き物が生まれるまでに綿々と連なる「いのち」のリレーがあったという事実、その「いのち」がもともとは銀河や星のかけらだったという事実を聞かされるとき、子どもたちの心には実にさまざまな感慨が去来します。

　日本の人々は、豊かな森や川や海と生きながら、自然のあらゆるものに「いのち」を感じる感性を育んできました。地球環境がかつてない危機にある今こそ、この日本の人々の感性を世界に発信するときです。日本の子どもたちが「故郷の星」と「いのち」への限りない愛情を育み、世界の人々のために惜しみない力を発揮するための準備を開始することが、彼らの人生を輝かせ、日本と世界の豊かな未来を築く最大の保証であることを、KUMAの仲間との協働・実践を通して証明していきたいと考えます。

### 3月 12日

## 土井飛行士、「きぼう」とともに宇宙へ

　3月11日午後3時28分（JST）、土井隆雄飛行士を含む7人の飛行士と日本初の有人宇宙施設「きぼう」の船内保管室を乗せたスペースシャトル「エンデバー」が、ケネディ宇宙センターを飛び立ちました。順調に飛行を続けているとの報が入っています。この原稿を書いている現在、土井さんはシャトルの耐熱タイルの点検を行っ

打上げ前の土井飛行士

# 2008年

打上げを待つスペースシャトル「エンデバー」

初飛行のときの土井飛行士の船外活動（1997）

「きぼう」を乗せてSTS-123の打上げ

ています。「きぼう」船内保管室の国際宇宙ステーションへの取り付けは明日です。

　1997年に初の飛行を行った土井さんは、日本人初の船外活動に挑み、帰還後にいろいろな感想を述べてくれました。ヒューストンの彼の自宅で奥さんの瞳（ひとみ）さんの手料理とともに聞いたたくさんの「日本人初」の感慨は、今でも印象深く私の心に残っています。とりわけシャトルのペイロードベイで相棒のスコット飛行士の向こうに限りなく深い青をたたえて広がる地球の壮大さは、聞いていても胸の震えるような感じを持ちました。

　日本という国が土井隆雄という一人の男に「縁あって」与えてくれた貴重な時間を、精一杯楽しんできてほしいと思います。余興ですが、土井さんはブーメラン世界チャンピオンの栂井靖弘（とがいやすひろ）さん直伝の紙のブーメランを飛ばす予定になっています。

　JAXA丸の内の事務所にいたころ、栂井さんがブラリと訪ねてきたのは、2年ぐらい前のことでしたか。ブーメラン談議の後で、宇宙でブーメランを飛ばしたらどうなるかという話になり、それからしばらくして栂井さんを土井さんに紹介したのがきっかけで、今回の「ブーメラン搭乗」となったわけです。みなさん、無重力でブーメランはどう飛ぶか、想像してみてください。

　「きぼう」の意義という話題は、可愛い後輩の宇宙飛行という事実だけで嬉しい気持ちになっている私にとっては、ちょっとだけ別に論じるテーマです。

## 3月 19日

### 「はやぶさ」近況

　あの「はやぶさ」は一体いま何をしているのだろう？と関心を持っているみなさんもおられるでしょう。「はやぶさ」は、昨年10月からスピンで姿勢の安定を保っています。イオンエンジンも止め、単に太陽の重力のみの支配下で弾道飛行を続けているのです。そして2月28日に3回目の遠日点（太陽距離1.63天文単位）を無

事通過しました。「遠日点」とは、太陽の重力の影響を受けて楕円軌道を描いている天体が太陽から最も離れている場所です。反対に太陽に最も近い場所は「近日点」ですね。

　過去2回の遠日点での太陽距離は1.7天文単位でしたから、今回の遠日点はこれまでよりも太陽距離が近いのですが、この間、徐々に発生電力が低下してきています。そのため、各部の温度が下がらないように細心の注意をはかりながら、1月以来消費電力の削減を行っています。これから以降しばらくの間は発生電力が改善されますが、地球からの距離は急激に伸びていき、5月末には最遠の2.5天文単位に達します。次は、再起動したイオンエンジンによる動力航行によって、もう一度、遠日点をまわり、2010年6月地球に帰るというシナリオになっています。

　なにしろ現在の「はやぶさ」は、その微妙な姿勢制御を太陽の輻射に頼っている始末です。でもチームは気を抜かないよう運用を続行していますので「はやぶさ」が無事に帰還の喝采を浴びるようご声援をお願いします。

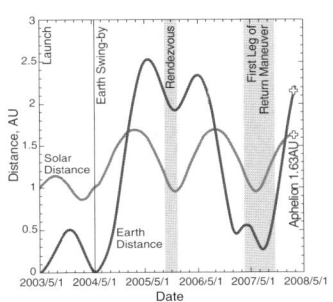

「はやぶさ」の太陽・地球からの距離の推移

## 4月 2日

### ヨーロッパの固体燃料ロケット

　世界の最高峰だった日本の固体燃料ロケットM-V（ミュー・ファイヴ）が、世界のロケット仲間の愛惜と失笑のうちに中止され、現在の日本ではまた小型のエプシロン・ロケットの開発が始まっています。遠まわりではあっても何とか頑張って、以前の「固体・日本」の輝きを取り戻してほしいものです。

　そんな折も折、世界的には固体燃料ロケットへの注目が集まり始めています。その好例にヨーロッパのVEGA（ヴェガ）ロケットがあります。1，2，3段と固体燃料を使い、4段目に液体燃料を配するVEGAは、全長が30m、直径が3mで、全備重量が137トンで、地球低軌道に2トンのペイロードを運ぶことができますから、

# 2008年

Zefiro23 の地上燃焼試験
（VEGA　2段目）

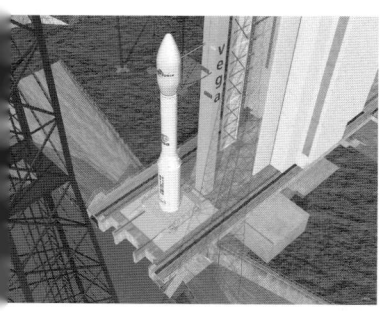

VEGA の想像図

土井隆雄飛行士のクルー

大体 M-V と同じくらいの打上げ能力ですね。

　先週の木曜日、イタリアのサルト・ディ・キラ・テストレンジで2段目モーターの地上燃焼試験に成功しました。すでに1段目の P-80 モーターの燃焼試験は、打上げ場のある南米のギアナ宇宙センターで昨年12月に成功裏に行われており、あとは3段目と4段目のテストを残すのみとなりました。Zefiro9（3段目）と AVUM（4段目）の二つの段はヨーロッパでテストされ、3段目と同様にそこから船で南米まで運ばれます。

　VEGA が打ち上げられると、ヨーロッパは、大型のアリアン5（アリアン・ファイヴ）と中型のソユーズに加えて、あらゆるサイズのロケットのリストアップを終えることになります。いろいろと難しい政治情勢はありながら、結局のところ当初の予定どおりクリーンアップを揃えそうなヨーロッパの友人たちに拍手。

　それにしても日本の宇宙開発が抱えている問題の大きさに、私は暗澹たる思いを隠せません。GX（ギャラクシー・エクスプレス）というロケットの構想が登場したときには、当事者は必ずしも M-V の前に立ちはだかろうと思っていたわけではないことは理解できます。しかし、あの構想が出されたときにすでに「これは必ず M-V と競合するぞ」と感じていた人間は、たくさんいたのだということは、人々には知っておいてほしい事柄です。

　今 GX をめぐる議論が宇宙開発委員会で白熱していますが、ここで日本人の正常な理性を示しておかなければ、ヨーロッパやアメリカの人たちからもう一度笑われる日が来ることは間違いないでしょう。問題は議論をしている人たち個人の利害ではなく、日本という国の矜持に関係しているのですね。

### 4月 9日

## 土井隆雄飛行士の帰還と韓国初の飛行士

　いささか旧聞に属するかもしれませんが、先月11日にスペースシャトル「エンデバー」でケネディ宇宙セン

ターから飛び立った、わが可愛い後輩である土井隆雄飛行士は、日本初の有人宇宙施設「きぼう」の船内保管室を無事に国際宇宙ステーション（ISS）に取り付ける仕事をやりとげ、NASAから絶賛されながら地球に帰還しましたね。振り返ってみると、すでに打上げの2時間後には、貨物室のドアが開け放たれ、日本の実験棟「きぼう」の船内保管室が宇宙空間に姿を現しました。その後、打上げ時に機体の両翼や耐熱タイルなどが損傷しなかったことを点検する作業をロボットアームと専用センサーを使って始めました。このときにロボットアームを操作したのは土井くんです。帰還に支障のある損傷はないものと判断されたようです。

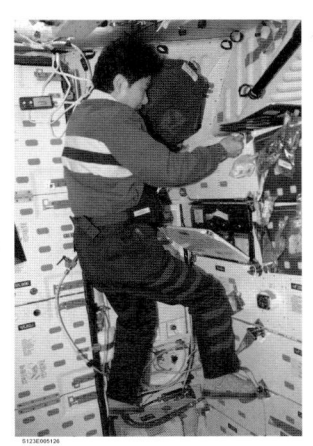

打上げから3日目に入り、ドッキングの約6時間前から軌道調整に入り、地球から高度400kmをまわるISSとの距離を縮めていって、ISS前部にドッキングすることに成功しました。ドッキングの日の「ウェイクアップ・コール」は、土井君の奥さんのひとみさんが選んだ、「ゴジラ」をテーマとした音楽でした。

飛行第1日、食事の準備をする土井飛行士

それから14日には、ISSで日本の実験棟「きぼう」の船内保管室の組立に成功しましたが、土井君はロボットアームでシャトルから船内保管室を取り出し、ISSに設置しました。かくて日本として初めての有人宇宙施設ができたわけです。この間、土井君は14日午前1時32分（日本時間同日午後3時32分）、エンデバーの貨物室に収めた船内保管室をロボットアームで取り上げ、その後、6つの関節をもつ長さ約15mのアームを操作して、同日午前4時（日本時間同日午後6時）前に国際宇宙ステーションへの接続作業を完了したのです。（拍手）

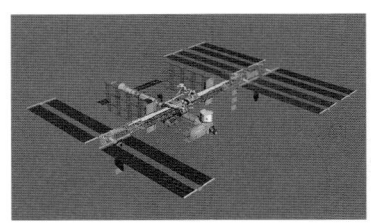

ついに取り付けられた日本の実験室「きぼう」の船外保管室 STS-123

ISSの日本実験棟「きぼう」の船内保管室に14日夜（日本時間15日午前）スペースシャトル「エンデバー」から入室した土井君は、室内で作業を始めました。そして15日午前（日本時間15日午後）、保管室内の壁に日本の国旗を貼り付けました。貼り付けた国旗の大きさは縦1m、横1.5mほど。

「きぼう」の船内保管室での機器の設定作業も順調にいきました。船外では米国の宇宙飛行士が約7時間にわ

# 2008年

日の丸を取り付けた土井飛行士

仲良しの土井ミッション

船内の土井飛行士

土井飛行士の帰還

たり活動し、大型ロボットアーム「デクスター」の組立を本格化しました。デクスターは人間の上半身のような形で、二本の腕できめ細かな作業をこなします。一時は電源が入らない問題が発生して慌てましたが、無事復旧しました。今後のISSの組立などで活躍することになりますね。

18日の自由時間には、微小重力のISS内で、狭い船内で飛ばすために工夫した紙製のブーメランを投げる実験をし、地球と同様に手元に戻ったという報告を、発案者である栂井靖弘さん（ブーメランの世界チャンピオン）に報告したそうです。これは私が栂井さんを土井飛行士に紹介したのがきっかけですから、ちゃんと忘れないでやってくれたので、ホッと胸を撫で下ろしました。会ってから詳しく聞いてみなければ何とも言えませんが、「ブーメランの飛び方は地上と変わらなかった」という結論は、私は疑問に思っています。回転半径が小さすぎたのではないか、と。

今回のフライトでは、土井飛行士は、日本女子大学の多屋淑子先生などが新しく開発した宇宙用の運動着に身を包み、エンデバーに設置した自転車型のトレーニングマシンを動かしました。その感想なども早く聞いてみたいですね。

「エンデバー」は、24日午後7時半（日本時間25日午前9時半）ごろ、国際宇宙ステーションから分離しました。この日、エンデバーの乗組員の起床時に流れた曲は、歌手の土居裕子さんが歌う「ふるさと」でした。これもひとみさんが、故郷の地球帰還を前にした飛行士たちに贈るためリクエストしたものと聞きました。これは私の大好きな曲。アジな歌を選んだなあと感心しました。そして約16日間の任務を終えた土井飛行士らを乗せた「エンデバー」は、26日午後（日本時間27日午前）、ケネディ宇宙センターに着陸しました。よかった、よかった。

なお、土井飛行士の帰還と相前後して、韓国初の宇宙飛行士がロシアの宇宙船「ソユーズTMA」でISSに向かいました。実は、韓国は昨年9月に、初の宇宙飛行士

として男性のコ・サンさんを選出したと発表し、韓国を代表する食べ物「キムチ」をISSに持ち込む予定だというので話題になっていたんですね。キムチのほかにも、コチュジャンやインスタントラーメン、ファチェ、朝鮮人参茶などの持ち込みがすでに認可されていました。

ところが、飛んだというニュースを聞いているうちに、「アレ、女性だな？」と不審に思い、注意していると、第一候補のコ・サンさんは、訓練施設から教材を持ち出すという規則違反を犯したために、ロシア側が韓国側に飛行士の交代を要求したそうです。そこで2番手のイ・ソヨンさん（女性）が急遽飛ぶことになったという次第。何が起こるかわかりませんね。

イ・ソヨンさんを含む3人の飛行士を乗せたソユーズは、4月8日夜、カザフスタンのバイコヌール宇宙基地から打ち上げられました。イ・ソヨンさんは、国際宇宙ステーションに滞在した後、19日に帰還することになっています。秋山豊寛さんが1990年に「ソユーズ」で日本人初飛行をしたときのことを懐かしく思い出しています。あのときもそういえば2番手に女性の菊地涼子さんが控えていたなあ……。

帰還して

管制を担当したヒューストンのスタッフ

## 4月 16日

### あと2ヵ月、「子ども・宇宙・未来の会」が発進します

急ぎのニュース――本日4月16日（水）、午後2時5分、NHK総合で宇宙教育に関連した放送（6分くらい）があります。ぜひご覧ください。

さて、NPO「子ども・宇宙・未来の会」(略称KU-MA：Kodomo, Uchu, Mirai Association）の設立も、あと2ヵ月となりました。事務所が淵野辺の駅前にあるので、神奈川県の認可になります。既報のとおり申請を終え、縦覧期間もまさに何事もなく過ぎようとしているので、あと2ヵ月足らずで認可がおりるのは確実であろうと思います。KU-MA（クーマと呼んでください）は、「いの

帰還したイ・ソヨン飛行士（最上段）

# 2008年

ちの大切さ」を基軸に据えて、宇宙の魅力を入口にし、日本中いや世界中の子どもたちが好奇心・冒険心・匠の心を満々とたたえて元気いっぱいに大人になっていくことをめざします。子どもをターゲットにした大人の組織です。すでに設立前から加入の名乗りを挙げる人たちが続々と続いています。心強いことです。

　KU-MAの会員は、上記の理念を共有しながら、お上の力に頼らず、自らの力で大きな流れを創造していこうというわけですから、一人ひとりがとても大切な活動拠点になっていくものと思われます。会員は、世界中の宇宙活動についての情報を定期的に受け取れるほか、KU-MAがJAXA宇宙教育センターやYAC（日本宇宙少年団）その他の青少年育成団体と連携して各地で開催する「宇宙教育のリーダー育成セミナー」や「宇宙講演会」「宇宙勉強会」の情報を得ることができ、有利に出席できます。もちろんKU-MA会員は、ご自分の貴重な経験や見識を大いに生かして、子どもたちへの授業や講演に講師として参加していただくことも大歓迎です。

　最も期待されるのは、KU-MAの理念に基づく各地の宇宙教育活動を組織化していただくことです。YACもその理念の重なる組織ですから、現在124あるといわれる分団のリーダーになって活躍していただいたり、ご自分の周囲に新しい分団を結成されるのもいいですね。ただしそれに限りません。ボーイスカウトであろうが、発明クラブであろうが、青少年の育成団体の「連携」を旗印とするKU-MAの考え方を実践していく活動ならばすべて、日本の子どもたちの育成という同じベクトルでみんなが大同団結する大きな力になっていくことでしょう。

　私の友人には、すでに一線から退いて、大好きなゴルフなどの趣味に興じたり、奥さん孝行で海外旅行を楽しんだりする人が多いのですが、それもそのうち飽きてきて、何か世の中のために役に立ちたいと思い始めます。そこで何かないかと探すのですが、いったいどうすればそんなことが可能なのかわからないで、ついずるずるとした日常の続くことも少なくないようです。せっかく立

派な動機で思い立った社会貢献したいと思う心です。そのままではもったいないですし、まさに社会の損失です。思いつきや偶然ではなく、日本や世界の大きな流れをみんなで創り出す取組みに結びつけることによってこそ、より効果的な貢献ができるものと信じます。KU-MAはそのようなあなたの活動の場を、あなたの環境に応じて一緒に見つける努力をします。

　KU-MAの会員の活動をイメージすると、以下のようなカテゴリーが浮かび上がってきます。
　　（1）子どもたちへの講演や演示。
　　（2）学校・教室における教師と連携した宇宙教育活動。
　　（3）KU-MAが計画し実践するさまざまな事業への援助。
　　（4）KU-MAが連携する青少年育成組織への援助。
　　（5）子どもたちが共同して夢を育む組織の結成と運営。
　　（6）宇宙と宇宙活動の成果を軸とするKU-MAの教材作りへの参加。
　　（7）日本の宇宙活動への提言づくりへの参加。
　　（8）その他、活動の展開に伴って生起してくる活動。

「子どもたちの心に火をつける」ことをめざすKU-MAは、その「火」を灯すための燃料は子どもたち自身の心の中にあると信じています。外から持ち込まれるものではないということです。KU-MAがその燃料を発火点に高めていくために一肌脱ごうというわけです。「宇宙」も外から持ち込む材料であってはならないのでしょうね。前にも述べましたが、KU-MAは、宇宙を愛しKU-MAへの助言・提言を行う「千人委員会」を結成する準備を進めています。そのうちリストアップされてくる人たちの中には、みなさんが驚くような人たちがいっぱいいますよ。

　「千人委員会」とは別に考えていることがあります。萩の町では吉田松陰という人が大変尊敬されています。鹿児島では西郷さん、小牧では織田信長など、その地そ

# 2008年

熱気あふれる宇宙科学講演と映画の会

別室に押し出された人も

次期固体ロケット「エプシロン」想像図

山岸大高くんも来てくれました

　の地に応じて「郷土の大切な人」がいるはずです。人だけではありません。呉では「戦艦大和」なども、町の誇りとして大切にされている宝物ですね。そうした、その町に根づいた人物像や歴史上の遺産は、それがその地域の「宝」だけに、しっかりと研究すれば必ず子どもたちの心の育成に大きな役割を果たせる素材になります。もしそれらを（多少強引でも）宇宙に結びつけることができれば、宇宙教育の導入としては申し分のないものに仕上がっていくでしょう。「宇宙」の素材が、偶然外から運び込まれたものでない、その地域の人たちの心から発する自然で内発的なものになるよう、最大限の努力をすべきものと思い、現在知恵をしぼりつつあるところです。

　何だか窮屈になっていく一方のような日本と世界でこれから生きていかなければならない子どもたちは大変です。その未来をたくましく変革しながら生きていく子どもたちに変貌させるために、みなさんの大いなるパワーをお貸しください。あと2ヵ月で発進する KU-MA に、みなさんの参加を期待しています。もうじき要綱をお届けします。

　4月12日には、新宿の明治安田生命ホールで恒例の「宇宙科学講演と映画の会」が開催されました。昨年と一昨年は「はやぶさ」効果。今年は「かぐや」効果が出るかなと思っていたら、まさにそのとおりになりました。会場は人が溢れ、補助椅子も何のその、それ以上の人は別室のモニターテレビで参加していくという次第になりました。素晴らしい熱気の中で、ハイビジョンの「地球の出」や「地球の入り」をはじめとする「かぐや」の成果が、科学主任の加藤学さんによって生々しく報告されました。また M-V 中止の後を受けて開発中の次期固体燃料ロケット「E（エプシロン）」の構想、状況について、開発主任の森田泰宏さんが報告。いずれも大きな関心を呼んだ講演でした。映画は、芸術と科学の結合ともいうべき「はやぶさ——祈り」。講演後の質疑応答も活発でした。

　それと、もう一つ嬉しかったのは、私の宇宙教育への

満地球の出（かぐや）

ステップに大きな動機を与えてくれた山岸大高くんに久し振りで会えたことです。お母さんと一緒に来てくれた彼は、やはり随分と大きくたくましくなっており、元気そうで何よりです。平林さんを含め、語り合いました。

それから美しいニュース。「かぐや」が「満月の出」ならぬ「満地球の出」を撮影しました。とにかくお楽しみください。

## 4月 23日

### 友人の死、そして奥州市宇宙遊学館の設立

去る4月15日（火）、20年来の友人だったJAXAの柴藤羊二さんが亡くなりました。何年か前に食道ガンでピンチな時がありましたが、何とか乗り越えたようだったので安心していたのですが、転移していたのでしょう。今回は肺ガンだったと聞きました。

彼はNASDAの出身です。そのNASDAがむかしTT-500というロケットの事故を起こし、その事故調査委員会に出席したところ、えらく元気に事故の経過を説明している若者がいました。目がランランと輝いていたことを、昨日のことのように思い出します。それが柴藤さんだったのです。そこからわれわれの付き合いは始まりました。

専門は違いましたが、未来に向けて夢を追っていこう

# 2008年

奥州市宇宙遊学館設立記念式典のテープカット

＊：1902年、木村栄は、当時XとYの二つの項で計算されていた緯度変化を表す極運動計算式に、第三項としてZ項という定数項を加えるべきことを発見し発表した。その原因は長らく不明だったが、地球内部に流体核が存在し、月などの引力を受けて地表部の固体層と異なる動きをするためであることを、1970年代に同じ「緯度観」の若生康二郎が突き止めた。

アテルイや坂上田村麻呂の事績を展示する埋蔵文化財調査センター

胆沢城100分の1モデル

とする姿勢を共有していたと信じています。手続きよりは中身を何よりも重視しようとする彼の強い信念は、本来宇宙の仕事がもつべき姿を表現していました。私より（1歳だけですが）若い人が逝ったことは、私にこれから生きていく道を急ぐように指示されているような気がします。心からご冥福をお祈りします。

ところで、岩手県奥州市に「宇宙遊学館」という科学館が設立され、その設立記念式が去る4月20日（日）にその敷地である水沢の国立天文台（旧緯度観測所）で開催されました。木村栄（ひさし）さんのZ項＊で有名な「緯度観」ですね。なかなか盛大な式典でした。パーティの挨拶でも触れたのですが、最初だけ旺んということにならないよう丁重な予算措置をしてほしいものです。

宇宙遊学館の運営は、指定管理者制度によって、やはり設立されたばかりのNPO「イーハトーブ宇宙実践センター」が引き受けたそうです。ここ水沢には、日本宇宙少年団の活発な分団もあります。天文台と遊学館ががっちりと手を結んで、この街を宇宙教育の拠点としてしっかりと育てていただくよう健闘を祈りつつ、「アテルイ」（蝦夷の長）の里を後にしました。帰りに立ち寄った埋蔵文化財調査センターでは、しおがまの宇宙学校の帰りに見た多賀城の遺跡と重なって、非常に印象深いものをいっぱい楽しみました。

## 5月 7日

### KU-MAの設立はすぐそこ

いよいよNPO「子ども・宇宙・未来の会」（KU-MA：クーマ）の設立が目の前に来ました。どんなNPOもそうであるように、財政的には非常に厳しい旅立ちになりますが、心は明るい未来を展望する澄み切った状態にあります。日本全国の津々浦々に、日本と世界の暗い世相を吹き払うために力を合わせる頼もしい志を共有する人々がいることは、ここ数年にわたる「宇宙教育的全国行脚」で実感しているところです。この日本に、子ども

と宇宙と未来のために、一緒に太いベクトルを描きませんか。

　会員のみなさんには、「週刊クーマ」というニュースをメールマガジンの形で毎週お届けします。その「週刊クーマ」には、

1．世界と日本の最新の宇宙ニュース
2．日本惑星協会のご了解を得て、このYMコラム
3．その週のニュースの中のハイライトの科学的で丁寧な解説

などが盛りだくさんに含まれる予定です。KU-MAは「子どもと宇宙と未来」のための会なので、これらの内容は、その三者のために最大の寄与をするためにどのようなものであるべきかを吟味して調理します。決してどこかの料亭のような使いまわしはしません*。いつも新鮮で薫り高い内容でありたいものです。

　会員が少ないうちは、あまり大層な動きはできないでしょうが、それでもいろいろとアイディアが出てきています。たとえば、みなさんはWikipediaをご存知でしょう。設立するKU-MAでは、会員のみなさんの協力によって「宇宙あるいは宇宙教育のencyclopedia」を作り上げようと考えています。一人ひとりの会員の知見や経験を活かして、日本と世界の人々への多彩なメッセージを編んでみたいのです。山あり谷ありの人生でなければ獲得できなかったさまざまな教訓を、すべての少年少女や大人たちのために編集することにより、重要な社会貢献ができると信じています。

　もちろん、すでに力強く進められているJAXA宇宙教育センターや日本宇宙少年団の活動と支え合う態勢になるよう努力します。学校現場との協働や地方自治体との連携は大いに実践していきます。その一つひとつに、会員のみなさんの足跡が色濃く残されていくといいですね。特に、家庭の中で子どもを中心としてお父さんやお母さんが協力して事をなしとげていく習慣を作りたいものだと考えています。宇宙や自然や生き物が大好きな子どもたちの素朴な心を出発点として、科学と芸術の心を育み

＊：大阪市の料亭、船場吉兆は、2007年10月以来、牛肉の産地偽装や消費期限切れの菓子の販売等の食品偽装表示が次々と明らかになり、最後は食べ残しの使い回しが命取りになって2008年5月28日に廃業を発表。

# 2008年

ながら、未来に向かって力強くはばたく子どもたちを輩出する生き生きとした舞台を、KU-MAに入って一緒に築きませんか。

　もうじきKU-MAが立ち上がります。現在そのホームページを準備すべく、スロー・スタートながら頑張っています。お楽しみに。

### 5月 14日

## 四川大地震

　死傷者も生き埋めも数万人に達していると報じられています*。大部分の家庭で一人しかいない子どもを亡くした親の悲しみはいかばかりでしょう。テレビの取材に答えて、「政府の建物は頑丈だが、学校その他の公共の建物や人々の住宅建築は手抜き工事ばかり。電気や水道などのライフラインもズタズタ。それは認可をする官僚たちの腐敗が原因だ」と、しぼり出すようにしゃべる現地の人たちの言葉が印象的です。

　各国から次々と資金・物資あるいは人的な緊急支援の申し出が続いています。しかし中国政府は物資の支援には感謝しながらも、人的な支援については、「道路の不通」を理由に当面は受入れ不可能との意向のようです。

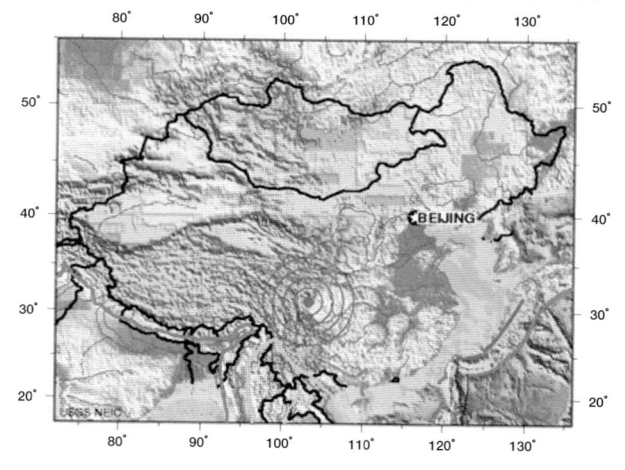

＊：2008年5月12日午後2時28分、中華人民共和国中西部に位置する四川省で発生した、M8.0、最大震度6弱相当の直下型地震。死者7万人、負傷者37万4000人、1万8000人がなお行方不明。地震により避難した人は1515万人、被災者は累計で4616万人となった。

四川大地震

342

サイクロン被害[*1]の大きいミャンマーでは軍事政権が国際社会からの支援を拒否していますが、中国では、北京オリンピックを前に「国際社会での協調」をアピールしなければならない事情があって、いつまでも拒否はできないでしょう。

　しかもまずいことに、震源地はアバチベット族の自治州であり、被災地のほとんどが3月のチベット暴動[*2]の関係で非常に政治的に敏感な地域です。外国の人々が大量に入り込むことは嫌うでしょうね。そんな中で生き埋めになった人々や子どもたちが一人また一人と今も息を引き取っていることでしょう。

　ミャンマーでも救援物資や援助資金が目に見えるほど被災した人々に届いているようには見えません。テレビでも、生後半年の赤ちゃんを抱きしめながら、「せめてこの子だけは助けて」とつぶやきながら国境を越えてタイに逃げのびたお母さんの姿がありました。私が3歳のときに、大空襲の中で私をおんぶして走り続けた母の姿とダブってきます。十万人を超えると言われている被災者を押しのけながら強行されたミャンマーの「選挙」にも、言葉で表現できない怒りを覚えます。

　日本でも世界でも、人々の苦しみ、悲しみ、痛みを自分の苦しみにして生きていく偉大な精神が政治の世界から消え去って、長い時間が経っているような気がします。社会のメカニズムがそんなタイプの指導者を拒否しているのでしょう。人々の命の尊厳をしっかりと基礎に据え、高い志と大きな心を持った子どもたちを育むために、ますます奮闘しなければ——心は結局そこに行き着きます。

　たった今飛び込んできたニュース。今年の末にスペースシャトルで打ち上げられる予定の若田光一飛行士に続いて、来年の秋以降に、野口聡一飛行士も国際宇宙ステーションに長期滞在することが決まりました。詳しい内容は追ってお知らせします。

*1：2008年5月2日夜から3日にかけてミャンマーを大型サイクロン「ナルギス」が直撃した。死者7万8000人、行方不明者5万6000人。当初海外からの援助を軍事政権が拒否し、被災者の状況がさらに悪化する中で、10日には新憲法の是非を問う国民投票が強行された。被害から2ヵ月が経つ現在も、240万人の被災者の半数が依然支援から取り残され、軍事政権による援助要員の受け入れも進展していない。

*2：2008年3月14日、中国チベット自治区の区都ラサで大規模な暴動が発生し、多数の死傷者が出た。1959年3月のチベット暴動から49年経った10日に始まった、「チベット独立」を唱える僧侶ら数百人規模のデモ隊と公安当局の衝突が次第にエスカレートし、この惨事に至った。

# 2008年

## 5月 28日

**宇宙基本法について**

　5月21日に宇宙基本法が参議院本会議で可決されました。「平和利用」を掲げてきた日本の宇宙開発にとって、大きな転換点になると、今さらながらマスコミは報じています。すでに数年前、私は、情報収集衛星が打ち上げられるころ、これをなぜ「偵察衛星」だと言わないのかと強く疑問を投げかけていました。そして私自身は何度か不愉快で危ない目に会いました。かつては警察予備隊の議論も、自衛隊をめぐる議論も、問題と真正面から接近しない戦法がとられました。「情報収集衛星は軍事衛星ではない」という理屈を引っさげて既成事実化するやり方は、まったく同じ手口でした。私は今でもあの情報収集衛星のときになぜ日本のマスコミも宇宙関係者も無抵抗だったのか、空しい気分でいます。今回の宇宙基本法は、あのときに播かれた種を法律的に育てていく第二歩なのですね。

　問題は4つあります。

　第一は「軍事」にまつわる問題。今回も、「非軍事」から「非侵略」へという「転換」は容赦なくやってきました。そしてそれを実現するために、総理大臣をトップとする内閣府に、宇宙開発戦略を策定する権限が賦与されることになります。宇宙活動に従事している多くの人々が、「軍事が強く位置づけられるのは問題だが、宇宙基本法によって、宇宙もやっと国家戦略として扱われる」という漠然とした期待を持っていることは確かです。しかし、国民に未来の確かな目標を示すことすらできていない「国」が、この基本法によって国を立て直すことは不可能です。次にやってくるのは、露骨な軍事利用とお金儲けだけを目標とした産業利用でしょう。日本の軍事化という情勢を、私たちの一人ひとりがどう考えるかという問題を抜きにして、「軍事もあるが国策になる」というどっちつかずにとどまるべきではなく、真正面から国民に挑戦しようとしない事態に、真正面から取り組む

べきだと思います。平和を希求する声を、大きな大きな流れにしていく義務が、後世の日本を今の子どもたちに託す大人たちには課せられていると思います。

　第二の問題は、宇宙活動の人類史における役割が本質的に理解されていないことです。日本の「宇宙」は、バイオ、環境、IT、ナノテクノロジーの重点課題に次いで、第二線に位置づけられています。つまり、いろいろある一つの「活動分野」という見方をしているのです。しかし、「宇宙への進出」というのは、これら「トップ4」の分野を総合して成立する立体的な構造として理解すべきものです。（もちろんそれが、ソ連との闘い、ベトナム戦争との並走などという形で進められた側面を忘れてはいけませんが）アメリカの宇宙における強さは、まさにそのような理解のもとに、多民族国家をひとまとまりにする「全国民の夢」として、掲げられてきたわけです。人は夢を必要とします。今の日本のように、政治家は国のめざす方向を示さず、国民が「日本はどういう方向に向かっているのか」を一向に共有できないとき、国全体が不安定で暗くなっていきます。現在の日本はそういう時代を迎えているのでしょうね。国民にとっては、宇宙は「未来への投資」であるべきです。国策と位置づけるなら、その動機は昔から存在していたのです。「非軍事から非侵略へ」という動機がなければ国策に位置づける動きが本格化しなかったことが問題なのだと思います。そんな位置づけだからこそ、スーパー301という窮屈な制限に対しても徹底的に闘うことをせず、「アメリカと運命共同体」という視座を優先させることになったのでしょう。あんな妥協をしていては、やがて足をすくわれることは目に見えていたのです。

　第三の問題は、宇宙の産業化にまつわる問題です。どこの国を見ても、宇宙開発は「儲かる」仕事ではありません。それは明確に「未来への投資」と位置づけなければ道を誤るものと思います。国家予算だけに期待する護送船団方式に依存していては、国際情勢が厳しければ厳しいほど、宇宙企業は健全には育っていかないし、マーケティングに基づいて利益をあげようと思えば、儲から

# 2008年

ない分野だけに産業構造にはひずみが出てくるものと思います。そうはいっても宇宙企業としては走り続ける以外に道は残されていないでしょう。今ごろ「国策」なんて言い出すのならば、せめてあの世界一と呼ばれた日本の固体燃料ロケットの粋を自分から消していくような愚は避けてほしかったですね。産業の健全な育成は願ってもないことですが、産業だけを見つめていては駄目です。日本の人々がその歴史の中で築いてきた多くのすぐれた文化遺産を総合的に育て、世界に発信する姿勢を持つことが肝要と思います。多くの人々が不安いっぱいに宇宙基本法に沿った施策を見つめています。とは言っても、国の施策に期待するだけでは何も展望が開けないと感じることは、考えてみるとさびしいことですね。その悲しい現在の日本のど真ん中にいる私たちにできることは、日本の津々浦々まで団結して、これからの日本をがっちりとした土台の上に築きあげる若い力を育むことだと思います。

　第四は、宇宙科学をめぐる問題です。日本の宇宙活動の中で、世界の最前線で互角に闘い得たのは、ひとり「科学」だけです。どうしてその科学の善戦が可能だったかという足元の分析をさぼって、十把一絡げに「偏りがある」というとらえ方をしているようでは、新たに打ち出されてくる戦略の「偏り」が、今から目に見えるようです。そのことについてはしゃべりたい多くのことがありますので、別の機会に大いにともに論じましょう。一つだけ、科学予算への跳ね返りだけを期待しながら宇宙基本法の議論に加わっていく態度は、現代に生きる科学者としては最悪です。広い視野から歴史への貢献を貫きましょう。

　これまで私たちは、「古い世代」として、「私たちの時代」を作り上げてきました。宇宙の分野でも、私たちの世代は精一杯働いて、その努力はそれなりに素晴らしい実りも生んできたと思っています。でも歴史は進んでいきます。過去は常に現在によって乗り越えられ、新しい時代がやってきます。その未来を作る仕事は、古い世代と新しい世代の協働作業が担うものですね。大きな予算

の伴う「宇宙」は、国によって「やってもらう」ものでもありますが、その内実を作り上げていくのは、ほかならぬ私たち自身の宇宙にかける志であろうと思います。

　子どもたちに目を向けましょう。NPO「子ども・宇宙・未来の会」(KU-MA：クーマ)の設立を目の前に控え、宇宙基本法の成立という事態を迎えて、猛烈なファイトが湧いてきました——宇宙を軸に子どもたちの心に火をつけよう！

## 5月 29日

### NASAの火星着陸機フェニックス到着

　去る8月に地球を旅立ったNASAの火星探査機フェニックスが、去る5月25日に火星表面に到達しました。あのビーチボールのようなクッションを使う着陸ではなくて、ヴァイキング以来32年ぶりに逆噴射を使った軟着陸を成功させたわけです。これはヴァイキング1号、2号に続いて三度目の快挙ですね。1999年にもマーズ・ポーラー・ランダーが着陸をめざしたのですが、有名な言語不一致でダメになりましたからね。火星探査機の着陸の歴史をひも解くと、これでやっと人類の火星着陸の成功確率が50%に達したことになります。いやはや火星は不思議と着陸が難しい惑星なのですね。

　すでに着陸後に太陽電池がきちんと開いたことは確認されていましたが、26日になって、火星周回中のマーズ・リコネイサンス・オービター(MRO)が、パラシュートを開いて落下中のフェニックスをカメラで捕えていたことが判明しました。フェニックスが火星の大気圏に突入してから火星表面に到達するまでの時間はわずか7分ですから、これはもう運がいいとしか言いようのないハプニングでした。その撮影の現場から私たちまでの距離は2億7500万kmですから、写真が届くのに15分もかかる勘定になります。

　フェニックスは、史上初めて火星の北極に着陸しました。北極地方の土壌の下に潜んでいると思われる分厚い

フェニックス軟着陸予想図

着陸を喜ぶ管制室

パラシュートを開いて降下するフェニックス(マーズ・リコネイサンス・オービター撮影)

347

# 2008年

（水の）氷を掘り進んで、かつて液体の水があった証拠をつかみたい、そして何とか生命の痕跡ないし生命の存在の可能性を探ろうという野心的な目的をもつ探査機です。すでに上を飛んでいるマーズ・オデッセイというオービターを介して、白黒の極地域の珍しい画像を送ってくれています。

これから少なくとも3ヵ月、フェニックスは火星の大地と闘い続けるはずです。新鮮なデータを楽しみに待つことにしましょう。

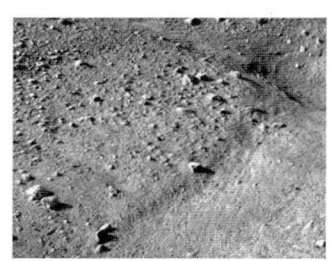

着陸直後の火星の画像

旧聞に属するかもしれませんが、日本の探査機「かぐや」の地形カメラが、アポロ15号が月面を飛び立つときに噴射ガスによって形成した「ハロー」と呼ばれる白っぽい跡を捕えました。写真で見るとちょっとわかりにくいのですが、いくつかの画像の比較から、間違いなくアポロ15号の跡と思われます。今「かぐや」は高度100 kmを飛んでおり、地形カメラの月面解像度は10 mと言われています。実はアポロの着陸船が脚をいっぱいに広げると9 mなのです。もしも「かぐや」が順調にミッションを消化し、1年後にまだ燃料が残っていたら、高度を50 kmまで下げて月面を観測することも検討していますから、そのときは「ハロー」ならぬ着陸船の姿をカメラに収める可能性もあるわけで、楽しみなことです。

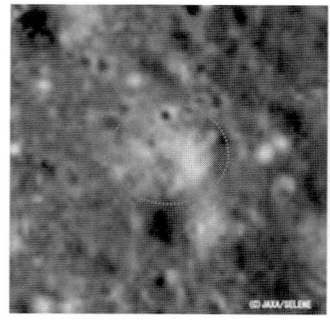

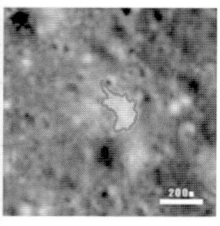

「かぐや」がとらえたアポロ15号の着陸の跡

なお、お待たせしました、KU-MA（子ども・宇宙・未来の会）が、正式に設立されます。来る6月1日です。

ホームページその他を急遽準備中であり、当初はゆったりと活動を開始しますが、そのうち怒涛のような勢いで津々浦々に活動が広がるよう、みなさんの参加が得られれば幸いです。詳しくはまたお知らせします。なにとぞよろしくお願いします。

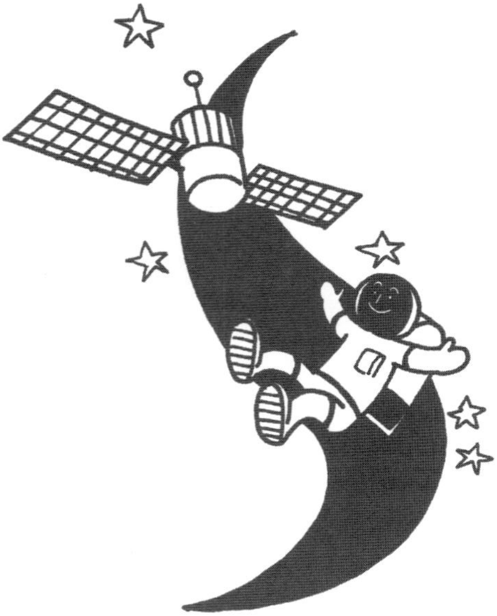

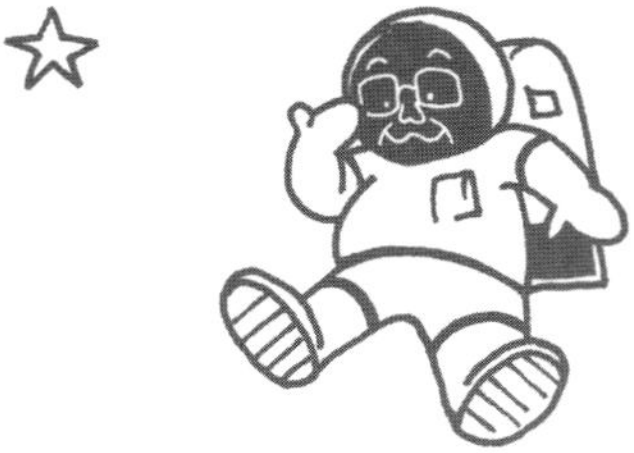

付録

人類の宇宙進出の歴史と
有人宇宙活動

# 1. ロケット技術のはじまり

　人類は「ものごころ」ついて以来、宇宙に思いを馳せていたに違いない。そのことの証拠は数々の伝説や物語に反映されている。しかしいくら行きたくても、本当に宇宙へ飛ぶ方法はわからなかった。弓矢という武器を使っている人々の中で、火薬を発明した中国の人々のなしとげた「宇宙とは無関係な工夫」が、1000年後の宇宙飛行を実質的に準備する引き金になった。

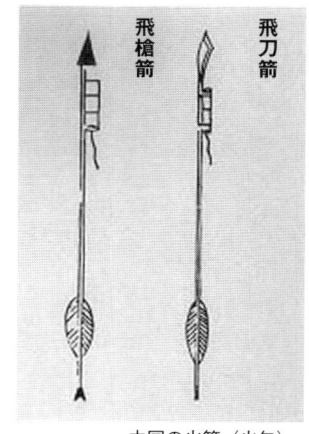

## 1.1 火箭の出現と伝播

　宇宙への乗り物となる可能性を潜在的に有するロケットは、すでに11世紀には、幼稚な形ではあるが兵器として発明されていたらしい。それは、矢につけた竹の筒に黒色火薬をつめ、導火線を出しただけの簡単なもので、当時の中国（宋）では「火箭」と呼ばれた。その矢じりに時には毒を塗り、20本から30本ずつまとめて竹製・木製の円筒につめて一斉に発射した。長さは80～90 cmほどだった。

　1126年、宋はツングース系の女真（金）の侵入を受けて首都開封を占領され（靖康の変）、杭州に都を移して南宋と称した。火箭をもってしても敵わないくらい、宋の軍隊は弱かったのである。このとき火箭の技術が金に伝わったと言われている。1232年、この金の国の首都開封をモンゴル軍が包囲した。そのときはすでにチンギス・ハーン（1162?-1227）は逝き、オゴタイ・ハーン（1186-1241）の代になっていた。

　その2年間の包囲攻撃でモンゴル軍が勝ちはしたが、金軍は、矢で射ぬけないモンゴル軍の天幕と竹網の陣地を火箭によって炎上させている。金のロケットにさんざん苦しめられたモンゴルは、金から火箭の技術を学び、その後の世界征服に大いに利用した。モンゴルの帝国はヨーロッパにまたがる大規模なものになったから、ロケット技術は、早くも13世紀の末には、ヨーロッパにまで知られるようになった。

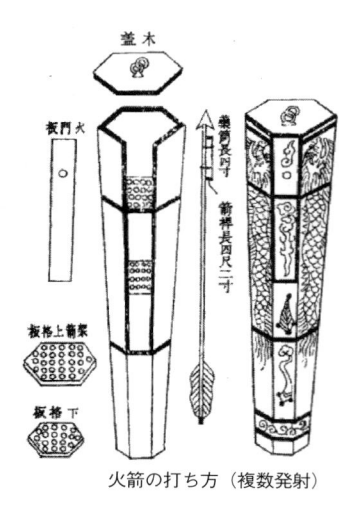

352

火箭に使われた燃料は黒色火薬と同じ硝石・硫黄・木炭の混合物であるが、その混合の比率を変え、後には通常の黒色火薬よりも燃焼速度を遅くしたものが工夫されるようになった。火箭は、初めのうちは兵器としてしか用いられなかったわけだが、それは本質的には弓矢の機能を延長したもので、速さと飛距離と飛び道具としての派手な展開性のみが生かされたものであった。

## 1.2 コングレーヴ・ロケット──兵器としての改良

火箭タイプのロケットは、15世紀以降、ヨーロッパの戦争でおもに敵艦の帆などに火をつける海戦兵器として使われた。しかしちょうどそのころ、ロケットの宿敵となる鉄砲が発明された。鉄砲もロケットと同様に火薬を使用しているが、ロケットよりはずっと手軽に扱うことができ、精度が高い。こうして16世紀以来、ロケットはヨーロッパでは兵器としては脇役にまわってしまい、数百年間にわたって技術の進歩のないまま、もっぱら花火や信号弾として用いられた。

火箭の打ち方

しかしヨーロッパでロケットが兵器としての価値を失った16世紀の半ばころから、インドが大変素朴なロケットを武器として用い始めた。それは基本的には中国の火箭を大型化したもので、ロケットとは言っても、せいぜい2m足らずの竹製の安定棒に火薬筒を縛り付けたものであった。射程も1kmはなく、主として敵の歩兵を威嚇するためのものであった。18世紀後半にインドを侵略したイギリス軍は、インド南部のセーリンガパタムの戦いにおいて、マイソール王国のハイダル・アーリー王子（1722-1782）率いるロケット軍団の反撃にあって、たいへんな辛酸をなめた。

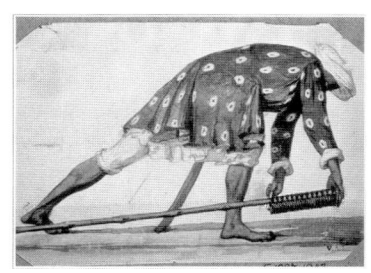

18世紀のインドの兵士とロケット

その苦い経験を聞いたイギリス軍の砲兵部隊のウィリアム・コングレーヴ（1772-1828）は、持ち帰られたインドのロケットを徹底的に研究し「ロケット中興の祖」となった。彼は、一生をロケットの改良に捧げ、火薬を入れる筒を丈夫な鉄で作り、性能のいい火薬を工夫し、円錐形のノーズコーンを作り上げ、重さ14.5kgほどの

ロケットを完成させた。後にはそれまでケースのそばについていた安定棒を中心軸に一致させた。射程も2キロから5キロ程度まで延び、実用的な兵器となったのである。

## 1.3 近代戦史の中のロケット──ロケット第二の黄金時代

コングレーヴ・ロケットが初めて実戦に登場したのは1805年である。イギリス本土進攻作戦のためナポレオン・ボナパルト（1769–1821）軍がフランスのブーローニュの港に集結していたときに、イギリス軍がロケット攻撃をかけたのである。このときは嵐のためにうまく点火できず失敗に終わったが、翌年に再度試みて大きな成果をあげた。

1807年には、イギリス海軍はコペンハーゲンとその港内のフランス艦隊に数千発のロケット攻撃をかけて壊滅的打撃を与え、また1813年にはナポレオン傘下のダンツィヒが、イギリス軍のロケット攻撃によって市の食糧庫を焼かれ降伏した。

ウィリアム・コングレーヴ

コングレーヴ・ロケット

戦いの中のコングレーヴ・ロケット

ボートから発射されるコングレーヴ・ロケット

このように、コングレーヴ・ロケットは、一つの戦いで数千から数万単位で使われるようになり、大量のロケットを効果的に運用するために、専任部隊が編成された。

　1812年の米英戦争においても、イギリス陸軍のロケット旅団が戦果をあげた。イギリスの軍艦エレバスは、ボルティモアの砦にロケット攻撃をかけた。その模様は米国の国歌の中にもうたわれている。ロケットは、ナポレオンにとって最後の戦いとなった1815年のワーテルローの戦いでも使われた。こうして1825年までには、ほぼ全ヨーロッパの各国軍が、コングレーヴ・ロケットをコピー生産してロケット旅団を編成するにいたった。ここに、ロケットは第二の黄金時代を迎えたのである。

ワーテルローのコングレーヴ・ロケット

## 1.4　ロケットのもう一つの運命

　一世を風靡したコングレーヴのロケットだったが、姿勢制御ができなかったので命中精度は低かった。特に風の強いときは自軍に舞い戻ることもあった。1847年にイギリスの発明家ウィリアム・ヘール（1797–1870）が、燃焼ガスを排気して本体に回転力を与えるスピンジェット孔を設け、また後に本体の後ろに排気ガスの方向を制御する翼を追加した。米国はこのロケットの特許を買いとって製造し、メキシコとの戦争や南北戦争に使用した。しかし19世紀になって、大砲の砲身の内側にラセン状の線条を切り、砲弾にスピンを与えることによって飛行方向を安定させる技術が現れた。ロケットの命中精度は、この改良された大砲の性能には及ばず、再び脇役の道を余儀なくされた。

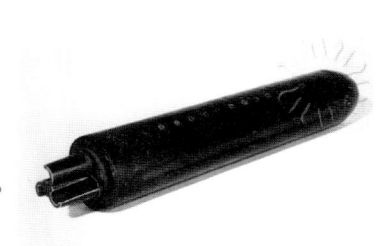

ヘール・ロケット

　19世紀中には、イギリスと北欧の沿岸で難破船の救命艇を海岸にみちびく臨時灯台として利用されるなど、ロケットの平和利用の道が開かれた。その後1880年に捕鯨用の銛を投射するロケットが開発されたり、19世紀末ごろには船舶の連絡用に広く信号ロケットが使われるなど、ロケット技術は軍事利用以外の面での方途が主体となっていったのである。

## 2. 宇宙進出の夢とロケット技術の再発見

ロケットが大砲の威力に圧倒されていたころ、ニュートン力学の圧倒的な成功を軸とする科学の進歩に促されて、空想科学小説（SF）は次第にその質を高めていった。このSFのブームが、宇宙進出の夢を実現する現実の手段としてロケットを再発見する重要な動機となった。その背景には、花火や信号弾としてではあるが、ロケット技術を細々と維持し続けた人々の寄与があったと言うことができる。

### 2.1 SFの黄金時代と科学との握手

1835年から65年までの30年間は、「SFの黄金時代」と呼ばれる。

この時代、人々はSFの中に、月旅行や他の惑星に住む「人間」を追い求めた。そして1865年、この黄金時代のフィナーレを飾るジュール・ヴェルヌ（1828-1905）の『地球から月へ』が出版された。この本を読むと、ヴェルヌが当時の科学にいかに通暁していたかが窺われる。百数十年という長い時間を超えて私たちの胸を打つ作品である。

この作品では、砲弾の形をした宇宙船「コロンビアード」が、フロリダ州から長さ270 mの大砲で打ち出される。宇宙船は、円筒の先端を円錐状にしぼったような形状で、重さ9トン。壁は厚いレザーで裏打ちされ、中央部に倉庫、いちばん後ろに座席があって、3人の飛行士が乗り組んでいる。人間が生きていけるように機密室の内部に酸素が満たしてあり、打上げ時に人が受ける衝撃を和らげようとする工夫がしてある。空気の濃いところを飛行するときに空気力学的に加熱されることにも気づいており、月に接近したときにはちゃんと逆噴射をする、などなど。

ヴェルヌはまだ宇宙飛行の手段としてロケットに注目してはいない。そして宇宙飛行をした場合に想起される

大砲による発射（ヴェルヌ）

課題の一つひとつに対する対策は、今日の目から見るともちろん不十分ではあるが、それは時代の限界であって、ヴェルヌの責任ではない。そのような宇宙旅行における問題点が 100 年以上も前に指摘されていることは、実に驚くべきことである。

　ギリシャ神話のイカロスの物語以来、2000 年以上にもわたって蓄えられてきた宇宙への憧れを、ヴェルヌの SF は実現に向けて激しく揺り動かした。科学的な考え方と生き生きとした事実に満ち、読む者の心を揺さぶらずにはおかない夢あふれる筆致で書かれたその物語は、以後、次々と各国語に翻訳され、大ベストセラーとなって、膨大な読者を獲得し、人々に宇宙旅行の生々しい夢を伝えた。それに刺激された世界中の少年少女たちの中から、宇宙開発の先駆者たちが続々と育っていったのである。

宇宙船の中は無重量
（ヴェルヌ）

## 2.2　先駆者たち

　19 世紀末から 20 世紀の初めにかけて、ヴェルヌの SF にある時代の限界を乗り越えて、「ロケットこそが宇宙飛行のカギを握る技術である」ことに気づいた人々がいた。彼らは、少年時代に例外なくヴェルヌの熱狂的愛読者であり、また「ロケットがなければ人類は宇宙へ飛び立つことができない」という結論に達していた。彼らが育った時代は、技術が長足の進歩をとげた時代であった。彼らの努力と、この時代の技術進歩が結合したおかげで、彼らは、単なる「夢見る人」で終わらずにすんだ。金属学は発達してロケットのケースその他の材料が作れるようになったし、爆薬も性能のいいものができるようになった。熱機関が開発されたし、気体を液化する技術も人類は獲得した。こうした技術の進歩とあいまって、大量の優秀な若者たちが、科学や技術の分野で働きたいと願う時代が近づきつつあり、中心的な大学の科学のカリキュラムも充実の一途をたどりつつあった。

## 【ツィオルコフスキー】

　1857年、帝政ロシアの時代にモスクワ郊外の町に生まれたコンスタンチン・ツィオルコフスキー（1857-1935）は、幼いころに失った聴力にもめげず独力で高度な学問を身につけた。彼は、大学の教育とは無縁な世界で育ちながら、素晴らしい想像の翼を駆使して、学校の教師を続けながらロケットと宇宙旅行に関する独創的な理論を次々に発表していった。

　その最も重大な人類史への貢献は、ロケットが運動量の保存によって推進されることの定式化である。ロケットは、噴射するガスが空気を蹴とばした反作用で前に進むわけではない。噴射ガスによってロケット本体が失っていく運動量を、ガスと逆向きの推進力として獲得しながらロケットは運動していく。ということは、真空中でもロケットは加速できるわけである。

　ニュートンの運動法則をロケットの運動に創造的に適用し、彼の名を不朽のものにした「ツィオルコフスキーの公式」を、彼は1897年に定式化した。彼がこうして、ロケットによってこそ人類が宇宙へ行けることを科学的に証明したとき、人類は宇宙への交通手段を理論的に手に入れたということができる。

　その後精力的に研究を続けた彼は、液体水素と液体酸素を推進剤とするロケットが最も性能がよいことを示し、ロケットを何段も重ねる多段式ロケットという画期的なアイディアを提出した。はじめは変人扱いされていた彼の理論も、ロシア革命後には高い評価を受けるに至る。

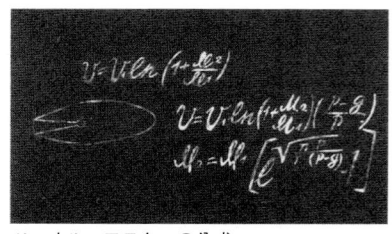

ツィオルコフスキー

ツィオルコフスキーの公式

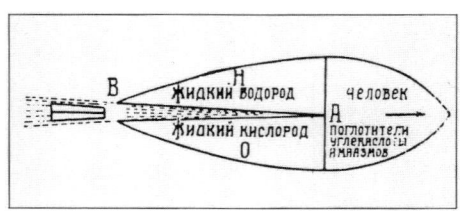

ツィオルコフスキーのロケット設計図

その後も彼は宇宙旅行の研究を意欲的に続け、宇宙ステーションの概念、原子力で推進するロケット、イオンロケット、太陽帆船、スペースコロニーなど、驚くべき想像力を宇宙に向かって広げながら、1935年に世を去った。

彼が遺した太陽系全体への活動領域の拡大の構想は、限りなく力強い人類史の展望を示している。

## 【ゴダード】

ツィオルコフスキーがロケットと宇宙飛行のことを一生懸命に考えていた1882年、はるか遠く大西洋を隔てた米国で、ロバート・ゴダード（1882-1945）が産声をあげた。

ゴダードは月をめざして死に物狂いでロケットの研究を続け、1926年3月16日、マサチューセッツ州オーバーンの農場で、世界史上初めて、液体燃料ロケットの打上げに成功した。飛行時間が2.5秒、最高速度秒速12 m、到達水平距離56 m、平均時速100 km——これが人類初の液体燃料ロケットの飛行データである。

ゴダードは死ぬまでロケットを改良し続けた。とりわけ姿勢制御装置について特筆すべき研究・実験を行った。アポロ計画を実行する際、米国政府は、ノズル、ポンプ、燃焼室、姿勢制御システムなど214件ものゴダードの特許を買い上げた。若いころから変人扱いをされながら血のにじむ努力を払ったゴダードは、死後になって初めて、若いころに憧れた月への旅に、自分の技術を生かすことができたのだった。

ゴダード

ゴダード1号機

## 【ソ連とドイツにおけるロケット・ブーム】

1920年代から30年代にかけて、宇宙旅行を標榜する人々の集まりは急速に輪を広げ、それぞれの国の科学者・啓蒙家たちを中心とする「宇宙旅行協会」などの形に結晶していった。とりわけ宇宙に対する関心が高かったのはソ連とドイツだった。

最も動きが早かったのはソ連である。革命後日が浅いソ連において、最高指導者ウラジーミル・レーニン（1870

ゴダードと制御付きロケット

グルーシコ

ソ連の初期の宇宙開発に携わった若者たち
（左から2人目がチェルトーク）

オーベルト

ドイツ宇宙旅行協会の人びと

-1924）が、ツィオルコフスキーのなしとげた仕事の将来性にいち早く目を向け、その業績を継承する「第二世代の育成」を旗印に液体燃料ロケットの研究を指示した。代表選手はフリードリック・ツァンダー（1887-1933）とヴァレンチン・グルーシコ（1908-1989）である。その仲間には、後にソ連の宇宙開発の領袖となるセルゲーイ・コロリョフ（1907-1966）もいた。しかし彼らが始めた多くの野心的な計画も、ヒトラーのナチス軍がソ連に侵入してきたとき、総力を挙げての国防政策のもとで、中止せざるを得なかった。

一方ドイツではヘルマン・オーベルト（1894-1989）が『惑星間空間へのロケット』『宇宙旅行への道』などの本を著し、当時の青少年に宇宙への夢と希望を吹き込んだ。その影響を受け、宇宙旅行を標榜する人々の集まりは次第に輪を広げ、科学者・啓蒙家たちを中心に結成されたドイツ宇宙旅行協会（VfR）が本格的なロケット開発を始めた。しかしやがてドイツは経済不況に陥り、この民間のロケット実験は続けることができなくなった。

## 2.3　戦火の中の夢が生んだ V-2

VfR 出身の若いリーダー、ヴェルナー・フォン・ブラウン（1912-1977）のもとで、軍の豊富な資金を使いながら大型ロケットの開発チームを作ったドイツは、バルト海に面した秘密基地ペーネミュンデでミサイル開発に

取り組み、ついに 1942 年、史上初の誘導ミサイル V–2 を完成させた。

V–2 は、全長 14 m、直径 1.65 m、全備重量 12 トン強で、史上初の慣性誘導の技術を備えたロケットであり、約 1 トンの弾頭を積載して 300 km 以上を飛ぶように設計された。酸化剤の液体酸素と燃料のエチルアルコールはターボポンプで燃料室に運ばれ、25 トンの平均推力を発生した。当時世界最大のロケットである。第二次世界大戦中に 1500 発を超える V–2 が南イギリスに落ち、2500 人以上の命を奪い、多くの施設を破壊した。

この V–2 が初めて成功裏に飛んだ日、フォン・ブラウンの上司だったヴァルター・ドルンベルガー将軍（1895–1980）が、ペーネミュンデの技術者たちを前に演説している——「我々が今日なしとげたことの意味を、諸君は理解しているでしょうか。今日この日、宇宙船が誕生したのです！ しかし私は警告します。我々の頭痛のタネは去っていません。たった今始まったばかりなのです！ それはともかく、ロケット推進が宇宙飛行に使えることを、我々は証明しました。1942 年 10 月 3 日は、新しい旅行の時代、宇宙旅行の時代の最初の日となりました。……戦争が続行される限り、我々の最も緊急の任務はロケットを兵器として完成させることにあります。しかし今の段階で予見できない可能性に向けての開発は、平和な時代の課題となるでしょう。……」

戦争さなかの軍人の言葉とはとても思えないこの言葉は、事態の本質を実に的確にとらえている。戦争目的用のものではあったが、V–2 は、技術上の完成度から言って、間違いなく宇宙をめざす近代ロケットの直系の元祖である。

## 3. 初期の宇宙飛行

第二次世界大戦後、資本主義対社会主義という東西の対立構造をバックにして、米国とソ連の宇宙開発競争が開始された。それは、「宇宙を制する者は世界を制す」との戦略に基づく必然的な動機を持った競争だった。それ

若き日のフォン・ブラウン（右）

V–2 ロケット

V–2 の爆撃を受けたロンドン市街

は、人間を宇宙へ送る競争として具現化された。その競争に勝利するカギを握っていたのは、大戦中にドイツで達成されたV-2の技術の発展的継承だった。

世界史が政治的・軍事的に宇宙時代の舞台をしつらえる一方で、この時代に生を享けた人々の中に、宇宙への自己の夢を実現させたいと願う大量の人々が育っていた。フォン・ブラウンもコロリョフもそうした人々の群れの中にいた。この二つの流れが合流し、人類の作った機械が宇宙へ飛行する時が刻々と近づいていた。

### 3.1　ソ連の急速な立ち上がり

ナチスが敗れると、フォン・ブラウンとV-2開発のリーダーたちは米国に降伏し、第二次世界大戦後米国に渡る。しかし米国でフォン・ブラウンのチームが冷遇されている間に、ソ連は、ペーネミュンデを接収してV-2の図面を手に入れ、またモスクワへ連行したドイツの下級技術者たちから、V-2の技術上の秘密を余すところなく吸収し、ヨーシフ・スターリン（1878-1953）の粛清からカムバックしたコロリョフの力強いリーダーシップのもとで、来るべき宇宙競争への備えを強固にしていった。

なお、ヨーロッパも、そして中国も、あまり知られてはいないが、V-2の技術と技術者たちの恩恵をこうむっている。

### 3.2　スプートニク

1957年10月4日、ソ連のスプートニク1号が、世界で初めての人工衛星として地球を周回し始めたとき、人類は長期間にわたって宇宙を観測する決定的な宇宙探査の手段を獲得した。以後世界的な広がりをみせながら、宇宙への旅立ちは続いている。

宇宙探査は始まったばかりではあるが、地球上の人類の宇宙観は、これらのロケット・衛星・探査機の目覚ましい働きによって基本的な変貌をとげた。今では、地球が宇宙の中心にいるなどと考える人はおそらく皆無であり、万人が「宇宙の中の人類」という形で自らの位置を

アメリカに投降したときのフォン・ブラウンとドルンベルガー（左）

ペーネミュンデにおけるヒムラーとドルンベルガー（中央）

スプートニク

自覚できる段階まで漕ぎ着けている。今後人類がどのような歴史を歩もうとも、それが宇宙探査の発展と手を携えていくことは確実である。

1955年にソ連の宇宙計画のリーダーであるレオニード・セドフ（1907-1999）がコペンハーゲンの国際宇宙航行連盟（IAF）総会に出席し、ソ連が近いうちに人工衛星を打ち上げると発表したが、実質的にはセドフの発言を真面目に受け取った人はいなかった。

そして1957年10月4日、やはりIAF総会で（今度は電報だったが）、ソ連は人工衛星の軌道投入に成功したことを報じた。スプートニク1号である。重さ84 kgだったが、1ヵ月後に軌道に乗った2号は、犬のライカを乗せた500 kg、その6ヵ月後の3号は1.3トンを超えた。強力なミサイルの運搬力をバックに持ち、カリスマ・リーダーのコロリョフのリーダーシップを得て、ソ連は宇宙開発で米国を一歩リードした。

## 3.3 エクスプローラー

ソ連に先を越されて、米国はあせった。その年の12月4日、海軍がヴァンガード・ロケットで人工衛星を打ち上げようと試みたが、折からの強風に加えて、ハードウェアの故障が起き、それに技術者の疲れなども重なって打上げは延期された。やっと実現した打上げも、発射後わずか2秒でふらふらとロケットが降下を始め、耳をつんざくような轟音と、ものすごい炎とともに爆発してしまった。

そしてついに陸軍で働いていたフォン・ブラウンのチームの出番となった。それまで「外人」として冷遇されていた感のあったフォン・ブラウンは、翌年1月31日、中距離弾道弾を改良した「ジュノー1」ロケットによって重さ14 kgの人工衛星「エクスプローラー1号」の打上げに成功するや、一挙に米国の宇宙開発のエースの座に駆けのぼった。

米ソの宇宙競争はまた宇宙への知的挑戦の新たなページの幕開けであった。エクスプローラー衛星によるヴァンアレン帯の発見や、ヴァンガード衛星によって地球が

犬のライカ

発射直後に爆発するヴァンガード

ジュノー打上げ

西洋梨の形をしていることの発見などはその華々しい予感に満ちた快挙だった。

## 4. 揺籃期の有人宇宙飛行

スプートニクとエクスプローラーの誕生によって幕が開いた米ソの激しい宇宙開発競争は、1960年代以降、世界各国を巻き込みながら激しさを加えていった。時代が整えた舞台において、宇宙への「夢の実現」をめざす大量のエンジニアの努力によって、数多くの人間が宇宙へ送られていった。その揺籃期の有人飛行の系譜を眺めてみよう。

### 4.1　ヴォストークとマーキュリー —— 一人乗り宇宙船の時代

ソ連がスプートニクを打ち上げたころ、米国の宇宙開発は陸軍・海軍・空軍が独自の計画をバラバラに持ち、多くの矛盾を含みながら進められていた。陸軍はフォン・ブラウンのチームが開発したレッドストーン・ロケットで人間を宇宙へ送ろうとしていたし、海軍は円筒形の宇宙船を打ち上げてから飛行機のような翼を宇宙で膨らませ、グライダーのように滑空して帰還させる計画を持っていた。空軍は巨大なアトラス・ロケットの建造を進めながら、後にダイナ・ソアと呼ばれることになる軌道爆撃機を考えていた。

こうしたさまざまな動きは、スプートニク・ショックの産物であるNASA（米国航空宇宙局）の発足（1958）によって一本化された。ロケットの開発、人間の乗るカプセルの設計、そして飛行士たちの地上での猛訓練が積み上げられていった。ニューメキシコ州で訓練されていた20頭のサルのうち、「最も利口」と認められたチンパンジーのハム君が、1961年1月31日、まず予備的に打ち上げられ、ともかくも着水に成功した。

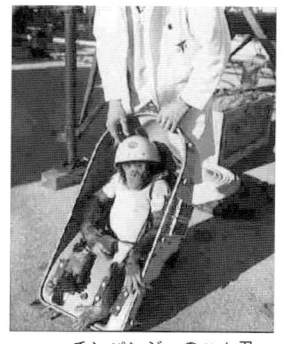

2月21日、NASAが「グレン、グリソム、シェパードのうちの一人が、宇宙を飛ぶ最初の米国人になる」と発表したとき、人間の宇宙への旅立ちは米国が先んずる

だろうと予想された。しかしコロリョフに率いられたソ連のロケット・チームは、鉄のカーテンの陰で素晴らしい闘志を見せていた。米国の動きをあざ笑うかのように、1961年4月12日、ソ連のヴォストーク宇宙船に搭乗した若き飛行士ユーリ・ガガーリン（1934-1968）が地球周回軌道に送られ、人類史上初の宇宙の経験者となった。「地球は青かった」というガガーリンの記者会見での言葉が世界中を駆けめぐった。

ガガーリンが飛んだ3週間後、米国のアラン・シェパード飛行士（1923-1998）が、レッドストーン・ロケットに積んだカプセル「フリーダム・セヴン」に乗り込み、弾道飛行を終えて海上にパラシュートで帰還した。こうして幕を開けたマーキュリー計画は、以降「リバティ・ベル号」のガス・グリソム（1926-1967）がシェパードと同様の弾道飛行、「フレンドシップ・セヴン号」のジョン・グレン（1921-）が米国初の軌道飛行に成功したのを皮切りに、飛行士たちが次々に宇宙へ飛び立った。彼らは「ライト・スタッフ」と呼ばれた。1963年5月、一人乗りのマーキュリー計画は終了した。その計画を担ったアトラス・ロケットも立派にその任を全うしたのであった。

ガガーリン（左）とコロリョフ

シェパード

### 4.2 レオーノフの宇宙遊泳とジェミニの試練

1964年10月に、ソ連は「ヴォスホート」で3人の飛行士を宇宙へ飛ばしたが、その2号に乗って軌道を周回していたソ連のアレクセイ・レオーノフ飛行士（1934-）が、「ハッチを軽く押し開けて、コルク栓のように宇宙へ飛び出した」。人類初の宇宙遊泳の栄誉はまたしてもソ連の上に輝いた。レオーノフは、長さ4.8mの命綱だけに支えられながら、宇宙を悠々と動きまわり、カプセルの近くで逆立ちやとんぼ返りのような格好をしてみせた。

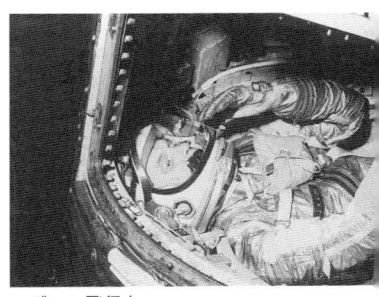

グレン飛行士

こうした先行するソ連の活躍を横目で見ながら、二人乗りの宇宙船ジェミニは20ヵ月間に10回も打ち上げられた。そもそもジェミニ計画は、NASAの技術者がマーキュリー宇宙船を改良するために思いついた、言ってみ

レオーノフ

ケネディ大統領の歴史的演説

N-1 ロケット

れば副次的な計画のはずだったが、1961年5月、「1960年代の終わりまでに米国人を月へ送り込む」というジョン・F・ケネディ大統領（1917-1963）の劇的な発表によって、NASAは早急に計画の検討を迫られた。かくてジェミニ計画にアポロ計画の先導としての役目が降りかかってきたのである。

一方ソ連では、無人探査ではルナ計画によるサンプルリターンなどを成功裏に実行して、難航した米国のレンジャー計画をリードしたが、人間を月へ送る計画においては、その輸送を担う大型ロケットN-1への国家としての支援体制が必ずしも十分でなかった。加えてその開発の最終段階を迎えた1966年1月に総帥のコロリョフが急死するという事態となった。「コロリョフがもし健在であったなら」という仮説はむなしいものであるが、この急逝によって、ついにN-1ロケットは一度も打上げに成功することなく、ソ連は有人月計画において米国の後塵を拝するに至った。

月に行って帰るには1週間かかる。その間の無重量、月へ着いたときの船外作業、月への軟着陸、月からの出発、帰還、……、不安の中で、ジェミニ飛行士たちは、打上げロケット「タイタン2号」とともに難題を丁寧に乗り越えていった。1966年11月、アポロ計画に必要な数かずの技術を習得してジェミニ計画は終了した。

## 4.3 人類月に立つ

アポロ1号宇宙船の地上訓練中の火事によって3人の飛行士を失う（1967）という悲惨なスタートとなったアポロ計画だったが、同じ年にソユーズ1号で飛翔したソ連のヴラジーミル・コマロフ飛行士も、制御装置の故障で「死の帰還」となった。コロリョフの死によって大きな推進力を失ったソ連に、米国は大きく水をあけながら、段階を踏んだ着実な技術の積み上げによって、ついにアポロ8号が月に向かい、ぐるりとまわって帰ってきた。

そして9号で11日間にわたって地球を周回しながら月着陸船をテストし、10号がもう一度月へ向かった後、いよいよ本番、1969年7月16日、アポロ11号に乗り

組んだ3人の飛行士はサターン5型で歴史的な旅に出た。
「ヒューストン、こちら静かの海、イーグル、月面に着陸した。」ニール・オールデン・アームストロング船長（1930–）の冷静な声が届いたのは7月21日だった。アームストロングは着陸船イーグル号から出て、9段のはしごをゆっくりと降り、左足の靴底を月面の埃へ踏み入れた。アームストロングは、続いて降り立ったバズ・オルドリン（1930–）とともに、地球の6分の1の重力を楽しむように跳んだりはねたりした後、2時間にわたって観測装置の設置や岩石標本の採集を行い、米国国旗を立てた。

タイタン2の打上げ

アポロ1号の事故で死亡した3人の飛行士たち

コマロフ飛行士

アポロ11号を乗せたサターン5ロケットの打上げ

アポロ8号の飛行士が撮った「地球の出」

月面への第一歩（アームストロング飛行士）

月面に星条旗を立てるオルドリン飛行士

アポロの着陸船と月面車

以後アポロは、途中で事故が起きて引き返した13号を除き、12号から17号までが月面活動を行った。

アポロ計画が精力的に進められた1960年代後半は、ベトナム戦争が遂行されていた。米国国内でも公民権運動その他の社会矛盾の噴出があり、アポロ計画の終盤になると米国国内に宇宙計画への幻滅が広がり始めていた。雑誌・新聞からは、「我々はなぜこんなにたくさんの金を宇宙に注ぎ込んでいるのか？ 月に人間が着陸できるほどの技術を持っているなら、我々は地球上に存在するさまざまな問題を、どうして解決でないのだろうか？」という問いかけが頻繁に登場するようになった。

そしてそれは米国のあらゆる階層、メディア、エンタテインメントの世界、実業界から提出された。こうして20号まで計画されていたアポロ計画は17号で打切りになり、1972年、250億ドル余を投じ全世界の人々を感動の渦に巻き込んだアポロ計画はその幕を閉じた。このアポロ計画の終焉をめぐる事態は、「巨大化した宇宙活動と人々の生活との新しいつながりを考察・発見していく時代」の始まりを告げるものであった。

## 5. 人間の宇宙滞在の始まり

月面到達競争で米国に敗れたソ連は、有人宇宙活動の重点をいちはやく「宇宙滞在」に移した。その成果が宇宙ステーション「サリュート」の誕生である。一方米国は、有人宇宙活動の重点を「宇宙との往復」におき、1980年代のはじめに「スペースシャトル」を実現させる。ソ連はさらに進化した宇宙ステーション「ミール」の時代へと進み、さらに宇宙先進国の協力による国際宇宙ステーション（ISS）へ。人類の宇宙滞在の時代の幕が切って落とされたのである。

### 5.1　第一世代の宇宙ステーション

サリュートから国際宇宙ステーションへと引き継がれていった宇宙への人間輸送と宇宙滞在の経験から、技術的可能性としては、厳しい訓練を経た者のみが宇宙へ行

ける段階から、(ある程度の安全性の範囲内ではあるが)お金があって健康な人ならば宇宙へ行ける段階まで漕ぎ着けていると言える。

## 【初期型サリュート】

　宇宙ステーションはソ連が先手をとった。1971年に打ち上げられたサリュート1号は、ソユーズ11号とドッキングに成功、3人の飛行士がサリュートに移乗して24日間宇宙に滞在し、天文観測や植物の栽培実験などを精力的に遂行した。ただし帰還したときは、宇宙船内の空気が漏れて、3人の飛行士はこと切れていた。

　サリュートには、初期型の1、4号、軍事目的の2、3、5号（これは特にアルマース1、2、3号と呼ばれる）、改良型の6、7号がある。アルマースには地上偵察用の大型光学望遠鏡が搭載され、軍人飛行士による情報収集活動がなされた。サリュート1～5号には、ドッキング部が一つしかなく、搭乗員の交代や荷物の積み下ろしの際には、飛行士の現員が乗ってきた宇宙船をいったん取り外す必要があった。

サリュート1号

## 【サリュート改良型】

　この方法は手間がかかる上に危険も伴うので、1977年には、船尾にも物資補給用のドッキング・ポートを備えた新型のサリュート6号を軌道に乗せ、ここへ無人の補給船プログレスが定期的に訪れて食料・水・燃料などを補給するようになった。補給船プログレスの登場によって、飛行士たちは一層長く宇宙に滞在することができるようになった。

　6号からは、ソ連の飛行士も入れ替わり立ち替わり地上から訪れて長期に滞在するようになり、インターコスモス計画によってソ連以外の共産圏からも9回にわたって宇宙飛行士を送り出した。

サリュート6号

　サリュートの搭乗員の打上げ・帰還にはもっぱらソユーズ・ロケットとソユーズ宇宙船が使用された。数々の犠牲を伴いながらも、ソ連はサリュートによって有人宇宙滞在の基本技術を確立したと言える。

## 【スカイラブ】

一方米国は、予算の関係で、当初20号まで予定していたアポロが17号で打切りになったため、余ったコンポーネントを転用して、米国初の宇宙ステーション「スカイラブ」を安上がりに作り上げた。スカイラブは1973年に4回にわたって打ち上げられた。最初はサターン5ロケットの3段目を改造して居住空間を作り、地球軌道上を周回する宇宙ステーションの本体として開発された。

2回目以降の打上げは本体への往復船で、アポロ計画の司令船と機械船を転用した。それぞれ3名が搭乗した宇宙船がサターン1B型ロケットで打ち上げられ、スカイラブ本体にドッキングする仕組みであり、月着陸船のときと同じ要領でスカイラブ内部に乗り込んだ。

滞在後は帰還のために乗員が再び司令船に乗り移り、切り離された。ミッションとしては地球や太陽の観測、無重力空間における生理現象の研究、無重力下での半導体や金属結晶生成、生物や微生物の行動観察といった科学的実験などが行われ、中でも太陽活動の観測と無重力でクモに巣を張らせる実験は有名である。

当初の計画では、1979年後半までにスペースシャトルを発進し、スカイラブにブースターを取り付けてスカイラブの高度を上げ、その後にスペースシャトルがドッキングして新たな運用段階に移行する予定だった。しかし、太陽活動の活発化に伴ってスカイラブの軌道寿命が短縮された上に、スペースシャトルの実用化が遅れたためにブースターを取り付けることもできなくなり、1979年、スカイラブの破片の一部がオーストラリア本土に落下する事態となった。

## 5.2　第二世代の宇宙ステーション「ミール」

1986年2月には、ソ連の新世代の宇宙ステーション「ミール」（ロシア語で「平和」または「世界」の意）が軌道に乗った。ミールの基本モジュールはサリュート6、7号とほぼ同じものを使用したが、片側に球状をしている多方面ドッキングモジュールが付いており、これを利用してドッキング・ポートが一挙に6つになり、いくつ

スカイラブ

スカイラブで見事に巣を張ったクモ

宇宙ステーション「ミール」
（1998.6.12）

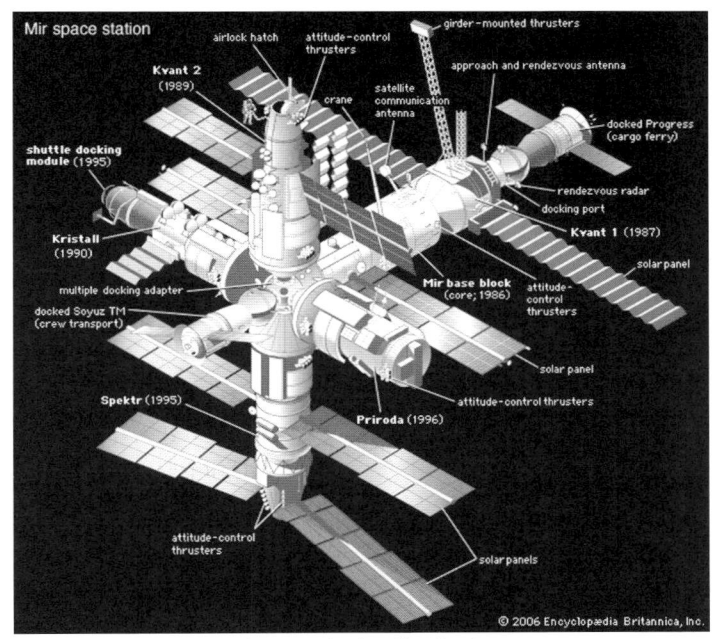

ミールのドッキング・ポート

でもモジュールを増やせる構造になった。それにプログレスの助けもあって、さまざまな種類の実験・観測・製造が続けられた。常時6人を収容できるミールは、ステーション機能を大幅に拡大し、宇宙滞在の連続記録を大幅に更新していった。1995年3月22日に帰還したヴァレーリー・ポリャコフ飛行士（1942-）の437日という連続宇宙滞在記録はいまだに破られていない。

1995年6月30日には、米国のスペースシャトル「アトランティス号」がドッキングした。米露のドッキングは1975年のアポロ・ソユーズテスト計画以来であり、これ以降数度にわたってスペースシャトルがドッキングしている。

1997年6月に補給船プログレスが事故で太陽電池パネルに衝突、電力と酸素が不足する状況に陥った。もともと1990年代に米国主導の国際宇宙ステーション計画

ポリャコフ飛行士

にロシア連邦が参加することになり、ミールに日米欧のモジュールを増設させる構想があったのだが、このプログレスの衝突事故以降、施設の老朽化が関係者の間で問題となり、またロシア側が新たな基本モジュール「ズヴェズダー」の打上げに意欲を示したことから、国際宇宙ステーションに飛行士が滞在するのに合わせてミールを廃棄することとなり、2001年3月に大気圏に突入させた。

こうして15年もの間運用の続けられたミールには、世界中から100人以上の宇宙飛行士が訪れた。1990年には、日本のジャーナリスト飛行士の秋山豊寛(1942-)がソユーズに乗ってミールにドッキング・移乗し、初の日本人宇宙飛行士として1週間を過ごした。

なお、地上における飛行士の訓練に使ったミールの実機が苫小牧市に展示されている。

## 5.3 レーガンの呼びかけから国際宇宙ステーションまで

1980年代に、米国のレーガン大統領は、西側諸国の協力によって大型の宇宙ステーションを建設することを呼びかけた。月や火星への前進基地として夢を未来へ繋ごうという提唱であった。

ヨーロッパ、カナダ、日本がこの計画に賛同して「国際宇宙ステーション（ISS）計画」が立ち上がったが、折りしも財政状況が芳しくなく、米国は建設計画を次々と縮小していく羽目になった。そして1991年にソ連が崩壊するに及んで、新たにロシアを含んだ現在のISS計画の枠組みに再編成された。

それは、前進基地としての性格よりは微小重力実験と人間の長期滞在を狙ったものとなっている。1998年に打ち上げられたロシアの「ザリャー」を皮切りにして、次々とモジュールが軌道に運ばれ組み立てられつつあり、飛行士たちの滞在が行われ始めた。

しかし、建設中の国際宇宙ステーション（ISS）の目的から、月や火星などの次のターゲットへの前進基地としての性格が薄れるにつれ、人々がISSに寄せる期待も曖昧になってきたように思われる。それを乗り越えて

レーガン大統領

ザリャー

ISSに最大限の活躍をさせる方途は、「どう利用すればISSが一般の人々にとって有意義な役割を果たせるのか」という観点から創造的な活用の方向を見出すか、いま一度前進基地としての役割を果たせるよう位置づけてそのための努力を本気で開始するか、そのどちらか（あるいはどちらも）しかないと考えられる。ISSはこのような状況で21世紀を迎えたのであった。

## 6. 宇宙往還機の系譜

人間が宇宙に滞在する技術と経験が、宇宙ステーションによって着実に蓄積されているとすれば、その宇宙まで人間を運び、無事に地球へ帰還させる技術は、依然として大きな課題を抱えていると言える。その技術的発想が最初に生まれたのは、ドイツであった。

### 6.1 ゼンガーの構想――往還機の先駆け

1936年、オーストリア生まれのオイゲン・ゼンガーは次のような構想について発表している。ロケットエンジンを搭載した爆撃機を、長さ3kmのレール上に設置した橇（そり）の上に据え、まず橇に装着したロケットに点火して機体を加速し、機体が浮くと同時に機体のロケットを噴射して、一気に高度約145kmに到達する。この後、爆撃機を完全な周回軌道に乗せるのではなく、大気圏上層を何回もスキップさせることにより長大な距離を飛行させた（ダイナミック・ソアリング）上で、敵地上空で大気圏突入を試みる、というものである。

ゼンガーは、Silbervogel（銀の鳥）と呼ばれたこの機体の設計まで手がけたが、1942年にドイツ航空省が、この計画をとりやめ、ゼンガーは第二次世界大戦の終了までラムジェットに関する重要な業績を残した。米ソとも第二次世界大戦後にゼンガーの「銀の鳥」計画やラムジェットの研究に目をとめ、その成果をそれぞれの国に持ち帰って研究を重ねていった。

とりわけ、離陸の後に大気を吸い込みながら上昇していくラムジェットは、経済効率性から見てロケットより

オイゲン・ゼンガー

は格段に優れている。経済性を度外視して進められた20世紀の宇宙競争には主役となれなかったこの技術が、技術的・経済的に宇宙との往還を効率よく進めなくてはならない現代に脚光を浴び始めているのは、開発の難しさを措くとしても当然のことと言える。

## 6.2 米国の第一世代の宇宙往還機

　ロシアでは、1960年代半ばに翼を持ったテスト機の飛行実験を行ったと伝えられ、後のスペースシャトルやブラーンに似た往還機の機体を眺めるガガーリンの写真が存在している。またNASAでは1968年ごろから、地上と地球周回軌道の間を往復する再使用型有人宇宙船の構想を持っていた。

　しかし1960年代に重点がおかれた米国のサターン5ロケットもソ連のN-1ロケットも、月面への一番乗りを目指した熾烈な宇宙競争を背景に国家の威信をかけて推進されたものだったので、たとえば個々のアポロの打上げには莫大なコストと多大な準備を要し、これが近未来に展望されていた恒久的な宇宙ステーションの建造には不適切なものであることは早くから指摘されていたのである。

### 【スペースシャトルの登場】

　ポストアポロ計画を目論んでいた米国で、再使用が可能で、ペイロード能力が大きく、低コストでの打上げを可能とする手段を開発し、これを複数機保有することによって頻繁な宇宙へのアクセスを得ることが不可欠と考えられたのは、当然のことであった。

　こうして1981年4月に「コロンビア」の打上げで登場したスペースシャトルは、1回の打上げで複数の人工衛星を軌道投入することができたり、ハッブル宇宙望遠鏡のような重量級のペイロードでも打ち上げることができたり、軌道上の故障した衛星を回収して修理を施した上で再投入することができるなど、それまでの宇宙計画では考えられなかったことを可能にする画期的なものだった。また乗組員も従来の3人から7〜8人と数が増

コロンビア発進（1981）

え、これに従って船内の居住性も大幅に改善されたため、船内でこれまでになく幅の広い活動ができるようになった。シャトルにはまさに本格的な宇宙時代の到来を思わせるものがあったのである。

　しかし当初の期待に反して、シャトルの機体構造と飛行システムはそれまでの宇宙船とは比較にならないほど大規模かつ複雑なものとなってしまい、NASAは次々と起きる技術的トラブルを克服しながら打上げを続行しなければならないという苦しい立場におかれることになり、これがシャトル計画の運用性と経済性を当初から圧迫した。

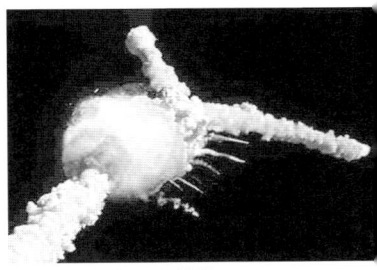

　またシャトルの建造費は実用5番機のエンデバーが完成した1992年当時で1機あたりおよそ18億ドル（2160億円）、また1ミッションあたりのコストは現在およそ4億5000万ドル（540億円）前後と非常に高額なものになっており、シャトルによる人工衛星の商業打上げ市場開拓という当初の目論見は完全にはずれ、これを欧州宇宙機関やロシアに奪われることになってしまった。

チャレンジャーの爆発

　さらにチャレンジャー、そしてコロンビアと、機体を全損して乗員全員が死亡するという大事故を二度も起こしたことは、シャトル計画自体をたびたび中断させたばかりか、国際宇宙ステーション（ISS）の建造をも大幅に遅延させ、その結果としてステーションの規模の縮小という想定外の展開を招き、米国の宇宙ロケット計画そのものの信用が失墜してしまった。また、わずか百数十回の打上げで二度も事故を起こしたことは有人宇宙機としての安全基準を満たしていないとの声も上がっている。

事故調査のために集められた
コロンビアの機体

## 【ベンチャースター】

　ベンチャースターは、1996年にロッキード・マーティン社の提唱した単段式の再使用型宇宙往還機である。全長46m、全幅48m、総重量1192tで、最高速度はマッハ25とされていた。主な目的は、人工衛星を既存の10分の1のコストで打ち上げられる再使用型のスペースプレーンを開発して、スペースシャトルを完全に置き換えることであった。無人での打上げが条件であったが、乗

客を運ぶことも予想されていた。機体は垂直に離陸し、飛行機のように着陸する。リニア・エアロスパイク・エンジンを利用して、どの高度でも高い推進能力を有するよう設計されていた。

　X-33という実験機は、NASAとロッキード・マーティン社の共同チームにより、ベンチャースターに必要な先端技術を実証するための開発が進められていた。X-33は、ベンチャースターと同じような形状で、全長21m、全幅23m、総重量129tと、半分以下の大きさをしており、最高速度もマッハ13程度に抑えられていた。試験の失敗、スケジュールの遅延、予算超過に悩まされ、液体水素タンクの材料開発などの遅れを主たる理由にして2001年3月1日に計画は打ち切られた。X-33のテスト計画の消滅とともに、スペースシャトルの老朽化に備えて打ち出していた「X-33からベンチャースターへ」という路線も打ち切られた。

　2004年1月、ジョージ・ブッシュ大統領（1946-）は「新宇宙探査計画」を発表し、2010年までにISSを完成させてシャトルを退役させる方針を示し、この方針を受けて、2010年9月30日（米国の会計年度末）までにはシャトル全機を退役させることになった。有人宇宙船を運ぶのは従来型の多段式ロケットに決定しており、再使用型有人宇宙ロケットの歴史は30年弱で幕を閉じることとなる。

### 【アレース・ロケットと宇宙船「オライオン」】

　「オライオン」は、NASAが2010年に運用終了するシャトルの代替として開発中の宇宙船である。以前の呼称はCEV（Crew Exploration Vehicle）であった。国際宇宙ステーション（ISS）への人員の輸送手段として、また次期有人月着陸や有人火星探査への使用も期待されている。

　オライオンはアポロ宇宙船に近いカプセル形状をしており、円錐の形をした司令船の底面直径は、アポロが3.8mで定員3人であったのに対し、オライオンは5mで、6人のクルーが生活できる（月着陸では4人）。10

X-33

宇宙ステーションへ接近するオライオン（想像図）

376

回程度繰り返し使用する計画である。

後部に連結される円筒形の機械船は、アポロと同じように月への往復に使用するロケットエンジンを備えている。また、ロシアのソユーズ宇宙船と同様に、太陽電池パドルを装備することで、長期間の電力供給を可能にする予定である。

オライオンを地上から宇宙へ輸送するには、開発予算を削減するため、シャトルと既存のロケット技術を流用するアレース1ロケットを使用する。アレース1は地球低軌道へ25トンのペイロードを運ぶことができる。また貨物（月着陸船）の打上げ用としては、アレース5ロケットを用いる。

NASAは試作機を2014年、有人飛行を2015年以降に行う計画である。

往還再使用型のシャトルに代わって、使い捨て型のアレース・ロケットで運ばれるオライオンが選ばれた背景には、

① 1981年の初飛行以来二度人命を損なう事故を起こしているシャトルに比べ、1980年代以降に人命に関わる重大な事故を起こしていないソユーズのほうが信頼性が高い、
② 帰還時に使用するだけの翼を打ち上げることが無駄である、
③ オービターの繰り返し使用に多額のメンテナンス費用が必要である、
④ シャトルのように打上げ時に脆い耐熱タイルを外部に暴露しているのは危険。オライオンのシステムであれば、耐熱部分をフェアリングで保護して打ち上げられる、
⑤ カプセル型宇宙船ならば、ソユーズのように緊急脱出用ロケットを装備できる、

などがあるが、つまるところ「ベンチャースター」でいったん浮上しかかっていたシャトルを引き継ぐ宇宙への大量輸送のコンセプトは、一時お預けになったわけである。

オライオンの発想は基本的にアポロないしソユーズと

アレース1

アレース5

同根のものであり、技術的な成熟度を加えているので安全性は高まっているだろうが、コンセプトとしては第一世代の宇宙往還機の域を脱してはいない。

## 6.3 ロシアの有人宇宙輸送

ガガーリンを運んだヴォストーク宇宙船に始まるロシアの有人宇宙輸送の歴史は長い。ヴォストークの発展型であるヴォスホートを経てソユーズ宇宙船の時代になってから40年以上が経過している。現在ソユーズから一歩進んだコンセプトの「クリッパー」という機体を開発したい意向のようであるが、まだ先行きは不透明である。

### 【ソユーズ】

ソユーズは、もともとソ連の有人月飛行計画のために製作されたが、結局その計画は実現されなかった。そしてソユーズはソ連の宇宙ステーション「サリュート」「ミール」への往復に使用され、現在でも国際宇宙ステーションへの往復用、およびステーションの緊急時の脱出・帰還用の役割も果たしており、現役で使用されている。

ソユーズは機体前方から見て、ほぼ球形の軌道船、釣鐘型の帰還船、円筒形の機械船の3つからなる。3つのモジュールのうち地上まで帰還するのは帰還船のみで、他のモジュールは再突入の際に切り離して、大気圏に突入して燃え尽きる。

機体の大きな特徴は機械船の側面に2枚ついた太陽電池パネルであり、宇宙空間で自力発電することによって使用電力を補っている。第一世代のソユーズは40号までで、計画変更で輸送宇宙船となった改良型ソユーズTが登場、T-1号～T-15号まで運用された。この機体は宇宙ステーションとドッキングすることを前提としており、太陽電池パネルを設置していない機体が多い。さらに改良型ソユーズTMがTM-1号からTM-34号まで運用された後、2002年10月から新型のソユーズTMAに移った。

ほぼ同型の機体であるが、地上帰還能力や生命維持機

国際宇宙ステーションに接近するソユーズTMA-7

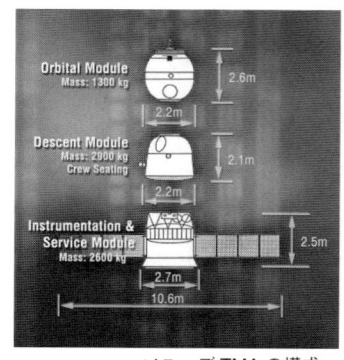

ソユーズTMAの構成

構を搭載しない、補給船に特化されたタイプを「プログレス」と呼んでいる。こちらもサリュート時代から使用しており、食料や酸素などの物資輸送に活躍している。プログレスの最初のタイプは42号までで、現在は改良型のプログレスMとプログレスM1の二つのタイプが運用されている。

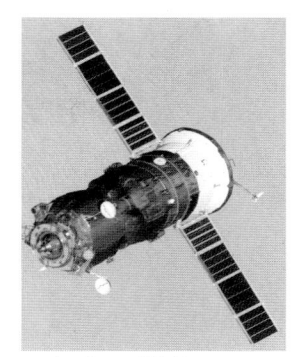

ソユーズの打上げには、通常R-7というミサイルを改良した使い捨ての通称「ソユーズ・ロケット」が使われる。このロケットは、人間を運ぶ現役のロケットとしては最も安全で経済的であるとされ、極めて高く評価されている。商業用の宇宙観光がすべてソユーズで行われているのもこのためである。

プログレス補給船

ソユーズはスペースシャトル以上の安全性と信頼性から、2008年現在、唯一の民間人が宇宙旅行を行える手段でもある。ロシア宇宙局は政府の財政難のため、国際宇宙ステーションと地上とを往復する「ソユーズの座席」を世界に向けて販売している。2001年に米国の富豪であるデニス・チトーを約2000万ドル(日本円に換算した場合、2001年当時のレートで約24億円)でソユーズTM-32により宇宙に1週間滞在させたのを皮切りに、世界から募った民間人を宇宙まで打ち上げている。

## 【エネルギヤ・ロケットとブラーン有人宇宙船】

1988年に突然姿を現して消えたソ連の宇宙船「ブラーン」は、シャトルのオービターと形こそ似ているものの、打上げシステムは異なっている。ブラーンは、オービターに大きなエンジンを装備せず、同時併行で開発された大型ロケット「エネルギヤ」に軌道まで運んでもらう。このオービターは、シャトルのような大型のエンジンを装備しない分、運べる重量が多くなる。加えて小さいながら大気圏再突入後に使えるジェットエンジンを持っているので、着陸時の速度を下げることができるため、シャトルより安全に再突入ができるというコンセプトが採用された。

エネルギヤとブラーン

ブラーンは1988年に無人で地球軌道を周回し、自動着陸を成功させた。予定では1992年に有人飛行を行う

はずだったが、1991年のソ連崩壊とともにこの計画は消滅してしまい、1号機ブラーンはモスクワのゴーリキー公園で雨風にさらされている。また、2号機「ピーチカ（小鳥）」やその他の地上テスト機など、いくつものブラーン型派生モデルも、開発・製造中であったが、すべて中止となった。

## 【クリッパー】

ロシアが現在開発構想を持っているのは、長さ10m、直径3.5m、6人乗りの宇宙船「クリッパー」である。現行のソユーズ宇宙船の約2倍で、10年間で20～25回の飛行を行う予定という。ヨーロッパや日本との共同開発の交渉が進められていたこともあるが、いまだに本格着手には至っていない。無人テスト飛行を2011年から2012年に、有人飛行を2013年に予定していたようだが、今のところ実現がいささかおぼつかない計画になっているようである。予断は許さないが、ロシアにおいては、ソユーズの後継であるべきプロジェクトが定まっていないこともまた事実である。

## 6.4 その他の国の動向

米ロ以外の国で、自らの輸送手段で有人宇宙輸送を成功させたのは、2003年10月と2005年10月に「神舟」宇宙船で飛行士を軌道に送った中国だけである。他の国は、ロシアのソユーズないしはスペースシャトルに乗せてもらってそれぞれの国の飛行士を宇宙へ送っている。アヴィオニクス（搭載電子機器）に独自性が見られるものの、中国の神舟はソユーズの亜流であり、かつてはヨーロッパでも、フランスのエルメス、ドイツのゼンガーⅡ、イギリスのホトルなどの往還機計画が検討されていたが、すべてキャンセルされた。また日本も無人の往還機ホープの構想をめざして、一連の実験が続けられたが、これも今では継がれてはいない。ヨーロッパでも日本でも、有人宇宙飛行に備える基礎研究が細々と行われているだけである。人類史を飛躍させるために必須と思われる宇宙への人間の大量輸送時代への展開は、まだ本格的には

ブラーン後部の逆噴射エンジン

船で搬送されるブラーン

エネルギヤによるブラーンの打上げ

手をつけられていないという状況にある。

パリのエアショーに姿を見せた
クリッパーの模型

神丹想像図

エルメス想像図

ゼンガーⅡの模型

ホトルのイメージ

ホープ想像図

## 7. 有人宇宙飛行の大衆化と人類の未来

国家が主導する宇宙活動に対して、民間から沸き起こってくる宇宙活動が活発な動きを見せるようになった。それはツィオルコフスキーが宇宙飛行を定式化して以来の百年の取り組みによって蓄積された人類の財産である。もし人類が現在直面している「致命的」課題を克服するために、その地球観の超克が必要とされるとすれば、大規模な有人宇宙飛行の実現は必須の戦略として私たちの前にある。しかし、現実に展開されている有人飛行のプロジェクトには、そのような時代認識が共有されているとは言い難い。

### 7.1 民間宇宙飛行の盛り上がり

「Xプライズ」は、もともとは米国のミズーリ州セントルイスにあるXプライズ財団を率いるピーター・ディアマンディス会長（1961-）が、一般人の宇宙飛行のムードを世界的に盛り上げることを狙って1996年に起こした懸賞金付きの弾道飛行コンテストである。その後、資産家のアンサリがXプライズ基金に資金の提供を申し出たため、その名を冠して「アンサリXプライズ」となったものである。

これまでの宇宙開発は、すべて国家計画の一環であり、国家予算を使って行われていたものである。世界初の人工衛星、初の有人宇宙飛行、初の月着陸、いずれも国家の強力な主導のもとで行われた。しかし、航空宇宙史を振り返ると、ライト兄弟の初飛行、リンドバーグの大西洋無着陸横断などの大記録は民間・個人によって達成されたものであった。20世紀の初め以来、航空関係の懸賞付きコンテストが100以上は行われたであろう。そうした努力が、現在の3000億ドルに達しようかという航空産業を生み出し、大空の飛行を大衆化していったのである。その最も華やかなものは、「翼よ、あれがパリの灯だ」のチャールズ・リンドバーグ（1902-1974）を生

リンドバーグ

んだ「オーティーグ・プライズ」である。

Xプライズもその流れを汲むものである。民間のチームが自ら金を出して宇宙機を製作し、3人の民間人を高度100 kmまで運んで地球に帰還し、そこから2週間以内にもう一度飛行することに初めて成功した者に、懸賞金の1000万ドルが授けられる。

世界各国から20を越すプロジェクト・チームがエントリーして熱い闘いを展開し、2004年10月、スケールド・コンポジット社のスペースシップワンが栄冠をかちとった。このXプライズとスペースシップワンの成功が、民間の力による宇宙飛行ブームに火をつけた。

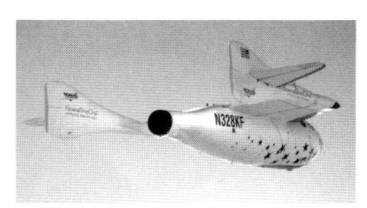

スペースシップワンからの技術供与を受け、ヴァージングループが設立した宇宙旅行会社ヴァージン・ギャラクティックは、宇宙旅行ビジネスを開始することを発表した。その他、ロケットプレーン・キスラー社が開発中の弾道飛行用のロケットプレーンXPなど、いくつかの民間レベルの宇宙旅行サービスが名乗りを上げており、本格的開始が待たれている段階である。

帰還中のスペースシップワン

## 7.2 ポストISSとしての宇宙探査戦略

すでに何度か触れているところであるが、各国が宇宙活動の政策を決定するのに大きな方向性を与えると思われる米国の戦略についてまとめておこう。

2004年1月、米国のブッシュ大統領は、3つのゴールを持つ「新宇宙探査計画」を発表した。そのゴールとはすなわち、

1. ISSを2010年までに完成させ、ISSでの研究は、長期の宇宙飛行に関する医学・生物学の研究に焦点を合わせる。できるだけ早くスペースシャトルの飛行を再開させて2010年にISSの完成をめざす。2010年にシャトルを引退させる、
2. 2008年までに新しい有人機CEVを開発し、2014年までに有人飛行を行う。シャトルが引退した後は、ISSとのクルーの往復にCEVを使う。CEVの主目的は、地球軌道を越えて他の世界に宇宙飛行士を運

ぶことである、

   3．早くて 2015 年、遅くとも 2020 年までに、有人ミッションによって月に戻る。2008 年までに一連の無人月探査を行い、将来の有人探査の準備を行う。月の上で知識と経験を得ることで、宇宙探査を次のステップに向かわせる、

の3つである。そしてブッシュは他の国々にも、協力と友情の精神で「この旅」への合流を呼びかけた。ブッシュは、その演説を以下の言葉で括っている。

「我々がかつて公海を渡り未知の国に惹かれたように、いま我々は天に惹かれている。そうすることが我々の生活を改善し国家精神を撤廃するから、我々は宇宙を探求することに決定する。さあ、探求を続けよう。神の祝福を。」

この戦略が、実質的には大統領選挙目当てで、ケネディ演説を踏襲したものと見る向きもある。その後の米国の宇宙予算のつき方を眺めると、この大計画が本気なのか疑問も残る。実際、米国議会での賛否議論も依然活発で、大きなベクトルは生み出されていない。

このブッシュ戦略は、これまでに重荷となっていたスペースシャトル老朽化と不人気だった国際宇宙ステーションを早く片づけて、もっと人類の夢を喚起するような前向きのイメージを作り上げようとしていると見られるが、財政状況のそれほど安定していない米国としては、必然的に世界各国に協力を呼びかけざるを得ない。

各国で太陽系探査に野心を持つグループには、この米国の動きを導きとして自国の宇宙予算獲得を画す人たちも見られる一方で、この戦略が宇宙科学の軽視に結びついていくのではないかとの懸念を表明する人たちもいる。アポロのころのようなライバルもいない今日、どれだけ米国の国民がこうした動きを支持するのか、他国からも関心は高い。

## 7.3 有人宇宙飛行の二つの道

現在、将来の有人宇宙飛行に大きな影響を与えると考

えられる動きが二つある。一つは、Xプライズの弾道飛行コンテストを契機にして盛り上がりを見せている民間宇宙飛行のキャンペーン、もう一つは、米国の新宇宙探査計画である。この二つは現段階では相補的な流れにはなっていないし、またどちらも人間を大量に宇宙へ運んでいく展開にはなりそうもないが、こうした取り組みの時代に育つ若者たちの中から、有人宇宙飛行の大衆化への道を拓き、結果として人類の世界観・地球観・宇宙観を変革する事業を先導する人たちが現れる可能性が期待される。

　私たちの前には、お金も時間もかかるが、ごく普通の人々を宇宙へ大量に送り込めるような宇宙輸送のシステムに重点をおくか、それとも選ばれた人たちだけが未知への挑戦をしていく計画に重点をおくか、という二つの選択肢がある。どちらを選ぶか、どちらも選ぶか、あるいはどちらも選ばないかは、私たち自身に迫られている課題である。

**的川的お天気**

☺：喜　😠：怒　😢：哀　😊：楽

# あとがき

　幼いころに私の心に染み込んだいくつかのキーワードがある。その中で、私の人生のさまざまな局面で繰り返し出現してきた代表選手は、「平和」「矜持」「いのち」である。
　「平和」という言葉はどのように私の心に摺り込まれたか？戦艦大和を建造した軍港を持つ呉市は、太平洋戦争の末期に米軍の大空襲を受けて灰燼に帰した。空襲のさなかに爆弾が雨霰と降る中を、3歳の私をおんぶして逃げ惑っている母の背中。30キロほど離れた広島に落とされた原爆にまつわるエピソードの数々。戦後の平和を求める人々の大合唱。それらが「平和」というキーワードの私にとっての源流である。
　「矜持」はどこから来たか？　それは呉市に駐留したオーストラリア兵のジープとともにやってきた。ジープからたくさんのチョコレートやチューインガムをばらまく進駐軍の兵士。それを道端で腹這いになりながら拾って食べる子どもたち。ある日そのチョコレートを食べていると、父が見咎めて、きつく叱られた。「なぜ？」と訊ねる私に、たった一言「それは日本人の矜持である」と言い切った父。さらに「なぜ？」と聞き返すのが憚られて、そっと国語辞典を引いた私はたくさんの「キョウジ」の中から「矜持」を探し当てた。多分この言葉だろうと思われる見出し語には、「プライド」という説明があった。小学校の初めのころである。オーストラリア兵のための「花街」も、大きな影を私の心に落とした。
　そして「いのち」こそは、最も頻繁に私の心を揺さぶり続けた概念であった。「いのち」と「母」とは切り離せない。そこから出発した「いのちの旅路」は、あるときには虫たちのいのちとなり、またあるときは飼っていた犬のいのちとなり、若くして亡く

なった友人のいのちとなり、戦火の国にあって大量に散っていく人々のいのちとなり、昨今の日本のさまざまな事件で失われていくいのちとなった。まことに「いのち」は、一生のあいだ決して絶えることなく私の心に大きく重い課題を課してきた。

　私の生涯最初の記憶となった「母の背中」から、60年以上の歳月が流れて、日本も大きく変わった。そして気がついてみると、再び「平和」「矜持」「いのち」が大切なキーワードになっている時代が到来している。では「歴史は繰り返す」のであろうか。いやいやそうではあるまい。時代の類似点だけをあげつらって過去だけから学ぼうとするのは得策ではないだろう。

　大英帝国の末期には、若者の活字離れが進行し、グルメブームが起き、旅行が滞在型からパック旅行へと変貌を遂げていったという。この恐るべき共通点を見て単純に国としての衰えの兆候と見ることは、解釈としては成り立つ。しかし、類似点と同時に相違点を冷静に考えなければ、状況証拠のみで逮捕に踏み切る愚を犯してしまうことになりかねない。

　私が馬齢を重ねている間に再びめぐってきた「平和・矜持・いのちの時代」には、私が幼かったころの「平和・矜持・いのちの時代」とは決定的な相違点がある。それは、人類が「宇宙の視座」を獲得したことである。

　「宇宙の視座」の一つは、人間の好奇心を契機としてやってきた。宇宙の謎を解きたいという多くの科学者の思いは、宇宙を知りたいという無数の人々の切なる願いにも支えられながら身を切るような努力を重ね、137億年の宇宙の進化の最前線に、現在の地球の生き物を位置づけた。宇宙は私たちのいのちの故郷であった。

　「宇宙の視座」の二つ目は、宇宙へ飛び出したいという古くからの冒険心が契機となった。マルコ・ポーロ、コロンブス、ジェイムズ・クック、スコット、リンドバーグ、ヒラリー、…歴史上

数々の冒険家たちが切り拓いていった「人跡未踏の地」の踏破の歩みに、ガガーリン、テレシコーワ、レオーノフ、アームストロングなどの名前が新たに付け加えられた。科学者たちの頭脳と宇宙飛行士たちの肉体は、人類の生きている場所を長い射程と広い視野から自らを見ることを教えてくれた。

　この好奇心と冒険心を現実に可能にしたのは、ほかならぬ宇宙進出をめざす「匠」であった。現実に宇宙輸送の手段が開発されなければ、私たちの好奇心も冒険心も欲望の域を脱することができなかったことは明らかである。「匠の心」こそは、人類が「宇宙の視座」を獲得するための環だったのである。

　1万数千年のあいだ続いてきた人類文明の歴史が、この地球上の生き物たちの生存環境を脅かしている。その危機を脱するために、私たちの日々の生活にエネルギーの節約という要素を加えようという動きが年々活発になってきている。それは果たして地球上を包む大運動に発展していくだろうか。その呼びかけに応える人々の数が、この地球という「星」の規模にならなければ、私たちの生存は危ういのであろう。それが可能になるためには、私たち自身を「宇宙の視座」から見つめる時代を呼び込むことが必須の条件となるのではないか。

　生きとし生けるものの「いのち」を守るのに、「地球」という星の来し方行く末を思わなければならない時代に私たちは生きている。私たちは「人類の星の時間」に生き始めたのである。こうした考えをもとに、日本の宇宙教育は本格的な実践の途につき、JAXA（宇宙航空研究開発機構）に2005年に「宇宙教育センター」が設立され、2008年6月にはNPO「子ども・宇宙・未来の会」（KU-MA：クーマ）が発足した。

　「宇宙教育センター」の3年余の実践の中から、「宇宙からの視座」を持ち、「この星のいのちを守る」決意に満ちた数多くの子どもたちが輩出されつつある。彼らは、狭く見れば「理科離れか

らの脱却者たち」であり、広く見れば「日本と世界を救う人々」である。

　その日本の宇宙教育が世界に発信するメッセージの核となっているのは、巻頭グラビアのような「いのちのトライアングル」である。現代の「人類の星の時間」を、「いのちのトライアングル」を心の基礎に据えながら明るい未来を築くために力を合わせて奮闘する子どもたちを育むために、大人たちが大規模に手をつなぐべき時代が到来している。

　　　2008年7月7日　　たなばたの日に

　　　　　　　　　　　　　　　　　　　　　　的川　泰宣

# 索 引

## [事項索引]

### あ

アイデア水ロケットコンテスト……………90
「あかり」……………………139, 166, 199
アストロ E2……………………………10, 63
アストロ F……………………10, 136, 139
アポロ計画………………………………366
アリアン……………………………………8
アルテミス………………………………77
アレース…………………………186, 377

### い

イアペトゥス……………………………278
イオンエンジン…………………………262
イトカワ…………………………………72
インデックス(INDEX)………………10, 77

### う

ヴァンガード・ロケット………………363
ヴォストーク……………………………365
宇宙科学講演と映画の会……29, 157, 338
宇宙学校…………………………………282
宇宙基本法………………………………344
宇宙教育…………………………………17, 43
宇宙教育センター………………34, 41, 281
宇宙教育リーダーズセミナー……31, 58, 245

### え

エアロビー・ロケット……………………31
エクスプローラー………………………363
X 線天文学………………………………31
エンデバー………………………………333

### お

オイセッツ(OICETS)……………………10, 77
オライオン………………………………376
オールトの雲……………………………177

### か

化学エンジン……………………………119
「かぐや」………272, 287, 293, 302, 303, 348
火箭………………………………………352
カッシニ……………………………………4

### き、く

キセノン…………………………………122
「きぼう」…………………………329, 333
きみがつくる宇宙ミッション(きみッション)
…………………………………………194
漁業交渉……………………………11, 239
「きらり」………………………………77

グリース 876……………………………53

### こ

航空機発射………………………………145
国際宇宙会議(IAC)……………………210
国際宇宙ステーション(ISS)…………372
国際地球観測年(IGY)…………………14
コズミックカレッジ………43, 70, 87, 215, 251
子ども・宇宙・未来の会(KU-MA)
……………………………308, 327, 335

### さ

さそり座 X-1……………………………61

## さ

サターン 5 …………………………367
サリュート …………………………369
サンプラーホーン………………83, 112

## し

ジェット推進研究所（JPL）………164, 290
ジェミニ計画 ………………………365
衝突分裂説 …………………………295

## す

スカイラブ …………………………370
「すざく」…………………………63, 215
すだれコリメータ………………55, 57, 62
スプートニク ………………………362
スペースシャトル …………………374
スミソニアン航空宇宙博物館………18
スラスター …………………117, 119, 258

## せ、そ

性能計算書 …………………………230
セドナ ………………………………176
セレーネ ………………………227, 272
ソユーズ ……………………………378
ソーラーB …………………………207

## た

タイタン ……………………………4
「だいち」…………………………131
太陽圏（heliosphere）……………163
タウンミーティング ………………79
ターゲットマーカー ………91, 95, 103
ターミネーション・ショック ……163

## ち、つ

地球の出 ……………………………304
中性子星 ……………………………52
「月に願いを」キャンペーン………226

## て、と

ディスカバリー ……………………66
テレメータ …………………………22
ドイツ宇宙旅行協会（VfR）………360
ドニエプル・ロケット ……………77

## に

日本宇宙少年団（YAC）……………259

## は

ハッブル宇宙望遠鏡………………5, 80
「はやぶさ」……72, 82, 90, 92, 118, 146, 155, 258, 262, 301, 330
　──の降下 …………………………103
　──の再リハーサル降下試験………96
　──のサンプル採取 …………113, 118
　──の着陸＆離陸に成功 …………110
　──のリハーサル降下試験 ……92, 94

## ひ

ビーナス・エクスプレス …………162
「ひので」…………………………207

## ふ

フェニックス ………………………347
富士精密工業 ………………………13
ブラックホール ……………………215
ブラーン ……………………………379
フリーダムセヴン …………………365
フレンドシップ・セヴン号 ………365
プロトン・ロケット ………………143

## へ

ペガサス ……………………………145
ペーネミュンデ ……………………360
ベピ・コロンボ ……………………323

ベビー・ロケット………………………22
ペンシル300……………………………20
ペンシル・ロケット………………13, 68, 71
　——の水平発射…………………………16
ペンシルロケットフェスティバル………76
ベンチャースター………………………375

## ほ

ボイジャー…………………………164, 283
ホイヘンス…………………………………4
星姿勢計(スタートラッカー)……………72
「星の王子様に会いに行きませんか」キャン
　ペーン………………………………102, 106

## ま

マーキュリー計画………………………365
マーズ・リコネイサンス・オービター…347
マリナー10号……………………………322

## み

ミネルバ……………………………83, 97
ミューゼス海……………………………95
ミール…………………………………6, 370

## む、め

無重力体験……………………………225

冥王星………………………68, 176, 197, 202
メッセンジャー…………………………322

## り、れ

リアクションホイール(姿勢制御装置)
　…………………………………74, 262

「れいめい」……………………………77
レンジャー………………………………318

## 欧　文

AVSA研究班…………………………13, 25
CEV………………………………85, 185, 376
ISTS………………………………………170
MTSAT-2…………………………………138
M-Vロケット……………………191, 207
S-310ロケット…………………………239
V-2………………………………………361
X-15………………………………………57

# [人名索引]

アームストロング、ニール………………367
アルキメデス……………………………312

池田亀鑑…………………………………238
糸川英夫……………………………15, 19

ヴェルヌ、ジュール……………………356

小田稔………………………………33, 55
オルドリン、バズ………………………367

ガガーリン、ユーリ……………………365

グルーシコ、ヴァレンチン………………360

グレン、ジョン…………………………365

ゴダード、ロバート……………………359
コロリョフ、セルゲーイ……………360, 365
コングレーヴ、ウィリアム…………249, 353

シェパード、アラン……………………365
ジャコーニ、リカルド……………………32
シュヴァルツシルト、カール……………313

ゼンガー、オイゲン……………………373

高木昇…………………………19, 22, 48

チェルトーク …………………………254
ツァンダー、フリードリック ……………360
ツィオルコフスキー、コンスタンチン …358
土井隆雄 …………………………329,332
永田武……………………………………14
野口聡一 ………………………………66,70
野村民也……………………………22,268

フォン・ブラウン、ヴェルナー …………360
フリードマン、ルイス ………………………151
ヘール、ウィリアム ……………………………355
リンドバーグ、チャールズ ………………382
レオーノフ、アレクセイ ……………………365
ロッシ、ブルーノ……………………………32

著者紹介

## 的　川　泰　宣
（まと　がわ　やす　のり）

略　歴　1942年，広島県呉市生まれ．1965年，東京大学工学部航空学科宇宙工学コース卒業（第一期生）．1970年，東大大学院工学研究科航空学専攻博士課程修了，工学博士．東京大学宇宙航空研究所，宇宙科学研究所，宇宙航空研究開発機構（JAXA）教育・広報統括執行役，同宇宙科学研究本部対外協力室長を経て，現職．この間，ミューロケットの改良，数々の科学衛星の誕生に活躍し，1980年代には，ハレー彗星探査計画に中心的なメンバーとして尽力．2005年には，JAXA宇宙教育センターを先導して設立．2008年，NPO「子ども・宇宙・未来の会」（KU-MA，クーマ）を設立，会長となる．日本の宇宙活動の「語り部」であり，「宇宙教育の父」とも呼ばれる．

現　職　JAXA技術参与，子ども・宇宙・未来の会会長，日本宇宙少年団副本部長，東海大学教授，日本学術会議連携会員，IAF（国際宇宙航行連盟）副会長，国際宇宙教育会議日本代表

近　著　『図解：宇宙と太陽系の不思議を楽しむ本』（PHP出版，2006年）
　　　　『宇宙なぜなぜ質問箱』〔新訂版〕（朝陽会，2006年）
　　　　『宇宙の旅　太陽系・銀河系をゆく』（誠文堂新光社，2006年）
　　　　『逆転の翼——ペンシルロケット物語』（新日本出版社，2005年）

---

# 人類の星の時間を見つめて
## ——喜・怒・哀・楽の宇宙日記 2

2008 年 8 月 25 日　初版 1 刷発行

著　者　的川泰宣　Ⓒ 2008
発行者　南條光章
発行所　**共立出版株式会社**
　　　　東京都文京区小日向 4-6-19
　　　　電話　東京(03)3947-2511 番（代表）
　　　　郵便番号 112-8700
　　　　振替口座 00110-2-57035 番
　　　　URL http://www.kyoritsu-pub.co.jp/

印　刷　加藤文明社
製　本　協栄製本

検印廃止

NDC 914, 440
ISBN 978-4-320-00577-8
Printed in Japan

社団法人　自然科学書協会　会員

---

JCLS　＜㈳日本著作出版権管理システム委託出版物＞
本書の無断複写は著作権法上での例外を除き禁じられています．複写される場合は，そのつど事前に㈳日本著作出版権管理システム（電話03-3817-5670，FAX 03-3815-8199）の許諾を得てください．

的川泰宣 著

# 轟(とどろ)きは夢をのせて

## 喜・怒・哀・楽の宇宙日記

時々刻々と変わる宇宙計画の「ライブ中継」、新発見リポート、未来へと膨らむ夢と希望。

**「宇宙広報官」本日も多忙なり**

日本の宇宙開発最先端からの生の声がせつせつと伝わる、的川教授の〈宇宙大好き〉な日々の哀歓。

A5判・並製・380頁・定価 1,995円（税込）

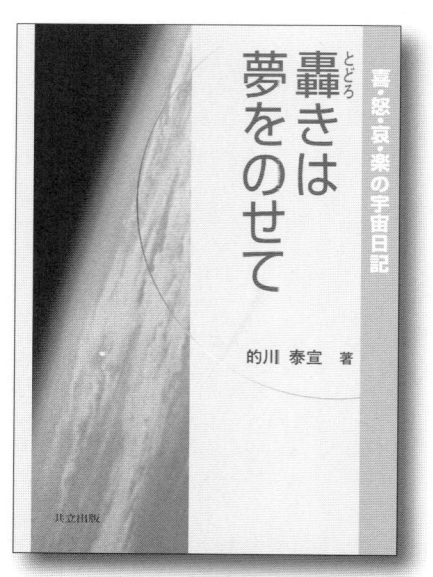

本書は、日本のロケット開発の歴史に沿って研究広報活動をされてきた的川教授が、1999年末に日本惑星協会が発足して以来、そのメールマガジンとして毎週書き続けてこられた悲喜こもごもを、1冊の本にまとめたものである。時々刻々と変わっていく、宇宙計画の「ライブ中継」あり、新発見リポートあり、時事ネタあり、健康ネタあり、嘆き節あり、…。せつせつと伝わってくる「日本宇宙開発の生の声」に共感するとともに、人間・的川泰宣のおおらかで真摯な姿に魅了されること間違いなし。著者と一緒に世界と日本の未来を、宇宙を軸として、もう一度考えたいものである。

共立出版 http://www.kyoritsu-pub.co.jp/